최신 전기자동차의 제어시스템

개정판

히로타 유키츠쿠 · 아다치 슈이치 엮음
데구치 요시타카 · 오가사와라 사토시 지음 | 김영렬 옮김

KM 경문사

옮긴이 머리말

전력전자, 제어 및 IT기술의 눈부신 발달로 모바일시스템에 있어서도 기존의 내연기관 자동차로부터 친환경 전기자동차로 이동이 빠르게 진행되고 있으며, 나아가 무인 자동차 및 개인용 이동수단 기기로 변화되어가고 있다.

이러한 시스템은 창의성이 요구되는 동시에 내외부적인 요구사항이 복잡하게 얽혀 있는 시스템으로서, 이러한 시스템의 개발에는 소형화 및 경량화라는 모바일시스템의 원천적인 요구 조건 아래에서 기계, 전기전자, 통신, 화학공학 등 다수의 공학기술이 동원되어 서로 벽을 허물고 상호조화와 균형을 갖도록 설계되어야 하는 소위 복합공학(Cross Engineering)이 필요하다. 실제로 본서에서 소개하고 있는 새로운 이동체 제품들이 성공적으로 제품화될 수 있었던 것은 복합공학에 대한 인식과 적용의 결과라고 볼 수 있다. 따라서 각 분야의 전문기술을 가진 엔지니어는 다른 기술 분야에 있어서도 핵심이 되는 기술의 습득과 이해가 절대적으로 필요하며, 이러한 인식과 역량을 가진 기술자들이 모여 제품의 개념설계를 정립해 나아갈 때 비로소 제품화가 가능함을 강조하고자 한다.

본서에서는 역자가 평소에 가졌던 이러한 생각들을 시스템설계 및 시스템제어 부분에서 체계적으로 기술하고 있으며, 모바일시스템의 공통적인 요소 기술인 2차전지와 전기모터 설계 및 제어기술을 포함하고 있다.

따라서 전기자동차에 관심을 가지고 있으며, 미래 모바일시스템 개발의 주역이 될 기계, 전기전자계열 대학 3, 4학년 또는 대학원 학생들에게 향후 사회에 나아가 개발할 제품의 기본적인 지식을 배양한다는 측면에서 이 책을 추천한다. 또 현업에서 이들 제품 개발에 종사하고 있는 모든 주니어 및 시니어 엔지니어들에게도 이 책이 도움이 될 것으로 확신한다. 책의 내용들이 새로운 관점에서 기술되어 있으므로, 특히 기존의 지식을 정리할 수 있을 뿐더러 새로운 관점에서 바라볼 수 있는 계기를 마련할 수 있을 것이다.

끝으로, 이 책이 개정되어 출판될 수 있도록 여러모로 수고해주신 경문사 관계자 여러분께 감사드린다.

2023년 2월

김영렬

엮은이 머리말

2차전지의 급속한 진보나 회로실장의 소형화, 고밀도화에 의해 오랫동안 고정설비로 있던 전화나 컴퓨터가 가지고 다닐 수 있는 휴대전화나 노트북으로 진화하였다. 그리고 그들의 출현으로 생활과 일의 스타일이 달라졌다. 지금도 2차전지의 고에너지화는 계속되고 있으며, 그것을 사용하는 전기자동차나 가정용 로봇 등 모빌 제품(이동체 제품)은 앞으로도 생활의 장에서 더욱 친근하게 다가올 것이다. 휴대전화나 노트북이 그렇듯이 이 모빌 제품들은 생활과 비즈니스의 모습을 크게 변화시킬 것으로 기대된다.

내연기관과 비교하면, 전동모터는 공업제품의 두 가지 속성인 구조(레이아웃)와 기능(제어) 면에서 설계 자유도가 높다. 이 자유도를 살린 사용법에는 두 가지 방향이 있다.

첫째는, 자유로운 조합을 쉽게 실현할 수 있기 때문에, 전체의 계를 상호간섭이 적은 복수의 모듈로 분할하고, 그들 사이의 설계 규칙을 결정하여 각 모듈을 수평분업화로 개발·제조하는 것으로 모듈 제품을 저 코스트로 대량생산하는 방향이다. 자동차로 예를 들면, 가솔린엔진 시대에는 진동이나 중량 밸런스, 기계적인 동력 전달 기구 등 타사의 엔진을 이용하는 것에 제약이 컸다. 이것에 대하여 모터와 전지 파워 전달은 전선에 따라, 결국 Power by Wire이기 때문에 급배기계통 등의 보기류가 필요하지 않고, 소형이며, 발열이나 진동이 적어 조합의 자유도가 높다. PC산업이 키보드, 디스플레이, CPU 기판 등을 세계로부터 최적 조달하여 조립하는 것처럼, 언젠가는 자동차 산업도 수평분업화의 시대가 도래할 것이다.

둘째는, 레이아웃과 제어의 자유도를 최대한도로 살린 새로운 제품을 창조하는 것이다. 예를 들어 로봇과 자동차의 융합제품 등이다. 이와 같은 제품을 창조하여 개발하는 것은 요소 부품의 단순한 조합이 아니라 많은 전문기술자가 지혜를 짜 내어, 타협이 아닌 높은 수준에서 조정시키는 것이 필요하다.

또한 시스템 전체를 바라볼 수 있는 인재도 빼놓을 수 없다. 모빌 제품의 특징은 All-in-one으로 자기 완결(Self-constrained)인 Stand-alone 시스템인 것이다. 작은 공간에 많은 전문기술을 집약시킨 하나의 밀폐된 시스템이지만 실내외를 넓게 이동한다. 이 때문에 많은 요소 부품, 요소 기술 간의 마이너스 상호간섭이 크고, 조정의 문제가 고도로 복잡해진다. 최근에는 전문기술이 분화하여 고도화되고 있기 때문에 시스템 전체를 파악하는 것이 갈수록 어려워지고 있다.

이에 대처하는 길은 시스템 각 요소를 추상화하는 것, 즉 모델링하여 상호 커뮤니케이션을 정확하고 원활하게 하는 것이다. 우수한 모델이 있다면, 비록 그것이 비전문 기술 분야일지라도 '나무를 보지 않고 숲을 본다'처럼 가시화할 수 있어 개발 팀 전원이 시스템 전체를 내다보면서 개발할 수 있게 된다.

이 책은 모빌 제품의 대표적인 전기자동차 모델링을 중심으로 한 제어시스템 설계론에 관한 것으로, 제1장 1.7절에서 구성을 해설하고 있다. 제1장에서는 모빌 제품에까지 파급된 파워 일렉트로닉스와 전기자동차의 시스템 설계의 개요에 대하여, 제2장에서는 제어계의 모델링 전반에 대하여 다룬다. 제3장과 제4장에서는, 각각 2륜과 4륜의 전기자동차 주행제어 시스템 설계에 대하여 설계한다. 전기자동차의 주요 요소인 전지와 모터에 대해서는, 제5장과 제6장에서 상세하게 해설한다. 파워 디바이스도 주요 부품이지만 이 책에서는 생략하였다. 이것은 열、회로 연성해석용 모델 등이 반도체 메이커로부터 제공되어 설계 개발의 현장에서 미미 활용되고 있기 때문이다. 또 회로 시뮬레이션에 관한 실천적인 해설서가 많이 출판되고 있기 때문이기도 하다.

이 책이 장래의 신제품 창조에 도움이 되기를 바란다. 책 한 권에 넓은 기술 분야를 정리하는 것에 역량과 시간의 부족함을 상당히 느꼈다. 부족한 부분이 있다면 바로잡아 주시고, 또 여러 제언을 아낌없이 해주시면 감사하겠다.

이 책을 준비함에 있어 많은 분께 신세를 졌는데, 이 자리를 빌어서 감사드린다. 특히 제3장 2륜 도립진자 로봇 실험에 협력해주신 카와하라 보 에이코 씨(慶藤義塾大学 足立研究室)에게 감사드린다.

히로타 유키츠쿠·아다치 슈이치

차례

제1장

모빌 파워 일렉트로닉스와 전기자동차

1.1 넓은 파워 일렉트로닉스의 응용 분야

파워 일렉트로닉스 기술은 전력설비나 산업설비에서 사용되는 비교적 동떨어진 존재였지만, 반도체디바이스나 제어기술의 진보, 게다가 에너지 절약이라는 사회적 요구에 따라 지금은 가전제품에까지 응용되고 있다(그림 1.1).

최근에는 전기자동차나 2륜 퍼스널 트랜스포터, 2족 보행 로봇 등의 이동체에도 응용이 확산되고 있다(그림 1.2).

열기관에 비하여 전동기는 구조(레이아웃)와 기능(제어)의 자유도가 높다. 전기에너지는 열역학이나 전기화학에 있어서 깁스(Gibbs)의 자유에너지로서 등장하지만 제조물의 2개

사진제공 : 게이힌 급행 전철(주), 플라이휠식 전차선 전력 축열설비

사진제공 : 파나소닉(주), 히트펌프 건조식 에너지절감 세탁기

사진제공 : 군마현기업국, 대형풍력 발전기

그림 1.1 에너지 절약으로 확산하는 고정설비 파워 일렉트로닉스

사진제공 : 도요타자동차(주), 자율주행자동차 "e-팔레트"

사진제공 : 보잉사, 연료전지 전동비행기

사진제공 : 세일스 온 디멘드(주) 자동청소기 "룸바570J"

그림 1.2 새로운 전개를 시작한 이동장치의 파워 일렉트로닉스

의 속성이 되는 구조와 기능에 자유를 부여하는 에너지이기도 하다. 전지와 전동모터를 사용한 이동 시스템의 주요한 기능은 화학에너지 ⇔ 전기에너지 ⇔ 운동에너지의 변환과 에너지와 파워 그리고 모션 제어 기능으로 이루어진다. 구조의 관점에서 보면 전원이나 냉각을 외부에 의존하지 않고 자기 완결 시스템인 것, 소형·경량·강건함의 요구가 고정 설비보다 훨씬 절실하다는 것이 특징이다. 제1장에서는 제조물로 본 이동체 파워 일렉트로닉스(이 책에서는 이것을 **모빌 파워 일렉트로닉스**라 부르기로 한다)의 특징과 과제에 대하여 기술한다.

1.2 모빌 제품의 설계론

1.2.1 제품의 복잡도

제조의 표준 프로세스를 나타낸 것이 그림 1.3이다. 설계란 추상적인 요구사항을 제품의 실체로 옮겨가는 프로세스로 크게 아키텍처설계(개념설계)와 상세설계로 구분된다. 아키텍처설계란 제조물의 구조와 기능의 기본적인 개념(콘셉트)을 결정하는 것을 말한다. 제조의 관점에서 모빌 파워 일렉트로닉스는 기술집약적인 제품이기 때문에 많은 상세요건이 복잡하게 얽혀 있어 아키텍처설계가 어렵다.

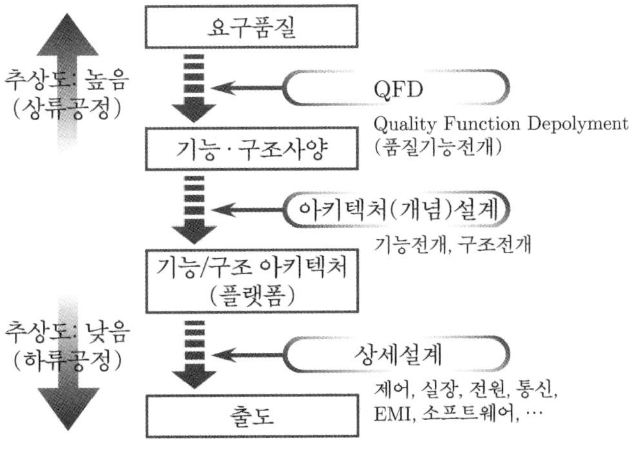

그림 1.3 제품설계의 일반 순서

모빌 제품의 복잡도(product complexity)에 대하여 다음과 같이 정리한다.

■ 내부구조의 복잡도(internal complexity)가 높다.
- 전기에너지원에서 방열장치까지 all-in-one으로 장비할 필요가 있다.
- 효율 좋고 안전하게 이동하기 위해서는 소형, 경량 그리고 견고할 필요가 있다.
- 고밀도 실장을 위해 레이아웃이나 열적/전기적인 간섭 등이 커다란 과제가 된다.

■ 제품외부의 복잡도(external complexity)가 높다.
- 기계와 인간의 인터페이스가 다양하고, 고객의 요구 성향도 나뉜다.
- 고정설비와 달리 이동하는 것으로 다양한 환경조건이나 운행조건에 부딪힌다.
- 제품에 관한 각국의 법규, 국제규격, 인증제도 등이 복잡하게 영향을 미치고 있다.

내부구조의 복잡도와 제품외부의 복잡도에 대하여 추가적으로 기술한다.

1.2.2 내부구조의 복잡도

모빌 제품에는 부품 자체에서부터 열이나 전자기간섭에 이르기까지 많은 마이너스 상호작용이 있어 Compatibility가 커다란 과제가 된다(그림 1.4). Compatibility란 조화적 공존성의 어원으로, 실장부품이나 교환부품 사이의 공간적, 열적, 열응력적, 화학적, 전자기적 등의 양립성·호환성을 말한다. 특히 열적 조화, 전자기적 조화가 어렵다.

열적 조화는 고정설비보다 복잡하다. 육상 이동 시스템의 최종적인 방열 형태는 공랭밖에 없다. 수랭(水冷) 유닛의 열도 최종적으로는 라디에이터로부터 강제 공랭된다. 부품을 고밀도로 실장하고 있기 때문에, 공기의 통로를 확보하는 데 어려움을 겪거나 배출된 열풍이 유닛으로 다시 되돌아와서 재가열되는 것도 있다. 직사광선이나 엔진 등의 열원으로부터 방사열도 있어, 레이아웃에 있어서는 열적인 상호작용을 배려해야 한다.

전자적 조화에서는 전자장해(EMI : Electro Magnetic Interference)에 의한 오작동은 폭주사고로 이어질 우려가 있기 때문에 고도의 설계기술이 필요하게 된다. 고정설비의 경우에는 금속함체 등으로 엄중히 전자차폐하고, 부품 사이를 충분히 떨어뜨려 전자간섭이나 전기절연 문제를 경감할 수 있다. 모빌 제품에서는 부품 자체가 근접하여 있기 때문에 간섭이 강해지지만, 치수나 중량의 제한 때문에 일반적으로 튼튼한 실드나 대형 필터를 사용할 수 없는 경우가 많다.

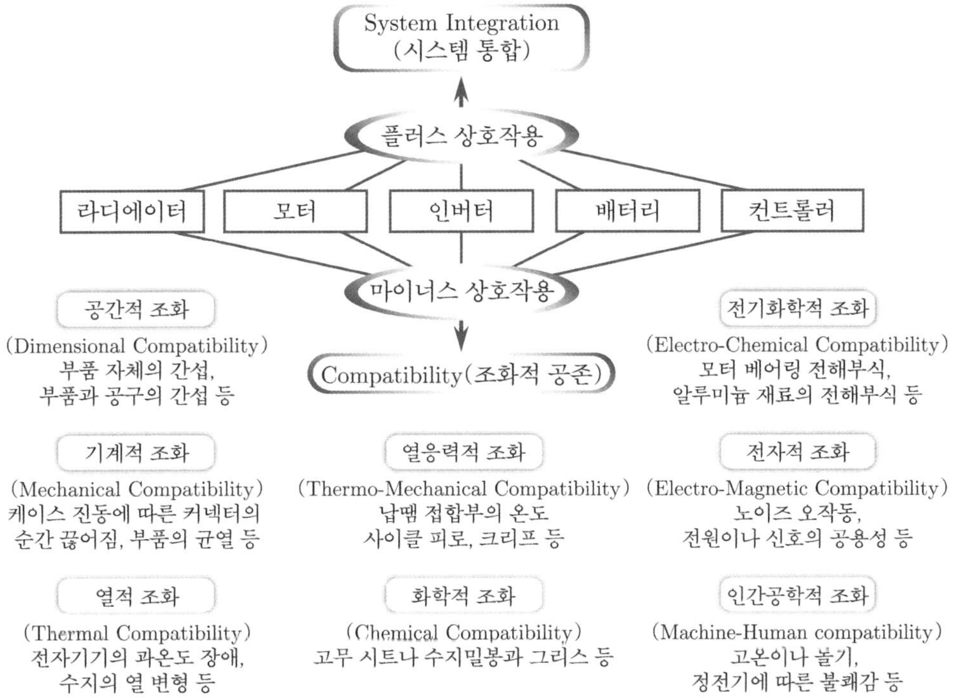

그림 1.4 Compatibility(조화적 공존, 양립성)

게다가 이종의 Compatibility 과제 사이에 이율배반도 있다. 예를 들어 전자 노이즈를 줄이기 위하여 스위칭 파형의 ON/OFF를 느슨하게 하면, 스위칭 손실이나 제어의 불감시간(dead time)이 증가하여 방열이나 제어특성에 악영향을 미친다.

제품설계는 가능한 한 초기 단계에서 Compatibility의 과제를 검토해두지 않으면 상세설계 단계에서 상호모순이 빈발하여 수습이 어려워진다.

1.2.3 제품외부의 복잡도

모빌 제품의 경우, 주위 환경이 시시각각으로 변화한다. 예를 들어 자동차는 작열하는 사막을 주행한다거나 4000 m를 넘는 고지에서 빙판길을 주행하기도 한다. 표고가 높아지면 공기가 희박해지기 때문에 냉각성능이 열화하는 것도 고려해야 한다. 강력한 전파의 송신소 내에서도 안정하게 주행할 것, 충돌하여도 운전수나 탑승객에게 영향이 적을 것, 화재가 발생하거나 감전되지 않을 것 등 수없이 많은 요구가 있다.

로봇 청소기도 왁스가 발라진 미끄러운 바닥에서도 주행 가능할 것, 먼지를 고속으로 흡인할 것, 긴 시간 동안 작동할 것, 개와 같은 애완동물과의 접촉으로 파괴되지 않을 것, 유아와 충돌하여도 상처를 입히지 않을 것 등을 들 수 있다.

1.2.4 개념설계에서의 여러 과제

모빌 제품은 부품의 상호간섭이 크므로, 수평 분업화하여 부품을 조합시키는 모듈형 아키텍처가 아니라, 부품 자체의 면밀한 조정 작업이 필요한 인테그랄형 아키텍처이어야 한다. 조정 작업에는 마인드 맵핑이나 특성요인도 등 도해표현기법도 있지만 대부분 설계자료의 교환이나 협의에 의존하고 있는 실정이다. 다른 전문기술 담당자끼리 서로 말이 통하지 않거나 발상이 달라서 각자의 것을 주장하기 시작하면 회의가 진행되지 않는 상황도 자주 일어난다.

개발 기간의 단축을 위해 상세설계를 선행하면 결국 전체 조정이 뒷전이 되어 조정이 끊이지 않는다. 일반적으로 지적되는 문제점으로는 다음과 같다[1)].

- 합의 형성이나 결정까지 시간이 걸리고 지적생산성이나 시간효율이 나빠진다.
- 유능한 리더가 없으면, 낮은 수준에서 타협되거나 억압으로 결정되기 쉽다.

이러한 사태를 타개하기 위해서는 조정 공정을 감소시켜야 한다. 즉 개념설계에서 조정 의존도가 낮은 아키텍처를 선택하는 것이다. 이 방법은 매우 효과적이다. 고객이 평가하지 않는 무형의 영역을 고정부(모듈)로 하고, 차별화하는 것을 변동부(조정)로 한다. 또한 일반적으로 설계규칙이 확립되면 변동부에 대하여도 모듈의 조합으로 어느 정도 대응할 수 있게 된다.

다음으로는 CAD(Computer-Aided Design) · CAE(Computer-Aided Engineering)에 따른 조정개발환경의 효율화이다. 연성해석 소프트웨어나 Nonlinear · Nonparametric 문제를 다루는 지식 기반의 CAD 등의 도입은 확실하게 유효하다. 단 상세설계에서 유효한 CAD · CAE도 현장에서는 개념설계의 프로세스 일부를 담당하는 데 그치고 있다. 창조성이 요구되는 개념설계의 주체가 사람이라는 것을 잊어서는 안 된다.

---

1) 여기에서는, 모빌 제품의 설계라는 문맥에서 조정의 중요성을 설명하였지만, 대학 연구에 있어서도 똑같이 성립한다. 대학에서도 서로 다른 분야의 융합에 따른 시너지효과(synergy effect, 상승효과)의 중요성이 강조되고 있지만, 극단으로 세분화된 현재의 학문체계는 방언투성이다. 다른 분야를 정리할 수 있고 조정할 능력이 있는 대학이냐 아니냐가 다른 분야 융합의 열쇠를 쥐고 있다.

따라서 시간이 걸리더라도 가장 근본적인 대책은 개념설계의 기술을 가진 인재를 육성하는 것이다. 단순히 전문기술을 많이 습득하는 것이 아니라 전체를 볼 수 있는 Key Person을 길러내는 것이다. 진로계획이나 인재교류 등이 꼭 필요하다.

1.3 파워 컨트롤러의 실장기술

고정설비의 파워 일렉트로닉스 제품에서는 조립이나 보수 점검을 용이하게 하기 위해 실장 밀도를 필요 이상으로 높이지 않는다. 반면 모빌 제품에서는 소형화의 요구 때문에 가능한 한 고밀도로 실장한다. 공간이 허용되면 기구 부품과 일체화하는 것도 있다. 예를 들어 그림 1.5의 전동 컴프레서는 기계전기 일체 실장의 전형적인 예이다. 고밀도화에 따라 탑재된 부품 사이의 열적, 기계적, 전자기적, 화학적인 상호작용이 복잡하다. 또한 이동할 때 난폭한 취급에 수반하는 진동이나 충격 등도 고려한 실장설계가 필요하다.

개별적인 파워 반도체를 다수 나란히 조립하기보다도, 취급이나 방열, 전자 노이즈 면에서 유리한 파워 모듈이 자주 사용된다. 가장 일반적인 파워 모듈의 사진과 구조를 나타낸 것이 그림 1.6, 1.7이다. 복수의 절연 게이트 쌍극성 트랜지스터(IGBT : Insulated Gate Bipolar Transistor)를 세라믹 기판 위에 베어칩 실장하고 있다. 동이나 알루미늄 실리콘 카바이드(AlSiC) 등의 기판은 수지 케이스와 일체화되어 있다. 기판 위에 전기절연성과 열전도성이 좋으며, 반도체와 선형팽창계수가 가까운 질화알루미늄(AlN)이나 질화규소(Si_3N_4) 등 세라믹 기판을 배치한다. 기판은 양면에 동을 붙인 DBC(Direct Bonded Copper)가 일반적이다. 칩 뒷면의 드레인 전극이나 콜렉터 전극은 Ti/Ni/Au, Ti/Ni/Ag 등

그림 1.5 기계전기 일체 실장의 예 : 전동 컴프레서

외관사진 개봉사진

그림 1.6 파워 모듈의 외관, 개봉사진

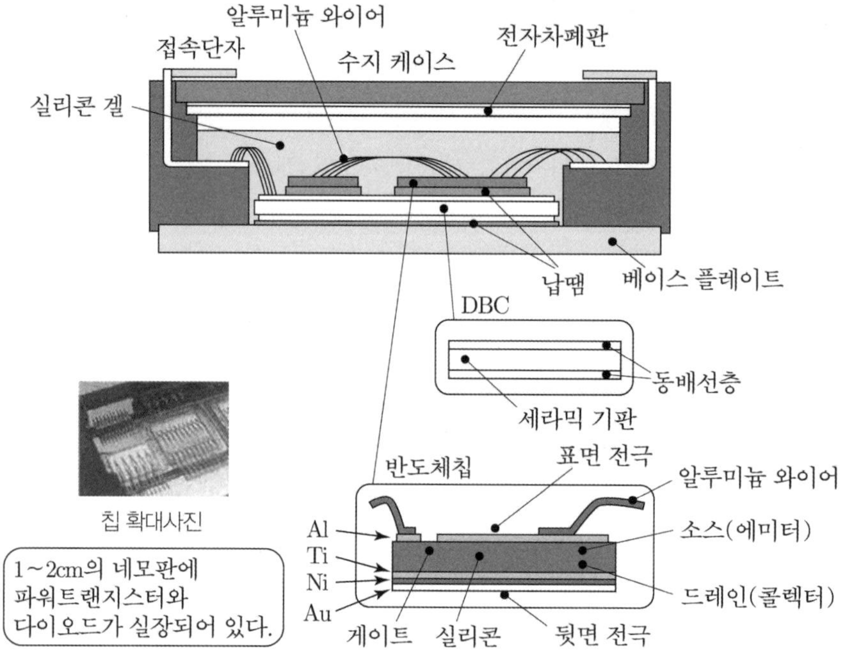

그림 1.7 파워 모듈의 내부구조

다층금속 박막으로 납땜에 의하여 기판 표면의 동배선층에 본딩한다.

베이스 플레이트를 세라믹 기판 뒷면의 동배선층에 납땜하여 반도체의 열을 외부로 방출한다. 칩 표면의 게이트 전극이나 소스/콜렉터 전극 등 알루미늄 배선층은 직경 200~500 μm 의 알루미늄 와이어를 초음파 웨지 본드하여 모듈의 단자에 접속한다. 파워 디바이스의 표면 보호나 알루미늄 와이어의 보호, 방열 촉진을 위해 케이스 내에 실리콘 겔을 봉입한다.

1.4 열적 조화의 기술

1.4.1 냉각 시스템

대부분 전자 부품은 온도가 오르면 열화가 가속되기 때문에 냉각 시스템은 매우 중요하다. 열화속도의 온도의존성은 고장의 메커니즘에 따라 다르다. 그림 1.8에 나타낸 것과 같이 열화는,

(1) 열화속도의 연속적인 증가
(2) 어느 온도로부터 급격히 진행되는 열화
(3) 부품 내부의 국소온도가 어느 값을 넘어서면 열폭주하여 제어불능에 이르는 고장

3개의 모드로 나눌 수 있으며 각각에 대응하는 열설계가 필요하다.

모빌 제품의 냉각 시스템은 지상부대설비의 송풍기나 냉각수가 사용되지 않고 용적이나 중량 면에서도 제약이 있다. 또한 운전조건이나 사용조건에 따라 열환경이 다양하게 변화한다. 소형 고밀도로 실장된 파워 모듈은 열에 약하고, 마진도 적으므로 냉각기술의 좋고 나쁨이 제품 전체의 기능과 신뢰성을 좌우한다.

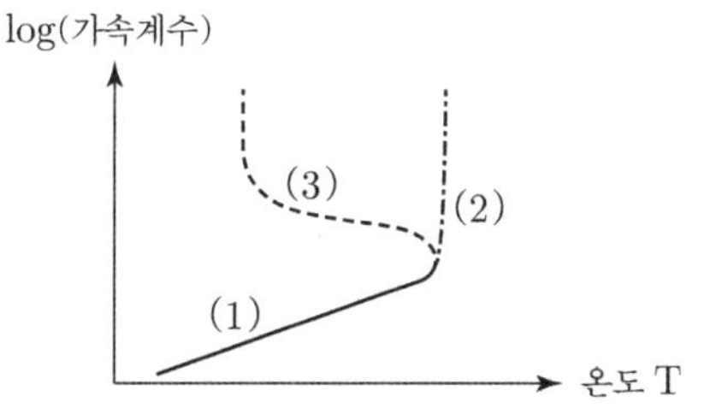

(1) 고온이 되면 열화반응이 연속적으로 촉진되는 모드
- 많은 전자 부품의 시간-온도 환산 규칙은 아레니우스의 식에 따른다.

(2) 어느 임계온도에 이르면 급격이 열화되는 모드
- 상전이온도 : 전지나 캐퍼시터의 전해액의 기화 폭발, glasstransition에 따른 기판의 변형 등
- 열변질온도 : 모터 권선 절연재의 과온도에 따른 변질이나 변형에 따른 rare short 파괴

(3) 어느 임계온도에 도달하면 열폭주(thermal runaway)하여, 외부로부터 제어할 수 없게 되는 모드
- 파워 트랜지스터의 hot spot 형성에 따른 2차 항복
- 리튬이온 2차전지의 hot spot으로부터 발화

그림 1.8 작동온도와 열화속도의 관계

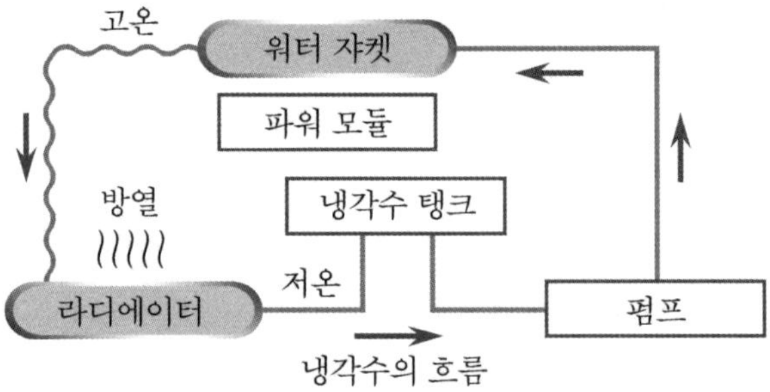

그림 1.9 일반적인 수랭 시스템의 구성

설치된 환경이 혹독하거나 자기 발열량이 많을 때에는 팬을 사용하여 공기를 냉각 면에 직접 닿게 하는 강제 공랭 시스템을 채용한다. 이동장치에는 진동에 약한 범용의 소형 냉각 블로워를 사용하지 않고 전용 팬이나 기존의 라디에이터 팬, 공조용 팬의 바람을 이용하여 냉각하는 구조가 일반적이다.

발열량이 좀더 큰 경우에는 수랭 방식을 취한다. 예를 들어 하이브리드 자동차에서는 그림 1.9에서와 같이 파워 모듈이나 모터를 수랭하여 라디에이터로 방열한다. 파워 모듈의 고정면을 수랭 자켓에 고정하여 온도가 상승된 냉각수는 전용의 전동펌프로 라디에이터에 보내어 방열한다. 강제 공랭에 비하여 대규모 시스템이 되지만, 물이라는 비열이 높은 냉매를 사용하기 때문에 파워 모듈의 급격한 온도 변동을 억제할 수 있다.

1.4.2 파워 모듈과 냉각기의 열결합

그림 1.10에서와 같이, 방열기에 밀착하여 파워 모듈을 고정한다. 공기의 열전도율은 $k \approx 0.026\ \mathrm{W/m \cdot K}$로 적기 때문에 모듈과 방열기 사이에 매우 작은 공극이 있어도 열저항은 커진다. 따라서 공극을 방열 시트나 방열 그리스 등으로 메울 필요가 있다.

방열 그리스는 실리콘 오일 등 기본 기름에 알루미늄 분말과 같은 고열전도 필러를 충전한 그리스 형태의 점성유체이다. 실리콘 오일의 열전도율은 $k \approx 0.15\ \mathrm{W/m \cdot K}$로 물의 약 1/4이지만 필러를 함유하게 되면 $k \approx 2\ \mathrm{W/m \cdot K}$ 정도로 증가한다. 방열 시트는 실리콘 고무 등에 특수한 필러를 함유한 것으로 작업성이 양호하고 $k \approx 5\ \mathrm{W/m \cdot K}$ 전후의 열전도율을 실현할 수 있다.

선별할 때에는 열저항이 작고, 작업성이 좋은 것은 물론이고 장기 안정성을 충분히 고려할 필요가 있다. 방열 그리스의 열화모드는,

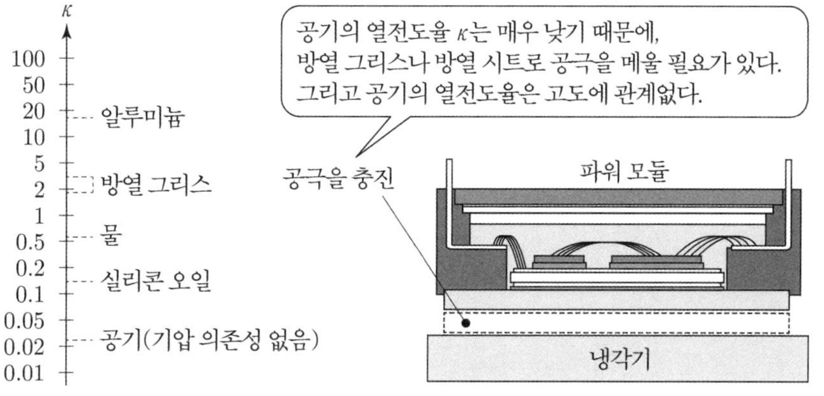

그림 1.10 파워 모듈과 냉각기와의 열 결합부

- 온도나 기압에 따른 팽창수축이나 진동에 의해서 그리스가 배출되는 Pump out
- 고온 팩에 의해 그리스가 필러로부터 유출되어 열저항이 증가하는 Dry out

등이 있다.

1.4.3 다이오드에 따른 칩 온도 모니터

CAD/CAE로 정교하게 열설계해도 모빌 제품에서는 환경온도를 완전히 예측할 수 없으므로 온도 마진이 필요하다. 제일 열에 약한 부위의 온도를 시스템 작동중에 모니터하면 최고로 안전하다. 최신 IGBT에서는 유전체 분리된 다이오드를 온칩으로 집적함에 따라 온도를 빠르고 정확하게 모니터링할 수 있게 되고 있다. 다이오드의 순방향 전압강하 V_f의 온도의존성은 그림 1.11에 나타낸 바와 같이 비교적 양호하기 때문에 통상은 복수의 다이오드를 직렬로 접속하여 전체의 전압강하를 계측하여 칩의 온도를 추정한다.

1.4.4 납땜 접합의 사이클 피로파괴

주변의 온도 변화나 파워의 ON/OFF에 따른 온도 변동이 있으면, 그림 1.12에 나타낸 바와 같이 반도체칩과 베이스 금속의 열팽창 차이에 따라 납땜이나 반도체칩에 전단변형이나 인장압축변형이 발생하여, 납땜 접합부의 피로파괴나 칩의 취성파괴가 일어난다. 납땜의 전단변형은 다이아 터치 외주가 제일 크고, 크랙은 외주로부터 중심으로 진행하여

반도체 다이오드의 순방향 전압강하 V_f의 온도의존성
(소수 캐리어의 주입 수준이 낮을 때)

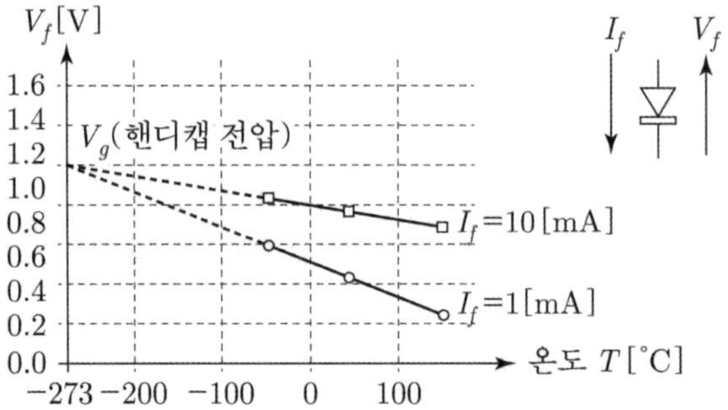

전류가 일정할 때 V_f의 온도의존성은 선형으로 절대온도=0(K)에
외삽하면 전류에 따르지 않는 $V_f = V_g$(S_i의 핸디캡 전압)이 된다.

그림 1.11 다이오드로 칩의 온도를 모니터

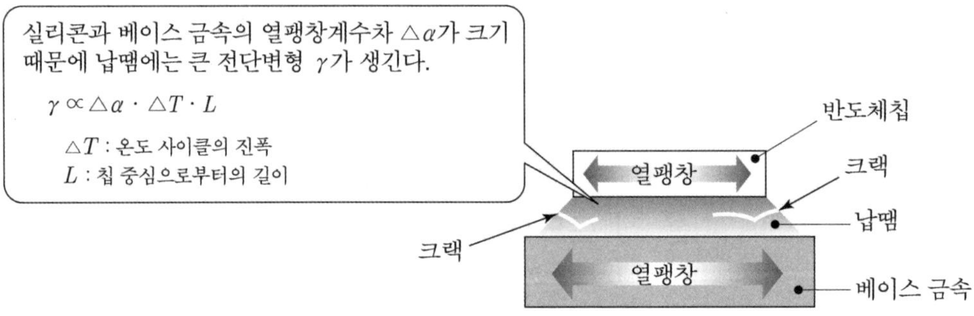

그림 1.12 납땜 다이본드의 열변형에 따른 피로파괴

칩의 국소적인 열저항이 커지므로 열파괴로 이어지는 케이스가 많다. 사이클 수명 N_f는 온도가 아닌 열팽창에 따른 상당변형[2] ε_{ep}로 결정되며, Coffin-Marson 법칙

$$N_f = K(\triangle\varepsilon_{ep})^{-n} \tag{1.1}$$

에 잘 따르는 것으로 알려져 있다. 여기에서, K와 $n(\approx 2)$는 재료정수이다. 예를 들어 상당변형이 2배가 되면 수명은 약 1/4이 된다.

---

2) 일반적으로 변형은 x축, y축, z축 각각의 직교면에 수직인 성분 ε_{xx}, ε_{yy}, ε_{zz}와 수평인 성분 ε_{xy}, ε_{yz}, ε_{xz}으로 구성되는 2계의 대칭 텐서이다. 피로파괴 수명은 변형에너지, 즉 변형텐서 각 성분의 2차식의 크기에 좌우된다. 변형에너지가 동일한 1축(예를 들어 x축)에 대한 수직변형 ε_{ep}를 상당변형이라 부른다. 바꾸어 말하면, 피로파괴 수명은 오로지 상당변형으로 결정된다.

열팽창 차이에 의한 변형은 파워 반도체칩 사이즈에 비례하여 커진다. 팽창계수가 큰 동은 베이스 금속으로 사용되지 않기 때문에 니켈합금이나 몰리브덴 등의 저열팽창 금속의 양면에 동판을 맞춰 붙인 피복제나 소결제, 또는 열전도율이 높고 열팽창이 작은 세라믹 기판 등을 사용할 필요가 있다.

1.5 전자적 조화의 기술

1.5.1 전자 노이즈 환경

모빌 제품 내에는 파워 일렉트로닉스 기기만이 아니라, 예를 들어 자동차에는 자동차의 여러 가지 동작을 담당하는 전자제어유닛이나 카스테레오나 카내비게이션 등의 음향/정보기기, 카라니오나 키레스엔드리 시스템 등의 무선이용기기라는 장치가 부착되어 있다. 이와 같이 잡음을 발생할 가능성이 있는 기기와 잡음을 받을 가능성이 있는 기기가 좁은 공간에 동거하는 것이 이동체의 특징이다.

운전자는 휴대전화나 심장박동기 등, 일상생활에서 이용하는 여러 가지 전자기기를 차내에 가져다 놓을 수 있다. 또한 송신소와 같은 강전계/강자계가 발생하는 부지 내를 주행하는 경우도 예상할 수 있다. 따라서 모빌 제품에 이용할 수 있는 파워 일렉트로닉스 기기는 우수한 EMC(Electro-Magnetic Compatibility) 성능이 요구된다(그림 1.13).

1.5.2 전자 노이즈로부터 본 파워 일렉트로닉스 회로

통상, 파워 일렉트로닉스 회로의 시간변화 dt는 수십 ns 이상으로 완만하지만 전압이나 전류의 변화 dv, di가 크기 때문에 이들을 dt로 나눈 시간미분은 커져 고주파 회로와 같이 기생소자를 무시할 수 없다. 즉,

(1) 대전류이므로, 역기전력 Ldi/dt, Mdi/dt를 무시할 수 없다.
  예를 들어 에미터회로의 기생 인덕턴스가 $L = 1nH$라 하여도, $1000A/\mu s$으로 스위칭하면, $Ldi/dt = 10^{-9} \times 10^{3+6} = 1\mathrm{V}$가 되어 게이트 구동전압에 영향을 준다.

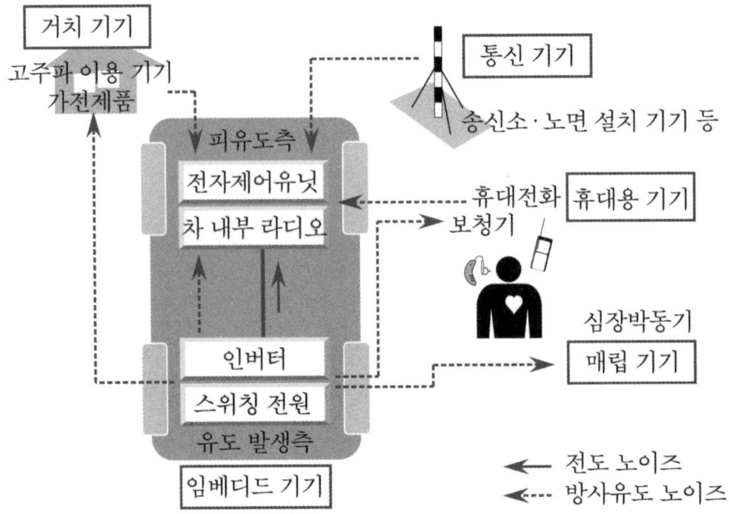

그림 1.13 EMC의 전체 모습

(2) 고전압이므로, 변위 전류 Cdv/dt를 무시할 수 없다.
예를 들어 모터 권선의 함체에 대한 용량이 $C=1000pF$일 때, 1000 $V/\mu s$로 스위칭하면, $i=Cdv/dt=10^{-9}\times10^{3+6}=1\,\mathrm{A}$의 RF Common mode 전류가 Ground를 벗어나 흐른다.

(3) 케이블이 크므로 표피효과를 무시할 수 없다.
선경이 크기 때문에 낮은 주파수에서부터 표피효과가 나타난다. 표피두께는 $\delta=(\pi\sigma\mu f)^{-0.5}$로 동은 도전율 $\sigma=5.8\times10^{7}\,\mathrm{S/m}$, 투자율 $\mu=4\pi\times10^{-7}$이므로, $f=10\,\mathrm{kHz}$일 때, $\delta=0.66\,\mathrm{mm}$가 되어, 파워라인의 인덕턴스나 저항은 표피효과에 따른 주파수 특성을 갖는다.

이상과 같이 파워 일렉트로닉스 회로는 고주파 회로와 같이 취급할 필요가 있다.

1.5.3 전자 노이즈의 발생 메커니즘

전력제어장치는 IGBT나 파워 MOSFET 등 파워 반도체 디바이스의 스위칭 동작을 기본으로 하고 있다. 그래서 전압 파형은 방형파가 되고 전압은 계단적으로 변한다. 스위칭 파형에는 많은 고조파 성분을 포함하기 때문에 노이즈가 발생한다. 또한 스위칭시에

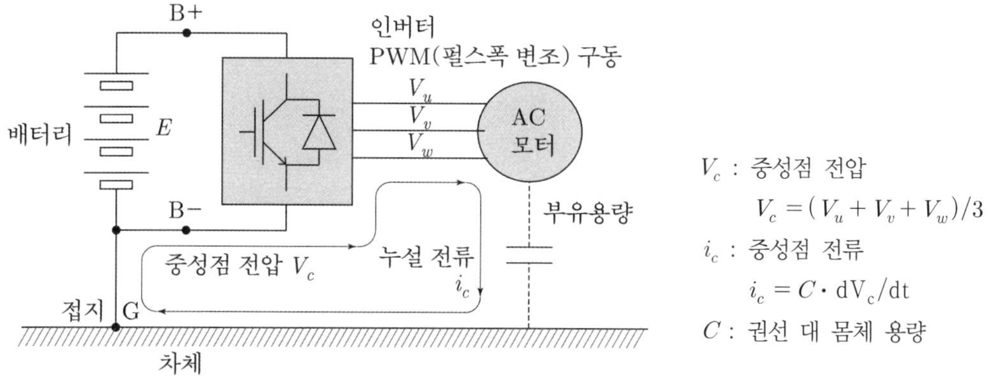

그림 1.14 스위칭에 따른 중성점 노이즈의 발생

파워 케이블이나 모터 권선의 기생 인덕턴스 L_p에 의해서 생기는 과전압 $V = L_p\,dI/dt$가 커진다.

또한 PN접합 다이오드나 IGBT와 같은 바이폴라 소자에서는 소수 캐리어 축적효과에 의해 전류 노이즈가 커질 뿐만 아니라 역내압이 저하하는 것(Dynamic avalanches 특성)에도 주의할 필요가 있다.

모터 구동시에 발생하는 전자 노이즈에 대하여 상세히 고찰해보자. 그림 1.14에서 시스템을 구성하고 있는 모든 기기는 이동체의 바디에 고정되어 있다. 모터의 프레임은 일반적으로 금속제로 차체에 직접 고정된 차체와 동일 전위이다. 모터 권선은 고정자 철심의 슬롯에 수납되어 있기 때문에 권선과 모터 프레임 사이에는 비교적 큰 부유용량 C가 존재한다. 또한 전지는 직접 또는 접지 콘덴서를 개입시켜 차체에 접속되어 직접 또는 교류적으로 접지되는 것이 일반적이다.

스위칭하면 모터 권선의 중성점 전위 V_c가 급변하여 권선과 모터 프레임 사이의 부유용량 C를 개입시켜 그림 1.15와 같이 중성점 노이즈 전류 i_c

$$i_c = C\frac{dV_c}{dt} \tag{1.2}$$

가 흐른다[3]. 이 누설 전류는 전력제어장치, 모터, 차체, 전지라고 하는 비교적 큰 루프를 순식간에 흐르기 때문에 주변에 큰 전자간섭을 유발한다. 전지에는 기타의 기기도 접속되어 있어 누설 전류가 이들 기기에 전선을 타고 유입하여 오작동을 일으킬 수도 있다.

3) 실제 모터는 완전 대칭이 아니므로, $V_c = 0$이어도 불평형 노이즈 전류가 흐른다.

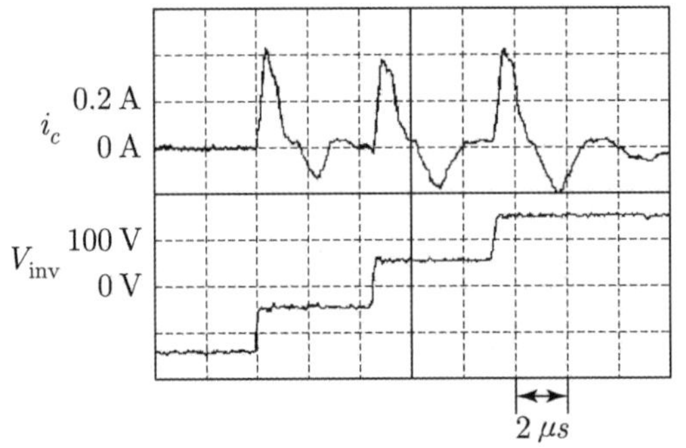

그림 1.15 중성점 전류 파형

또한 권선과 로터 사이의 부유용량이 크면 위의 중성점 전류는 로터로부터 베어링을 통하여 그라운드를 벗어나 흐르기 때문에 베어링의 전기부식(방전에 따른 손상)이 생길 위험이 있다.

1.5.4 전자 노이즈 대책

이동체에 사용하는 기기는 고밀도로 실장되기 때문에, 사후에 필터 등 대책부품을 추가할 공간이 별로 없다. 대책부품이 들어가려면 몸체의 기본설계부터 다시 고쳐야만 한다. 제품의 개발 사이클을 단축하기 위해선 전자간섭을 사전에 예측하면서 설계할 필요가 있다. 이 때문에 이동체 기기의 개발/설계자는 EMC에 대한 깊은 이해와 적절한 대책을 마련한 기본설계를 해야 한다.

노이즈 발생원 대책의 기본 규칙으로 스위칭 주파수를 필요 이상으로 높게 설계하여 운전하지 않는 방법이 있지만 너무 주파수를 낮추면 소음이 들리거나 제어응답성이 낮아질 우려가 있어 그 다음으로 자주 사용되는 레시피로 스위칭을 완만하게 하는 대책법이 있다. 스위칭 천이 시간 τ를 늘려 방형파를 사다리꼴 파형으로 하면 $f_c = 1/\pi\tau$ 이상의 주파수 대역의 n차 고조파 성분이 $1/n^2(=-40\,\text{dB/decade})$로 감쇄하는 것처럼 된다(그림 1.16). 사다리꼴화에 따라서 그림 1.14의 중성점 노이즈 전류의 피크도 감소하므로 간편하고도 유효한 EMC대책이다. 그러나 그림 1.17과 같이 스위칭 천이 시간 τ를 늘리면 스위칭 손실 P_s가 증가하여 발열이 증가하기 때문에 $\tau = 1\mu s\,(f_c \approx 300\,\text{kHz},\ f_0 = 1\text{MHz})$ 정도가 한도이다.

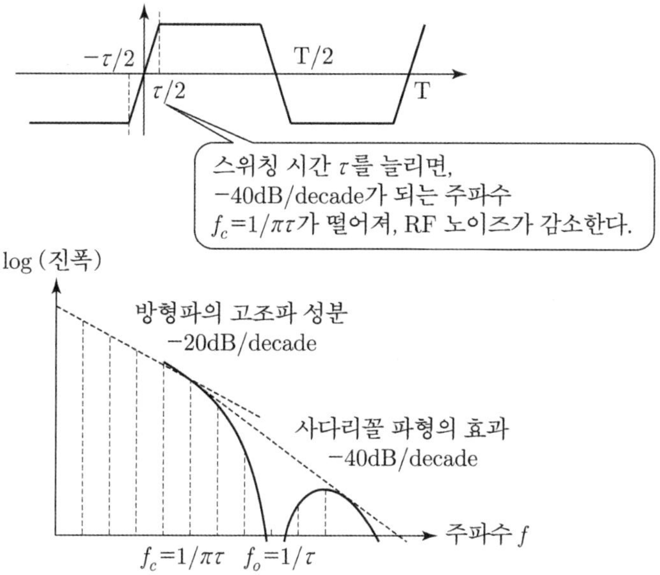

그림 1.16 사다리꼴 파형의 고조파 노이즈

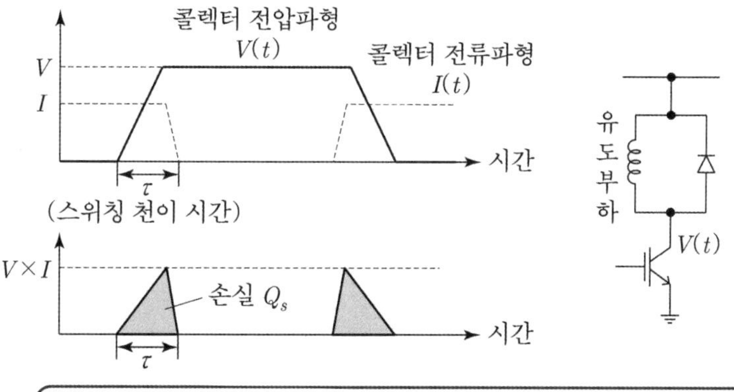

소수 캐리어 축적효과에 따른 테일 전류 등을 무시할 수 있을 때

1회당 손실 : $Q_s \fallingdotseq VI\tau/2$

평균 손실 전력 : $P_s \fallingdotseq 2Q_sF$(F는 스위칭 반복 주파수)

스위칭 전력 : $P = V$(전원전압)$\times I$(부하전류)

$\therefore P_s/P \fallingdotseq \tau F$

그림 1.17 유도부하의 스위칭 손실

그림 1.18은 기생 인덕턴스가 있는 부하회로를 큰 출력용량 Coss의 파워 MOSFET으로 스위칭했을 때에 생기는 과도진동파형과 RC스너버회로에 따른 서지 억제를 나타낸다. 그림 1.19는 중성점 초크에 따른 노이즈 전류의 그라운드 루프 억제를 나타낸다. 이들과 같은 발생원에 대한 대책뿐만 아니라, 실드선이나 금속몸체에 따른 전자차폐나 방해를 받는 전자기기의 내노이즈성 강화 대책 등과 총합적인 trade-off를 고려하여 결정하는 것이 통례이다.

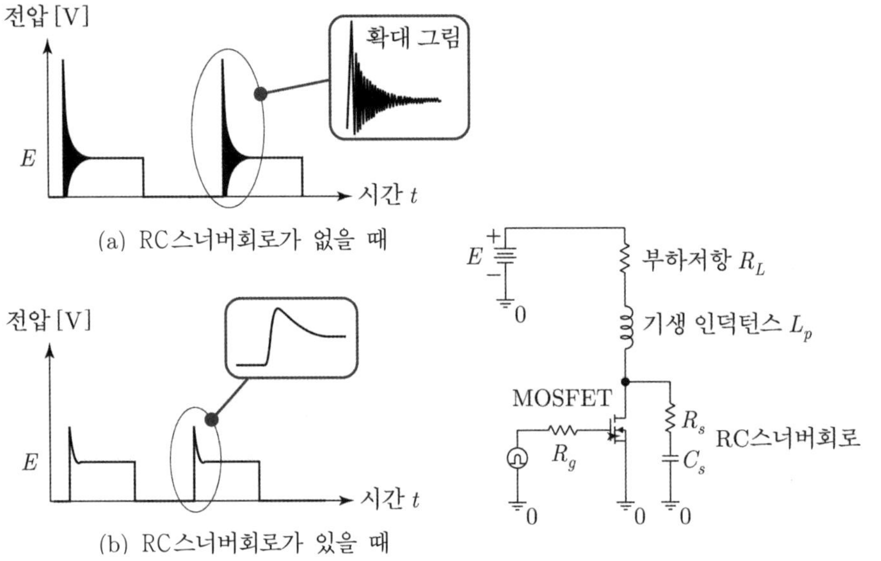

그림 1.18 RC스너버에 따른 과도진동의 억제

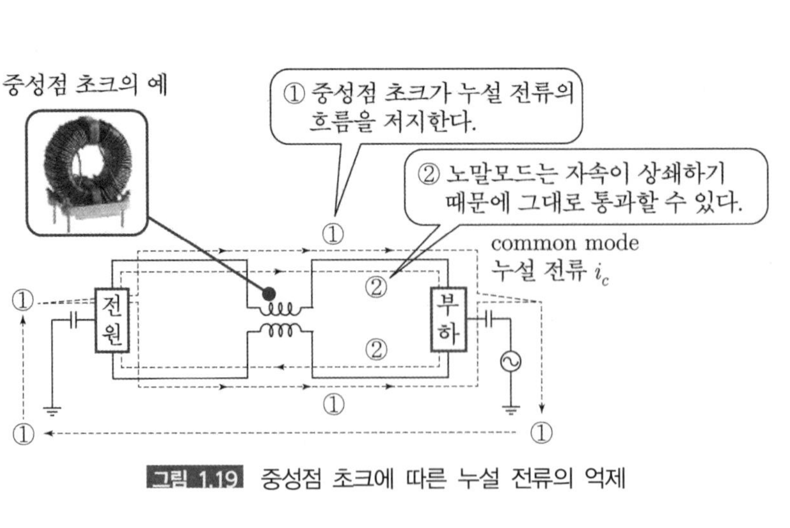

그림 1.19 중성점 초크에 따른 누설 전류의 억제

1.6 복합공학으로서의 모빌 파워 일렉트로닉스

지금까지 기술한 바와 같이 모빌 제품의 개념설계를 적절히 하는 데에는 전체 구상에 관련한 전문기술의 상호작용이나 trade-off 관계를 가시화하는 기술체계인 복합공학(cross-disciplinary engineering)이 필요하다.

예를 들어, 시스템 각 부의 변동에 대한 개념설계를 생각해보자. 파라미터 변동에 대하여 시스템을 안정화하는 수법은 강건제어이론만이 아니다. 만드는 순서에 따르면, 우선 제어 대상이나 센서 등의 전 변동을 제조 불균일, 온도 변동, 경시 변동 등으로 나누어 각 변동의 분포나 상관관계를 통계적 수법으로 보다 명확히 한다. 변동 특성이 명확히 되면 이들을 공장의 검사조정공정, 온도 보정회로나 드리프트 보상 등 회로설계 그리고 강건제어로 각각 어떻게 분담하는가를 관계자 사이에서 조정하여 결정 합의할 필요가 있다.

또한 전 변동이 한계를 넘어서면 불안정해지므로 고장진단을 짜 넣는 것이 통례이다. 그러나 판정 수준을 낮추면 정상적인 것을 고장이라고 잘못 판정하게 되고, 역으로 높게 설정하면 고장인 것을 정상이라고 잘못 판정하게 된다. 여기에서는 제1종/제2종 과오[4]라는 통계학의 지식이 필요하다.

이와 같이, 시스템 전체 설계에서는 많은 전문기술자의 지식과 지혜를 잘 조정시키는 것이 필수다. 그러나 전문기술이 넓고 각각 심화되고 있어 자연언어만으로는 커뮤니케이션이 곤란해지고 있다. 그래서 각 서브 시스템이나 각 부품을 모델링하는 것에 따라 자연언어의 커뮤니케이션에서 불가피한 누락 및 오류를 없애자는 흐름이 있다. 이러한 경우 모델의 질이 중요해진다. Ernst Mach의 사고경제원리에 의하면 모델의 복잡도와 모델의 착오의 합을 최소로 하는 것이 좋은 모델이다. 이와 같은 모델을 만드는 수완은 공학 쪽보다는 예술 쪽이 뛰어나고, 경험과 다소의 센스를 필요로 한다. 모델링에 대해서는 다음의 제2장에서 상세히 해설한다.

4) 귀무가설이 옳음(예를 들어 '시스템에 고장이 없다')에도 불구하고 기각하는(고장으로 잘못 판정) 것을 제1종(잘못된 양성 판정) 과오, 귀무가설이 옳지 않음(즉 '시스템에 고장이 있다')에도 불구하고 채택해버리는(고장을 간과) 것을 제2종(잘못된 음성 판정) 과오라 한다. 신호에는 노이즈(외래잡음 신호나 부품 특성의 드리프트, A-D 변환기의 양자화 오차 등)가 가산되기 때문에 고장진단시에 이와 같은 통계적인 착오가 생긴다.

1.7 전기자동차 시스템설계 — 본서의 구성

본절에서는 전기자동차 시스템설계의 개요를 설명하고, 그에 대한 상세한 설명이 기재되어 있는 장을 병기한다. 전기자동차(EV : Electric Vehicle)는 다종다양한 진화를 이루어가고 있지만, 이 책에서는 전동모터를 주 동력원으로 하여 충분한 에너지원을 가지고 자유롭게 운동하는 차량을 대상으로 하고 있다.

리튬이온 2차전지나 아연공기전지, 수소연료전지에 따른 전기자동차, 하이브리드 전기자동차(HEV : Hybrid Electric Vehicle, 이하 하이브리드 자동차라 한다) 등이 이에 해당한다. 대형의 대중교통 버스나 정기편의 트럭에서는 전용궤도나 전용가선, 또는 도로에 매설된 유도 코일 등을 도로 인프라로 하여 정비하여 주행중에 급전하는 구상이나, 열기관에 발전기와 전동기를 직결하여 자동변속장치의 대용으로 한 시리즈 하이브리드 자동차 등이 있지만 이 책에서는 이들을 제외한다.

가솔린엔진이나 디젤엔진 등의 내연기관과 전동모터와의 자동차의 동력원으로서의 비교를 그림 1.20에 나타낸다. 일반적으로 내연기관에 비하여 전동모터는 모델링하기 쉽고 제어성이 우수하다. 이 때문에 구동계와 차량 운동계를 통합한 모델링이 가능하여, 이들 전체의 계를 모델베이스 제어하는 것에 따라 공학지식을 고도로 복합화하는 SE&I(System Engineering and Integration)를 달성할 수 있다. 이 모델베이스 제어에 대한 기본적인 사고방식에 대해서는 제2장에서 상세히 기술한다.

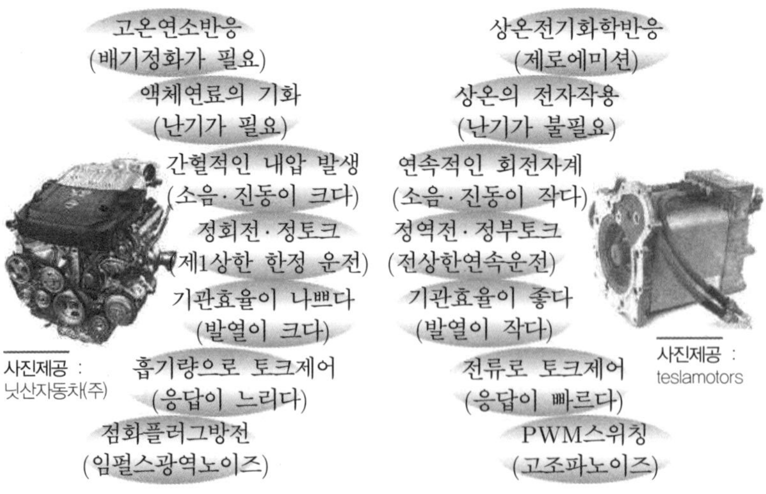

그림 1.20 내연기관과 전동모터의 동력원으로서의 비교

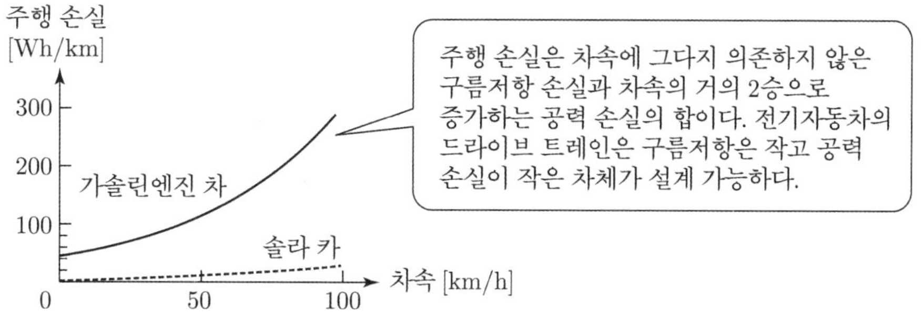

그림 1.21 가솔린 차와 레이스용 솔라 카의 주행 손실 비교

자동차설계에서는 동력원의 배치와 구동륜의 선택이 차량의 기본구조나 운동성능을 좌우한다. 내연기관 자동차에는 통상 한 대의 엔진이 전륜에 또는 후륜에, 매우 드물게는 Midship에 탑재된다. 구동륜으로는 전륜 또는 후륜, 4륜 구동이 있고 각각의 특징을 살린 자동차가 개발, 제조, 판매되고 있다.

내연기관에는 출력과 구동륜 사이에 변속기와 드라이브 트레인이 필요하고, 이것이 레이아웃 자유도를 손상시킨다. 전동모터를 동력원으로 하면 레이아웃 자유도가 훨씬 높아진다. 변속기나 드라이브 트레인은 반드시 필요하지 않다. 또한 복수의 모터를 탑재하거나 차륜의 휠 내부에 탑재한다. 소위 인휠 방식도 가능하다. 키가 크고 냉각을 위한 전면이 큰 개구부를 필요로 하는 내연기관에 비하여 전동모터는 차량을 슬림화하여 설계할 수 있다. 가솔린엔진 차와 솔라 카의 주행 저항 비교를 그림 1.21에 표시한다. 레이스용 솔라 카의 수치로는 직접 참고가 안 될지 모르지만 자동차의 주행 저항에 커다란 개선의 여지가 있는 것은 명백하다.

모터는 제로 회전부터 고정도로 정부의 토크제어를 할 수 있다. 부의 토크제어, 즉 제동력 제어에는 차량운동에너지를 2차전지에 흡수하는 회생제동과 전기에너지로 모터를 역전시키는 전기제동 2종류가 있다. 정부의 토크제어응답성은 내연기관보다 2자릿수 정도 좋기 때문에 구동력과 제동력을 연속적으로 세밀하게 제어하는 것이 가능하고 노면과 타이어의 점착제어나 차량의 자세제어가 가능하다.

이러한 모터의 레이아웃 자유도와 제어성의 장점을 살리면, 예를 들어 도심의 출퇴근용 2륜 전기자동차가 실현가능해진다. 제3장에서는 도립 2륜 로봇을 예로 일반적인 피드백제어계의 설계 순서를 기술한다.

하이브리드 자동차와 인휠모터를 탑재한 4륜 주행의 전기자동차에 대해서는 제4장에서 설명한다. 동력합성이 다름에 따른 하이브리드 자동차의 다양한 구성과 내연기관을 하이브리드화하는 것에 따라 동력효율 향상의 원리나 2개의 상이한 동력원의 협조제어에 대해서 다룬다. 주행제어계로서의 퍼텐셜이 높은 인휠모터 전기자동차의 제어법과 부분 고장에 대한 시스템을 재구성하여 안전성을 확보하는 방법에 대하여 기술한다.

전기자동차는 ITS(Intelligent Transport Systems) 제어기술과의 상생이 좋다. 차량(car)을 군집(platoon) 주행시켜 열차(train)화하는 것에 따라 주행 저항을 2~3할 떨어뜨릴 수 있지만, 이 목적에는 제어성이 좋은 전동모터 쪽이 적합하다. 또한 하이브리드 자동차에서 내비게이션의 루트 정보를 이용한 전지의 충방전제어로 연비를 개선할 수 있다. 이것에 대해서는 제4장에서 다룬다.

전기자동차의 전원으로는 연료전지나 금속공기전지와 같은 1차전지와 리튬이온전지와 같이 반복 충전하여 사용하는 2차전지 또는 대용량 캐퍼시터가 고려된다. 전지교환이 필요한 1차전지의 전기자동차를 보급시키기 위해서는 새로운 수소나 아연 등 제조/운송/교환의 인프라정비가 필요하다. 그러나 메커니컬 충전(전지의 부극을 카트리지 교환)하는 것만으로 에너지를 보급할 수 있기 때문에 시간이 걸리는 충전이 필요하지 않아 가솔린엔진차와 같은 편리함을 가진다.

2차전지는 충전하면 반복 사용할 수 있다는 점에서 우수하지만 용량의 경시열화의 문제가 있어 정밀한 용량 추정하는 배터리 제어기가 반드시 필요하다. 2차전지의 충전 방식은 차 내부의 전원으로부터 온 보드 충전과 전력 인프라로부터 오프 보드 충전이 있다. 전자에서는 차량에 탑재된 태양전지로부터 보조 충전이나 발동발전기를 사용하여 주행중에 충전한다. 소위 RE(Range Extender) 시리즈 하이브리드 방식이 있다. 전력망(power grid)에 접속하는 플러그인 충전 방식의 장점은 기존의 전기에너지 인프라를 사용하는 것, 값싸고 여력이 있는 심야전력요금이 이용될 수 있는 것 등이다.

에너지 안전보장 면에서 보면, 수력이나 화력, 원자력만큼은 아니지만 풍력이나 지열, 태양광 등과 같은 자연에너지에 이르기까지 폭넓은 전개가 가능하다는 것도 장점이다. 단점으로는 주차장에 엔진 블록 히터가 보급되지 않는 일본에서는 충전설비에 투자 부담이 있다는 것, 장거리 주행에서는 도중에 몇 번에 걸쳐 충전이 필요하다는 것과 더불어 급속충전에서도 시간이 걸린다는 것을 들 수 있다.

전지의 최대 결점은 내연기관의 연료에 비하면 에너지 밀도가 월등히 작다는 것이다. 동력원 단일체에서 파워/중량비를 비교하면 내연기관도 전동모터도 1kW/kg의 수준으로 동등하다. 하지만 연료탱크와 보통 2차전지의 에너지 밀도를 비교하면 동력원의 효율의 차를 감안해 전자의 수치를 할인하여도 후자는 한 자릿수보다 낮은 것이 실상이다. 이러한 점은 전기자동차의 보급의 보틀넥으로 인식되어 글로벌한 개발경쟁이 진행되고 있어,

그 동향으로부터 눈을 뗄 수 없을 정도이다. 경량화를 위해서는 전극재료의 비약적인 개선이 기대되지만 항공기가 로켓엔진이 아닌 제트엔진을 사용하고 있다는 것을 감안하면, 전지의 정극제로서 예를 들어 천이금속의 산화물을 사용하는 것보다도 대기 중의 산소를 이용하는 공기극 쪽이 미래적으로 유망하다. 이와 같은 전지와 전원 시스템에 대해서는 제5장에서 해설한다.

전기자동차의 전동모터는 영구자석을 사용한 동기모터나 영구자석을 사용하지 않는 유도모터 등 다양한 종류가 있어 목적에 따라 선택이 가능하다. 예를 들어 영구자석을 사용한 동기모터는 저회전시의 효율이 높고 도시 교통에 바람직하지만 고속 주행시에는 자계를 약하게 하기 위해 여분의 전류를 흐르게 할 필요가 있어 효율이 떨어진다. 또한 자석에는 히토류 등의 희소자원이 사용되고 있어 세계적인 자원 가격의 급등 문제가 있다.

유도모터는 자석과 고정도의 회전센서가 필요하지 않고 견고하여, 고속으로 달리는 신간센과 같은 일정주행에 바람직하지만 정지와 발진을 빈번히 하는 용도에는 적합하지 않다. 전동모터의 추종성이나 응답성 향상에 벡터제어 등 모델을 베이스로 한 제어법의 개발이 크게 공헌하고 있다. 제6장에서는 각종 전동모터의 원리와 특징, 모델과 각종 제어법과 모터 구동회로에 대하여 해설한다.

제2장

주행제어시스템의 설계

그림 2.1에 나타낸 모빌 파워 일렉트로닉스는 다음 2개의 제품군으로 크게 나눌 수 있다.

(1) 신체기능의 확장을 목적으로 한 인간이 조작하는 타입의 제품군
(2) 신체기능의 대행을 목적으로 한 자율 로봇과 같은 제품군

전기에너지는 축적/변환/회생이 용이하고 고효율적이다. 또한 기구나 유압에 따른 파워 전달로부터 Power-By-Wire, 즉 전선에 따른 파워 전달을 하는 것에서 레이아웃 자유도가 높고 제어성이 향상된다. 이러한 이유에서 파워 일렉트로닉스 기술을 응용한 각종 이동장비, 즉 전기자동차로 대표되는 모빌 파워 일렉트로닉스 제품은 점점 더 확대되고 있다. 이번 장에서는 모빌 파워 일렉트로닉스의 전체 설계와 그 열쇠가 되는 모델링 방법에 대하여 해설한다.

2.1 시스템설계의 순서

2.1.1 모빌 파워 일렉트로닉스 제품의 특징

고정설비에 비하면 이동장비의 제어 요구 사양은 수치적으로는 완만하다. 예를 들어, 반도체 노광장치에서는 나노메터 정도의 높은 위치 정도와 고속응답성이 요구되지만 자동차의 정차위치나 속도는 메카(자동차의 제어장치)가 아닌 운전자의 운전기량에 의해 결정된다. 자동차의 제동/구동의 가속도는 타이어나 노면 상태에 좌우되므로 그 가속도의 제어는 한계가 있다. 간호보조용 파워 정장에서도 보조력이나 위치는 인간 자체의 대략적인 정도까지 허용된다.

하드 디스크나 철강업의 압연기에서는 높은 속도의 추종성능이 요구되지만 자동차의 적응식 정속주행 시스템(ACC : Adaptive Cruise Control)이나, 로봇 제설기(그림 2.1 (d))의 주행 속도에서의 요구 정도는 그다지 높지 않다. ACC에서는 운전자가 느낄 수 없는 정도의 변동은 허용된다. 또한 타이어나 노면의 슬립율은 시시각각 변동하므로 차륜속도 센서 신호로부터 본래의 제어 목표 값인 대지 속도를 바르게 추정하는 것은 곤란하다.

이와 같이, 모빌 파워 일렉트로닉스는 통상 피드백제어이론에서 주요한 목적이 되고 있는 속응성(과도특성)이나 추종성(정상특성)에 대한 요구의 정도가 낮지만 기상변동이나 주행노면 상태 등의 환경변동에 대한 높은 **강건성**(robustness)과 **적응성**(adaptivity)이 요구

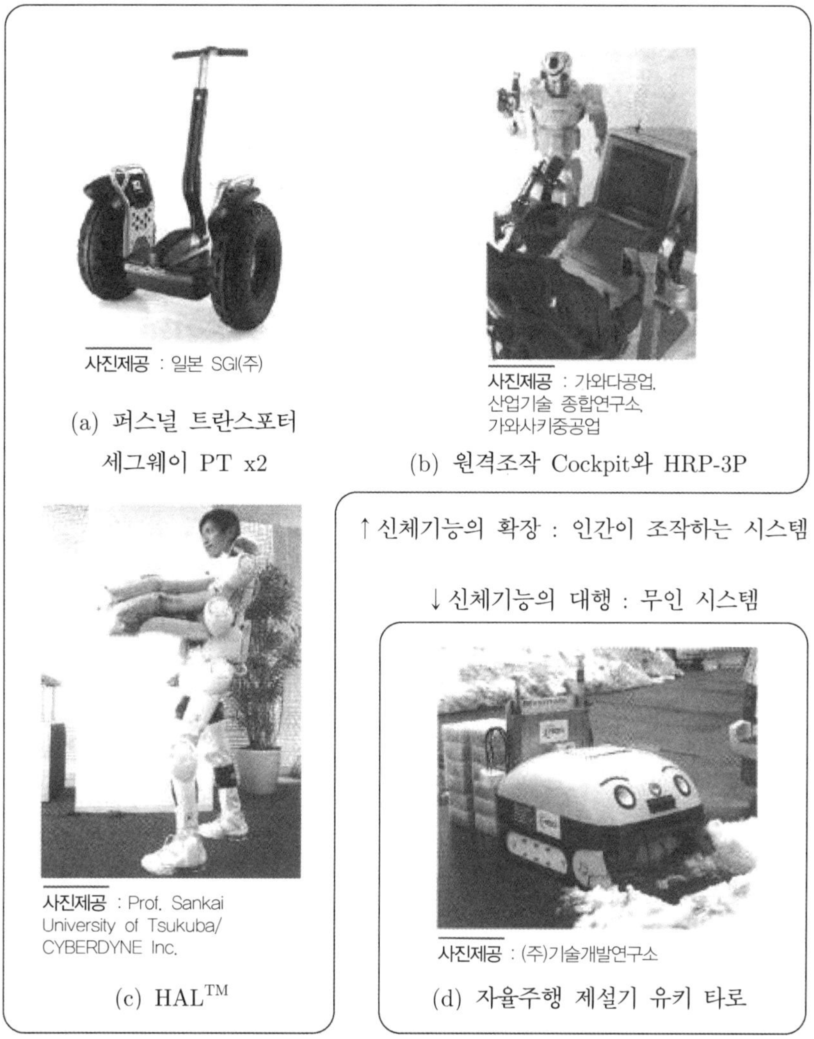

그림 2.1 모빌 파워 일렉트로닉스 제품군

된다. 인간의 뜻대로 움직이기 때문에 인간과의 Human Interface 사양도 중요해진다. 고정설비의 응답성이나 추종성의 설계 사양에 비하면 명확한 수치로 이것들을 기술하는 것이 어려운 것이 특징이다. 이와 동시에 신체의 확장을 목적으로 하여 인간이 조작하는 타입의 제품군에서는 제어루프 중에 인간이 개입되는, 즉 MIL(Man-In-the-Loop)을 구성하는 것도 큰 특징이다.

2.1.2 아키텍처설계

복잡한 모빌 파워 일렉트로닉스의 설계에 있어서 각 부위마다 각각 상세설계하여 사후 조정하면 개발 기간이 길어지고 전체의 균형이 악화된다. 이와 같이 되지 않기 위해서는 제1장의 그림 1.3에 나타낸 것처럼 상세설계 전에 아키텍처(개념)설계가 필요하다. 아키텍처설계에는 제품 아키텍처와 공정 아키텍처가 있다.

제품 아키텍처설계에서는 제품의 정도와 기능에 대한 설계사상을 정리한다. 마이크로한 유기화합물의 설계에서는 분자의 구조와 기능이 밀접하게 결합되어 있어 이 둘을 완전히 나눌 수 없다. 그러나 통상 제품의 아키텍처설계에서는 2개의 흐름, 즉 기능전개와 구조전개로 구별되어 있어 상호 인터페이스를 취하면서 작업이 진행된다. 제품에 따라 기능설계 우선 또는 구조설계 우선으로 나뉜다. 예를 들어 공작기계를 설계할 때에는 구조보다 기능을 우선으로 한다. 고객이 외관형상보다 가공기능을 우선시하여 평가하기 때문이다. 반면 자동차의 전체설계에서는 방대한 제품설비나 관련 산업을 배경으로 한 공정 아키텍처의 제약, 차대나 엔진의 계열, 패션성 등을 무시할 수 없어 구조가 우선적으로 결정되는 경우가 많다. 주어진 구조에 대하여 '달린다', '선회한다', '정지한다'라는 기능설계를 한다.

자동차 등 모빌 제품의 아키텍처설계에서는 최대출력이나 항속거리에 관한 파워 공급기능(자가발전, 축전, 인프라공급 등)의 할당이 처음부터 결정된다. 파워 공급기능이 결정되면,

- 하이브리드 자동차
- 플러그인 하이브리드 자동차
- 연료전지 전기자동차
- 배터리 전기자동차

등 자동차의 기본구조, 파워 공급원의 구조, 엔진의 배기량이나 2차전지의 용량 등의 상세설계가 시작된다. 여기에서 문제가 있다면 다시 파워 공급 기능의 아키텍처설계로 돌아간다.

2.1.3 설계시의 인터페이스

관련하는 설계그룹 간의 인터페이스에는 다양한 형태가 있다. 제도로서는 설계통지서

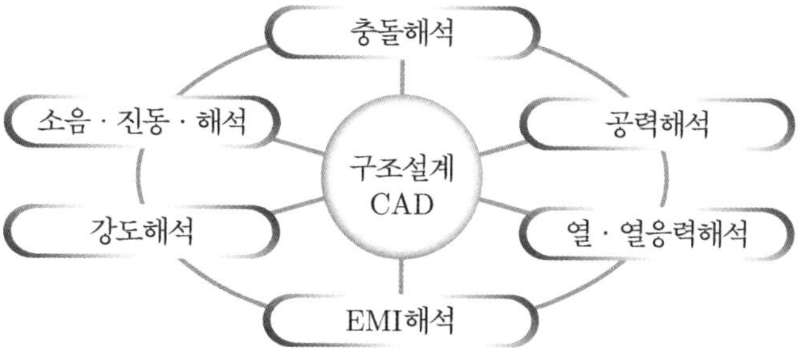

그림 2.2 다양한 CAD의 유기적인 활용

나 디자인 리뷰와 같은 회의 등이 있다. 일본의 많은 기업의 개발 현장은 대규모 사무실 방식[1)]을 취하고 있어 일상적인 회의나 팀워크가 제도를 넘어선 인터페이스의 장이 되고 있다.

담당자의 겸임도 조직 간의 인터페이스의 중요한 요소이다. 예를 들어 센서 담당자가 메카설계그룹과 제어그룹을 겸임하여 전자에서 구조설계를, 후자에서 기능설계를 담당하여 자기 자신 속에서 두 부분을 인터페이스시키는 경우이다. 이처럼 인간을 중심으로 하는 일의 진행 방식은 유연성은 풍부하지만 프로세스 관리가 불투명해지기 쉬워 보완책으로 무엇인가의 제도를 두어야 한다.

최근에는 CAD에 연동한 복합 영역 시뮬레이션, 소위 CAD-embedded CAE가 보급되고 있다. 그림 2.2에 나타낸 것처럼 기계적 강도 해석, 열 해석, 공력 해석, NVH(Noise Vibration Harshness), 다이나믹스(동역학)에 이르기까지 서로 강하게 의존하는 많은 기술과제를 워크스테이션(PC)상에서 해석할 수 있게 되었다.

외부요구와 내부요구의 쌍방이 복잡한 시스템 아키텍처설계에 있어서 모델링과 컴퓨터 시뮬레이션을 양축으로 한 시스템공학은 매우 유용하다. 단, 툴 도입 전에 아키텍처설계의 여러 과제를 가시화하여 공유화하는 것이 매우 중요하다[2)]. 또한 미국식 학문체계인 시스템공학은 일본 기업의 조직이나 일의 진행방법에 그대로 적용시키는 데 어려움이 있어 수법에 휘둘리는 경우도 적지 않다. 무엇보다도 개발에 관한 Key Person이 관련하는 기술의 본질을 정확히 이해하고 있는 것이 전제조건이다. 여기에서 중요한 포인트는 모델을 사용

---

1) 영어로는 Co-location이라 한다. 정보공유화를 위해 대규모 사무실 방식을 채용하여, 상위직도 포함하는 팀 전원을 물리적으로 근접(목소리가 들리는 범위에)하게 배치하는 개발방식이다. 회의 등을 하지 않아도 일상 업무에서 자연스럽게 커뮤니케이션할 수 있는 장점이 있다.

2) 이것은 e-mail에 따른 의사소통이나 회의 등에도 말할 수 있는 것으로, 우선 face-to-face의 인간관계를 구축한 후에, 즉 제대로된 인간관계를 구축한 후에 e-mail에 따른 논의를 시작하지 않으면 서로의 장점을 고려하지 못하고 자기주장만으로 끝나버린다.

하는 것으로 복합공학 영역에 공통어가 생기고, 조정의 수준을 심화할 적에 고도의 완전성이 달성될 수 있다는 것이다.

'모델을 구축한다'라는 의미의 **모델링**(modeling)은 공학의 여러 분야에 등장하는 기본적인 방법이다. 분야에 따라서 의미가 약간씩 다르지만 복잡한 물리, 화학 또는 사회현상을 모델(model)이라는 비교적 단순화된 수학적 표현으로 변환하자는 생각은 유럽에서 탄생한 근대과학의 기초를 이루고 있다. 여기에서 모델은 대상의 본질적인 부분에 초점을 두어 특정의 형식으로 표현된 것이다. 모델링이라는 과정에는 방법론뿐만 아니라 엔지니어의 지혜와 경험이 크게 관여하므로, 모델링은 어려우면서도 즐거움이 있다.

2.2 모델베이스 개발

최근 모델베이스 개발(MBD : Model-Based Development)이 모빌 파워 일렉트로닉스와 같은 대규모 시스템 개발의 모델링 기술로 주목을 모으고 있다. 그 이유를 정리해보자.

- 대규모/복잡계에서는 모델이라는 공용 언어를 베이스로 하는 것에 따라 표준화가 그려져서 개발효율이 향상된다. 또한 모델을 공유하는 것에 따라 개발 담당자 사이에 조정이 용이해지고 개발의 질이 향상된다.
- 모델링법이나 모델베이스개발 과정의 표준화 활동이 세계적으로 행해져 자동차 업계를 중심으로 하여 MBD가 급속도로 보급되어가고 있다.
- IT기술의 발전에 의해 대량 데이터를 계측, 전송, 기억, 처리하는 것이 가능해졌다. 아래에서 해설하는 것과 같이 대량 데이터에 기초한 모델링법인 시스템 동정이론을 적용할 수 있는 환경이 정비되어왔다.

아래에서는 주로 제어를 위한 모델링에 대해서 기술한다. 제어계설계법은 다음의 2가지로 크게 나눌 수 있다.

(1) 모델베이스제어(MBC : Model-Based Control)
(2) 모델프리제어(MFC : Model-Free Control)

MBD와 MBC는 혼동하기 쉬우므로 주의하자[3].

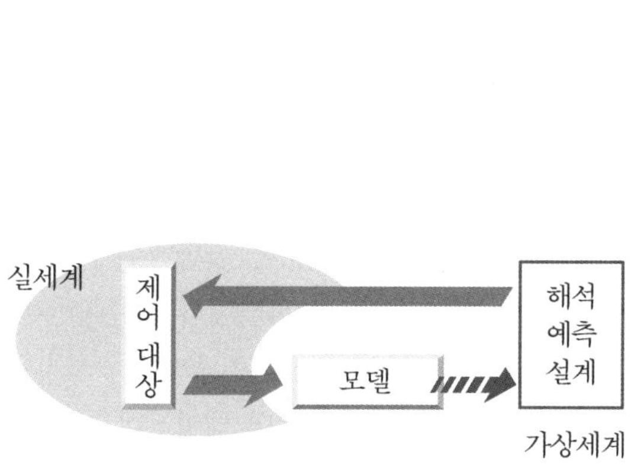

그림 2.3 모델은 제어의 핵심

MBC의 대표는 현대제어, 강건제어, 모델예측제어이고, MFC의 대표는 퍼지제어, 뉴로제어이다. 이 책에서는 물론 MBC를 대상으로 한다. MBC를 고려한 경우, 제어 대상, 제어 목적, 그리고 사용하는 제어계설계법 등에 따라 여러 가지 모델링법이 존재한다. 그러나 이 책에서는 미분방정식, 차분방정식, 전달함수, 상태방정식 그리고 논리식이라는 수학적 모델을 이용한 모델링법을 취급한다. 그림 2.3에 나타낸 바와 같이 제어계설계나 해석을 수행하기 위해서는 제어 대상의 수학적 모델이 필요하다. 그림에 따라 모델은 실세계와 가상세계를 결합하는 인터페이스의 역할을 하는 것임을 알 수 있다.

아래에서는 3가지의 수학적 모델 구축법에 대하여 설명한다.

(1) **제1원리 모델링(first principle modeling)** — 대상을 지배하는 제1원리(과학법칙으로, 예를 들면 운동방정식, 회로방정식, 보존법칙 등)에 기반을 둔 모델링 방법이다. 대상이 물리 시스템인 경우에는 물리 모델링이라고도 한다. 제어를 위한 모델링일 경우, 가장 먼저 검토해야 할 모델링의 왕도이다. 이 방법은 대상의 구조가 완전히 알려져 있는 경우에 적용할 수 있고 **화이트박스 모델링**이라 한다. 제1원리 모델링의 장점과 문제점을 정리하면,

장　점 : 대상의 제1원리에 기초하고 있기 때문에 대상의 거동을 충실히 재현할 수 있다. 또한 물건을 생산하기 전에 계산기상의 모델링을 할 수 있다.

문제점 : 일반적으로, 비선형/편미분방정식으로 기술된 상세 모델(계산기상의 시뮬레이터)을 얻을 수 있다. 상세 모델을 이용하여 대상의 해석이나 예측을 할 수 있지만, 모델이 복잡하기 때문에 MBC에 따른 제어계설계용에 그

---

3) MBC로 모델링하는 것은 제어 대상이다. 이에 대해 MBD는 설계 대상인 과정과 제품 모두를 적극적으로 언제든지 사용할 수 있는 모델로 바꾸어 시스템 개발의 효율과 설계품질을 향상시키는 방법이다. MBD에서는 제어시스템이 모델베이스제어일 필요는 없다. 실제의 복잡한 시스템 개발에서는 설계 요건을 100% 모델링할 수 없기 때문에 종래의 자연언어나 C언어 등도 병용된다. 통속적으로는 사양서 등 대신 그래픽 환경에서 임베디드시스템 등의 개발을 하는 것을 MBD라고 한다.

대로 이용하는 것은 어렵다. 또한 마찰계수나 감쇄계수처럼 실제로 실험을 하지 않으면 값을 모르는 파라미터도 존재한다.

(2) **시스템 동정(system identification)** — 실험 데이터에 기초한 모델링법이고, 데이터베이스 모델링이라 부르기도 한다. 이 방법은 대상을 블랙박스로 보고 그 입출력 데이터로부터 통계적인 수법으로 모델링하기 때문에 **블랙박스 모델링**이라고도 한다. 선형시스템 동정에 관하여는 이론체계가 완비되어 있다. 대량으로 계측된 데이터로부터 어떻게 의미 있는 정보를 추출하는가는 현대공학에 있어서 매우 중요한 과제 중 하나이고, 이것에 대하여는 발견과학과 같은 학문 영역으로 연구되고 있지만 시스템 동정도 같은 방향성을 갖는 연구 분야이다. 시스템 동정의 장점과 문제점을 정리하면,

장 점 : 복잡한 시스템에 대해서도 실험 데이터로부터 비교적 간결한 모델을 얻을 수 있다. 또한 여러 가지 시스템 동정법이 제안되고 있어 그것을 실행하는 소프트웨어인 System Identification Toolbox가 매트랩(MATLAB)에서 이용되고 있다.

문제점 : 실험적인 모델링법이기 때문에 물건(동정/제어 대상)이 없으면 모델링을 할 수 없다. 즉 물건을 생산하기 전에 시스템 동정을 이용할 수 없다. 또한 시스템 동정이론을 어느 정도 공부하지 않으면 잘 사용하기 어렵다.

(3) **그레이박스 모델링(gray-box modeling)** — 화이트박스 모델링과 블랙박스 모델링의 중간에 위치하는 모델링으로 흑과 백을 혼합시킨 회색을 의미하며, 그레이박스 모델링이라 부른다. 대상에 관한 부분적인 물리 정보를 이용할 수 있는 경우의 모델링법으로 실제의 제어현장에서 사용되고 있는 것의 대부분은 이의 범주에 포함된다. 단, 대상이나 실험환경 등에 크게 의존하기 때문에 그레이박스 모델링에 관한 일반 이론은 안타깝게도 존재하지 않는다.

2.3 제어를 위한 모델링 포인트

그림 2.4는 제어를 위한 모델링의 개념도를 보여준다. 실 시스템을 가능한 한 충실히 재현한 상세 모델을 구축하자는 입장을 취한 것이 제1원리 모델링이다(이 때문에 상세 모델의 화살표는 외측을 향하고 있다). 한편, 제어용 공칭 모델(nominal model)은 가능한 한 간단한 것이 바람직하다(이 때문에 공칭 모델의 화살표는 내측을 향하고 있다). 왜냐하면 모델이 복잡해짐에 따라서 설계된 제어기의 차수가 높아져, 실장화의 관점에서 바람직하지 않기 때문이다. 제어엔지니어의 능력을 보여줄 부분은 복잡한 현상을 가능한 한 간결한 모델로 표현하는 것이다.

실 시스템과 공칭 모델의 관계를 그림 2.5에 정리하였다.

공칭 모델을 얻기 위해 행해진 어떤 근사화에 의하여 실 시스템의 여러 가지 정보가 상실된다는 것을 알 것이다. 이것이 모델의 불확실성(uncertainty)의 원인이다. 본래라면, 공칭 모델과 실 시스템 사이가 모델의 불확실성이지만, 우리가 알 수 있는 실 시스템에 가장 가까운 것이 상세 모델이기 때문에 상세 모델과 공칭 모델의 차이를 모델의 불확실성이라

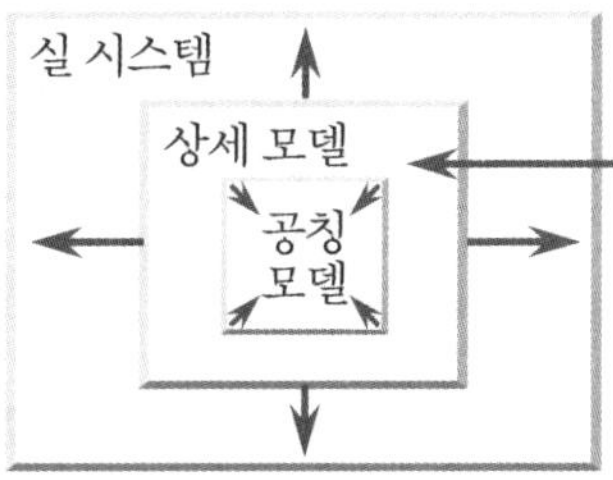

그림 2.4 제어를 위한 모델링

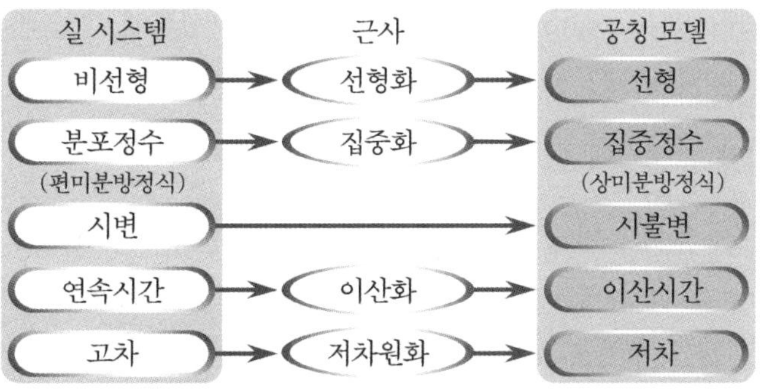

그림 2.5 공칭 모델의 구성을 위한 근사법

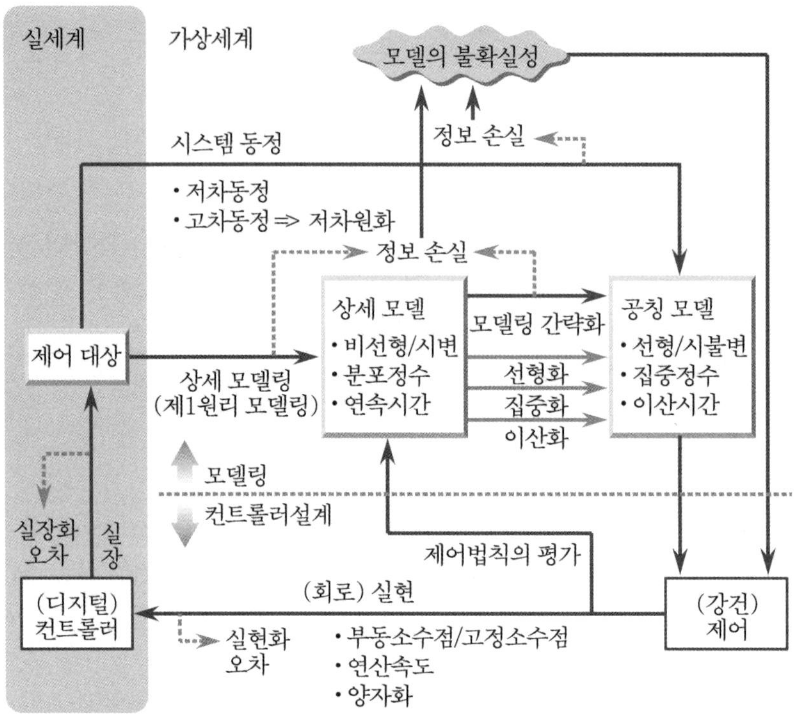

그림 2.6 모델링으로부터 제어계설계까지의 흐름(실세계와 가상세계)

고 생각해도 좋을 것이다.

그림 2.6에서 본 것처럼 물론 이것 이외에도 모델의 불확실성 요인은 다수 존재한다. 그림은 제어 대상의 모델링으로부터 컨트롤러설계 그리고 컨트롤러의 실장화까지의 흐름을 보여준다. 제어 대상의 상태공간표현에 기초한 소위 현대제어(modern control)는 모델의 불확실성을 적극적으로 고려하고 있지 않기 때문에 프로세스 산업 등과 같은 실제 문제로의 적용이 어려웠다. 이에 대하여 1980년대부터 정력적으로 연구되어 실제 문제에 적용되어온 **강건제어**(robust control, 'robust'는 모델의 불확실성에 대한 튼튼함이라는 의미이다)는 공칭 모델과 그 모델의 불확실성에 기초하여 제어계를 설계하는 방법이다.

강건제어를 위한 모델링에 있어서, 다음의 3가지가 중요하다.

(1) 상세 모델을 실 시스템에 얼마만큼 근접시킬 것인가?
(2) 제어용 공칭 모델이 상세 모델의 중요한 부분을 잘 근사시키고 있는가?
(3) 근사시키지 않은 부분을 모델의 불확실성으로 하여 정량적으로 평가할 수 있는가?

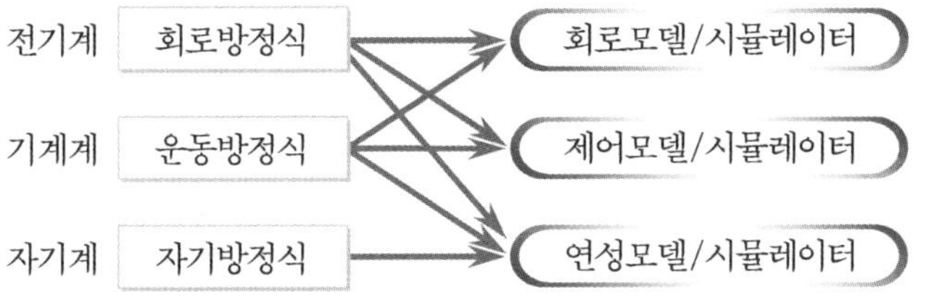

그림 2.7 모델과 시뮬레이터의 관계

이들 점에 대해서는 제어이론의 세계에서는 현재도 연구가 계속 진행되고 있다. 중요한 것은 제어 대상의 모델링이 최종 목적이 아니라 제어계설계가 최종 목적이라는 것이다. 따라서 모델링이 좋고 나쁨은 최종적으로 구성된 제어계설계에서 판단된다.

이제까지 제어용 모델에 대하여 설명했다. 그림 2.7에서 전기계, 기계계, 자기계에 있어서 모델과 시뮬레이션의 관계를 나타냈다. 제어계에 있어서 매트랩(MATLAB)/시뮬링크(Simulink), 전기계에 있어서 SPICE와 같이 각각의 분야마다 사실상 표준이 되고 있는 소프트웨어가 존재한다. 그림에 대해 간단히 설명해두자.

- **회로 모델/회로 시뮬레이터** — SPICE는 집적회로용으로 개발된 회로 CAD이지만, 대규모/비선형으로 가파른 시스템(수치적인 조건이 나쁘고, 풀기 어려운 시스템)의 해석에도 적합하다. 또한 소스 코드가 공개되어 있기 때문에 예전부터 개량되어왔다. 미분방정식을 회로도로 그려서 SPICE에서 계산하는 것도 흔히 볼 수 있다.
- **제어 모델/제어 시뮬레이터** — 매트랩은 Matrix Laboratory를 압축한 것이고, 이름에서도 알 수 있듯이 행렬/벡터 연산에 기반을 둔 수치해석 소프트웨어이다. 풍부한 라이브러리를 가지고 인터프리터(대화) 형식의 고급 프로그래밍 언어이다. 제어 Toolbox, 통신 Toolbox를 필두로 하여 풍부한 Toolbox를 구비하고 있다. 또한 블록선도 입력에 따라 제어계의 시뮬레이션을 구축할 수 있는 Simulink도 준비되어 있다. 매트랩/시뮬링크에 따라 설계된 컨트롤러를 DSP(Digital Signal Processor)에 따라 실장하기 위한 다양한 인터페이스도 제품화되고 있다.
- **연성 모델/연성 시뮬레이터** — 전기계와 기계계를 통합한 환경에서 해석할 수 있는 Saber나 PSIM은 파워 일렉트로닉스 및 모터제어에 특화된 회로 CAD로 단독 또는 자장해석 CAD나 제어 CAD 등과 연성하여 사용할 수 있다.

이후에는 매트랩/시뮬링크나 SPICE 등의 소프트웨어를 유기적으로 통합해나가도록 할 것이다.

계산기의 발전에 수반하여, 위에 기술한 여러 가지 편리한 소프트웨어가 개발되고 있다.

매우 중요한 것은 이들 소프트웨어의 내용을 충분히 공부하고 나서 소프트웨어를 사용해야 한다는 것이다. 특히 기업의 바쁜 기술자일지라도 공부할 시간이 없다고 변명하며, Tool이 구한 답을 그대로 수용해서는 안 된다.

2.4 시스템 동정법

앞에서 기술한 바와 같이, 대상 모델링을 하는 경우, 제일 먼저 생각해야 할 것은 제1원리 모델링이다. 모빌 파워 일렉트로닉스에는 실험적인 모델링법인 시스템의 동정을 적용하기 쉽다. 그래서 본절에서는 시스템 동정에 대하여 간단히 정리해둔다[4].

시스템 동정법은 주파수 성분을 충분히 포함하는[5] 이산시간 입력신호($u(k)$: $k=1,\ 2,\ 3,\ \cdots,\ n$으로 둔다)를 대상에 인가하여 그 응답인 출력신호 $\{u(k),\ y(k)$: $k=1,\ 2,\ 3,\ \cdots,\ n\}$에 무언가의 시스템 동정 알고리즘을 적용하여 대상의 수학적 모델을 구한다. 여기서 수학적 모델은 nonparametric 모델과 parametric 모델로 분류할 수 있다. nonparametric 모델은 시간응답 파형이나 주파수응답 파형과 같은 도면으로 모델이 표현되고 있는 것으로, 예를 들어 임펄스응답 모델, 스텝응답 모델, 주파수응답 모델 등이다. 주요한 nonparametric 모델과 그에 대응하는 시스템 동정법을 정리해둔다.

(1) 임펄스응답 모델

- **상관법** — 대상의 입출력 데이터로부터 입출력 데이터의 상호상관함수와 입력의 분산을 계산하여 이들을 기반하여 대상의 임펄스응답을 추정하는 방법.

(2) 스텝응답 모델

- **과도응답법** — 대상에 스텝 신호를 인가하면, 그 응답 파형은 스텝응답이 된다는 단순한 방법. 스텝응답 파형으로부터 대상의 시정수나 정상게인 등의 특성치를 읽을 수 있고, PID(Proportional, Integral, and Derivative)제어 등의 고전적 제어이론을 위한 모델링법으로 애용되고 있다.

4) 시스템 동정이론에 대한 상세한 설명은 제2장 참고문헌 [2] 등을 참고하기 바란다.
5) PE(Persistently Exciting)성 조건(지속적 가진조건)을 충족하는 입력을 이용한다.

(3) 주파수응답 모델

- **정현파 스위프법** — 주파수응답 원리에 기초한 매우 기본적인 선형시스템의 동정법이다. 대상에 어떤 주파수의 정형파를 입력하고, 그 정상응답에 따라 그 주파수의 게인, 위상 특성을 구한다. 그래서 그 주파수를 순순히 변화시키는 것에 따라 주목할 주파수 대역의 주파수응답을 구하는 방법이다. 계측기로서 유명한 서보어날라이저 등의 기본원리이다.
- **스펙트럼 해석법** — 대상의 입출력 데이터로부터 입출력 데이터의 상호 스펙트럼 밀도함수와 입력의 파워 스펙트럼 밀도함수를 계산하여 이들에 따라 대상의 주파수응답(주파수 전달함수)을 추정하는 방법이다.

다음으로 파라메트릭 모델은 전달함수나 상태방정식과 같은 소수의 파라미터로 모델을 구성하는 것을 말한다. 우선, **전달함수 모델**(다항식 블랙박스 모델)에 대하여 주요한 수학적 모델과 그에 대응하는 시스템 동정법을 정리해둔다.

(1) **FIR(Finite Impulse Response) 모델** — 이 모델에서는 내상의 입력신호 $u(k)$와 출력신호 $y(k)$가

$$y(k) = B(q)u(k) + w(k) \tag{2.1}$$

을 만족한다고 가정한다. 단, $w(k)$는 백색잡음이다. 또한,

$$B(q) = b_1 q^{-1} + b_2 q^{-2} + \cdots + b_n q^{-n} \tag{2.2}$$

이고, q^{-1}은 $q^{-1}u(k) = u(k-1)$과 같이 시간을 추이시키는 시간 시프트 연산자이다. $\{b_i\}$는 대상의 임펄스응답이고 이것을 **최소자승법**(least-squares method)을 이용하여 추정한다.

(2) **ARX(Auto-Regressive with eXogenous) 모델** — 이 모델에서는 대상의 입출력신호가

$$A(q)y(k) = B(q)u(k) + w(k) \tag{2.3}$$

을 만족한다고 가정한다. 단,

$$A(q) = 1 + a_1 q^{-1} + \cdots + a_n q^{-n} \tag{2.4}$$

이다. ARX 모델은 파라미터 $\{a_i,\ b_i\}$를 최소자승법, 또는 **보조변수법**(instrumental variable method)을 이용하여 추정한다.

ARX 모델은 다항식 블랙박스 모델의 기초가 되는 중요한 모델이고, 시스템을 동정하는 경우, 최초에 이용하는 방법은 ARX 모델을 이용한 최소자승법이다.

(3) ARMAX(Auto-Regressive Moving-Average with eXogenous) 모델 — 이 모델의 파라미터는 **예측오차법**(prediction error method)을 이용하여 추정한다.

(4) BJ(Box and Jenkins) 모델 — 이 모델의 파라미터도 예측오차법을 이용하여 추정한다.

한편, 상태공간 모델에 대한 시스템 동정법으로서는 부분공간법(4SID법 : SubSpace-based State-Space IDentification method)이 최고로 잘 알려져 있다.

2.5 기간부품의 모델링 예

본절에서는 모빌 파워 일렉트로닉스의 중심이 되는 부품인 DC(직류)모터 및 리튬이온 2차전지의 모델링에 대하여 간단히 정리하자[6]. 전자는 제1원리 모델링에 기초한 방법, 후자는 블랙박스 모델링에 기반을 둔 방법으로 모델링된다.

2.5.1 DC모터의 제1원리 모델링

DC모터(그림 2.8)의 제1원리 모델링의 예를 그림 2.9~2.12에 나타낸다. DC모터는 비교적 단단한 구조 속에 전기회로와 기계계를 포함하고 있기 때문에 메카트로닉스의 전형적인 예로서 제어공학의 교과서에 자주 등장한다. 각 그림에 나타낸 것과 같이 DC모터가 따르는 물리법칙,

(1) 플레밍의 오른손 법칙

6) 모터의 모델링에 대해서는 제6장에서, 리튬이온 2차전지의 모델링에 대해서는 제5장에서 상세히 설명한다.

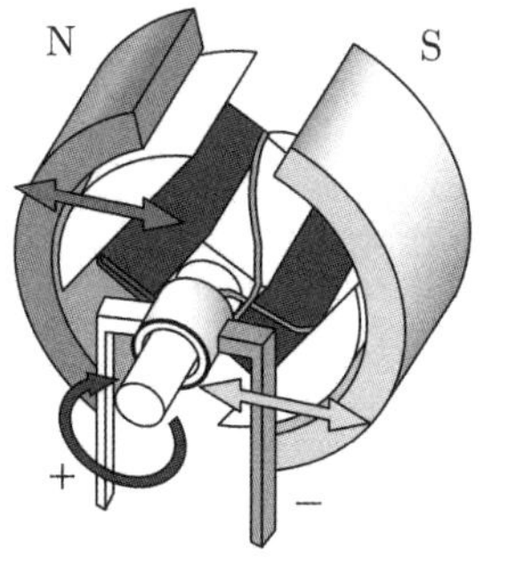

그림 2.8 DC모터

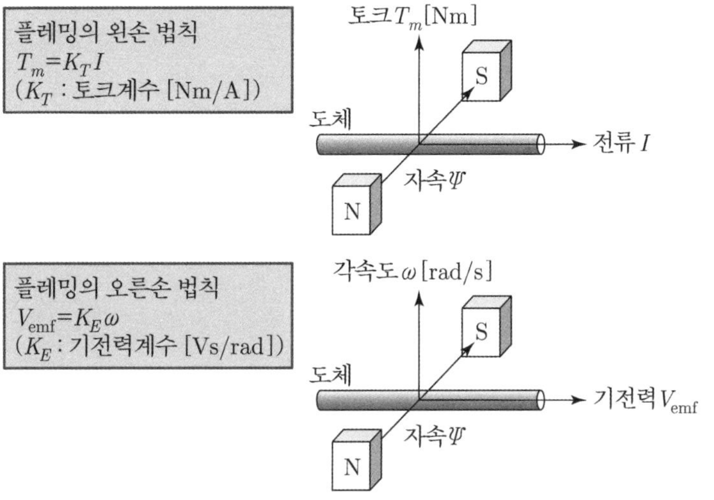

그림 2.9 플레밍의 오른손/왼손 법칙

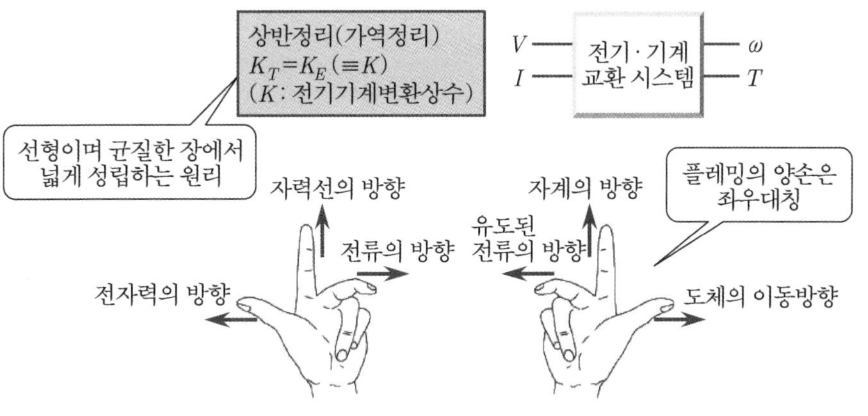

그림 2.10 상반정리(가역정리)

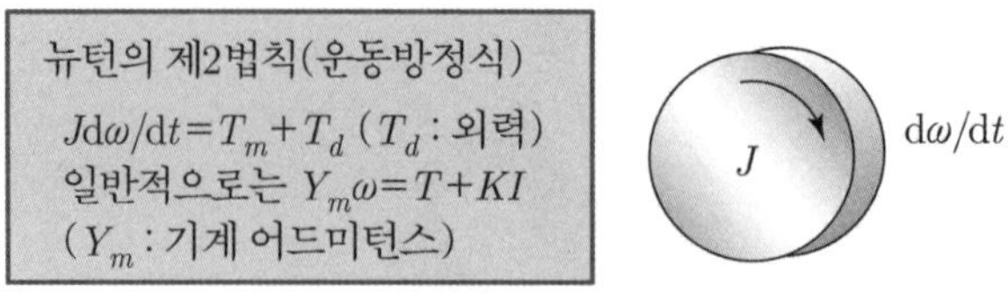

그림 2.11 뉴턴의 제2법칙(운동방정식)

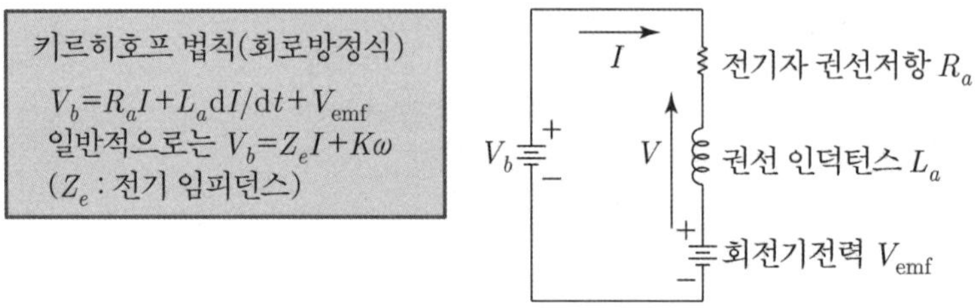

그림 2.12 키르히호프 법칙(회로방정식)

(2) 플레밍의 왼손 법칙
(3) 상반정리(reciprocity principle, 가역정리)
(4) 뉴턴의 제2법칙(운동방정식)
(5) 키르히호프 법칙(회로방정식)

에 기초하여 제1원리 모델링을 수행한다.

우선, 발생 토크는 자계자속과 전기자 전류 $I(t)$의 함수이고,

$$T(t) = T_m(t) + T_d(t) = K_T I(t) + T_d(t) \tag{2.5}$$

가 성립한다. 단 $T_d(t)$는 외란토크이다. 이 토크에 따라 기계계가 구동되는 것이 성립한다.

$$T(t) = J\frac{d\omega(t)}{dt} \tag{2.6}$$

한편, 키르히호프의 전압법칙에 따라, 전기자 전류는 전기자회로에 있어서

$$R_a I(t) + L_a \frac{dI(t)}{dt} + V_{emf}(t) = V_b(t) \tag{2.7}$$

을 만족한다. 여기에서 $V_b(t)$는 전기자의 단자전압이다. 또한 $V_{emf}(t)$는 역기전력(회전기전력)이고,

$$V_{emf}(t) = K_E\omega(t) = K_E\frac{d\theta(t)}{dt} \tag{2.8}$$

과 같이 각속도 $\omega(t)$에 비례한다. 여기에서 $\theta(t)$는 각변위이다. 여기까지는 물리법칙의 세계, 이것을 제어 세계에서 통할 수 있도록 변환해보자.

DC모터를 기술하는 선형 미분방정식에 있어서, 초기값을 제로로 하여 라플라스변환을 하면

$$T(s) = K_T I(s) + T_d(s) \tag{2.9}$$

$$T(s) = Jsw(s) \tag{2.10}$$

$$V_b(s) = R_a I(s) + L_a s I(s) + V_{emf}(s) \tag{2.11}$$

$$V_{emf}(s) = K_E\omega(s) \tag{2.12}$$

가 얻어진다. 단, $T(s) = \mathcal{L}[T(t)]$, $I(s) = \mathcal{L}[IT(t)]$, $T_d(s) = \mathcal{L}[T_d(t)]$, $\omega(s) = \mathcal{L}[\omega(t)]$, $V_b(s) = \mathcal{L}[V_b(t)]$, $V_{emf}(s) = \mathcal{L}[V_{emf}(t)]$이다. 이들 식에서 $T(s)$와 $V_{emf}(s)$을 소거하면 V_b로부터 θ까지의 전달함수 $G(s)$는 나음과 깉이 된다.

$$G(s) = \frac{\theta(s)}{V_b(s)} = \frac{K_T}{s\{(L_a s + R_a)Js + K_T K_E\}} \tag{2.13}$$

이에 따라, 그림 2.13에 나타낸 블록선도(전달함수 모델)가 얻어진다. 전달함수나 블록선도가 얻어지면 피드백제어이론을 적용하는 것이 가능해진다. 그리고 그림 2.13은 DC모터의 2단자 대 전기회로 모델도 병행하여 보여주고 있다.

2.5.2 리튬이온 2차전지의 블랙박스 모델링

리튬이온 2차전지와 같은 2차전지[7]는 모빌 파워 일렉트로닉스의 핵심 부품이다. 물론 2차전지는 모빌 파워 일렉트로닉스뿐만 아니라 노트북, 디지털카메라, 휴대전화 등 소형 전화제품에서도 빼놓을 수 없는 구성 요소가 되고 있다.

전지의 충방전 특성, 온도 특성 및 사이클 수명 등의 기술 정보는 전지 메이커로부터 문서 형식, 즉 그래프나 데이터 시트로 일반에 제공되고 있다. 그러나 전지의 특성이 시스템의 개념설계에 있어서 매우 중요한 정보인 것을 고려하면 회로 모델이나 제어 모델과

7) 2차전지(secondary cell)란 몇 번이라도 충전이 가능한 전지(rechargable cell)를 말한다.

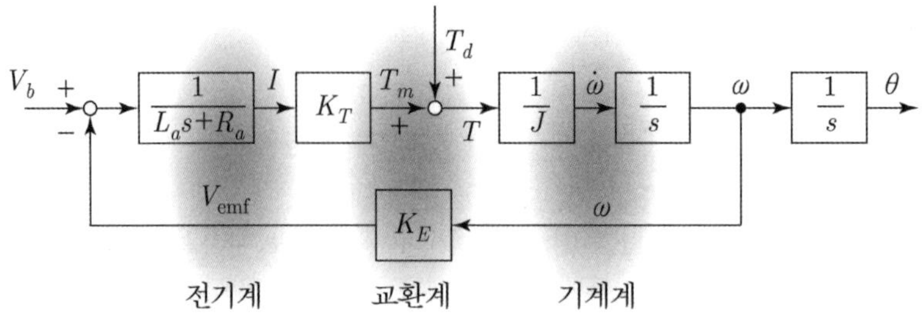

(a) 블록선도에 따른 전달함수 모델(제어공학적 표현)

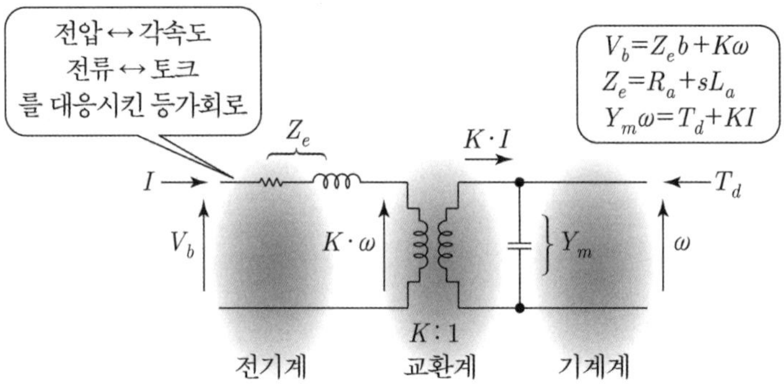

(b) 전기회로 모델

그림 2.13 DC모터의 2개의 모델

같은 모델이라는 표준적 형식으로 다른 분야의 전문기술자에게 제공되는 것이 바람직하다. 소위 모델베이스라는 것으로 조정이 합리화되고, 시간효율이 나쁜 협의를 줄이는 것이 가능해진다.

종래, 2차전지는 화학 분야에서 취급해왔기 때문에 수리적인 모델링은 거의 연구되지 않았다. 그러나 대규모, 복잡계의 구성요소의 하나로 2차전지를 보는 경우 앞에서 기술한 바와 같이 그 모델은 중요하고, 최근 2차전지의 모델은 SOC(State-Of-Charge, 충전율)이나 SOH(State-Of-Health, 건전도)를 추정할 때에 중요한 역할을 한다.

2차전지의 모형도를 그림 2.14로 나타냈다. 그림에서도 알 수 있듯이 2차전지는 화학 플랜트의 모델링 문제로 파악할 수 있다. 화학 플랜트는 제어공학 분야에서, 복잡한 반응, 다변수, 강한 비선형성, 강한 온도 특성 때문에 모델링이 어려운 대상으로 알려져 있다. 또한 변수가 많은 것에 비해 관측 가능한 물리량이 적다는 것도 문제를 어렵게 하는 요인이 되고 있다. 이 때문에 2차전지도 제1원리 모델의 구축은 곤란하고, 실험 데이터에 기초한 블랙박스 모델링법인 시스템 동정의 적용이 검토되고 있다.

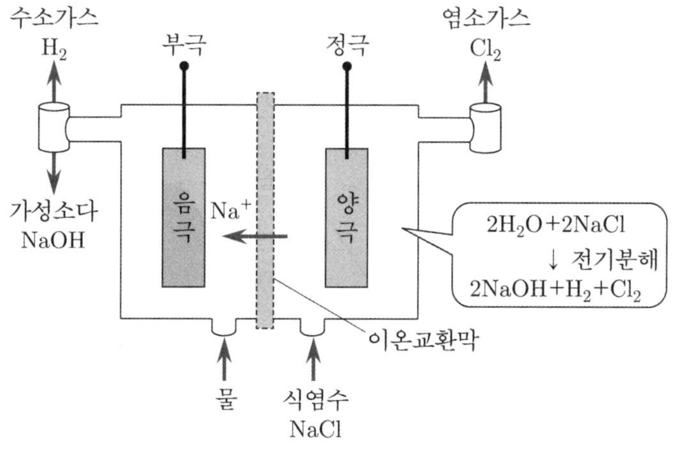

(a) 소다 플랜트

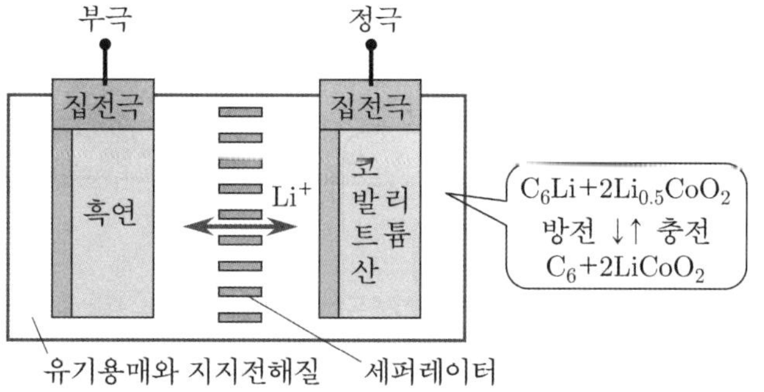

(b) 리튬이온 2차전지

그림 2.14 리튬이온 2차전지는 작은 화학공장

그림 2.15를 이용하여 리튬이온 2차전지의 연료탱크 모델에 대하여 설명하자. 그림에 따라 리튬이온 2차전지의 중요한 파라미터는 다음과 같다.

- **충전율(SOC)** — 연료탱크 내에 잔량을 나타내는 양이고,

$$\mathrm{SOC} = \frac{\mathrm{RC}}{\mathrm{FCC}} \tag{2.14}$$

로 주어진다. 단, RC는 **잔량**(Remaining Capacity)이고, FCC는 만충전 용량(Full Charge Capacity)이다. SOC 대신에 다음 식으로 정의된 방전심도(DOD : Depth Of Discharge)가 사용되는 것도 있다.

$$\mathrm{DOD} = 1 - \mathrm{SOC} \tag{2.15}$$

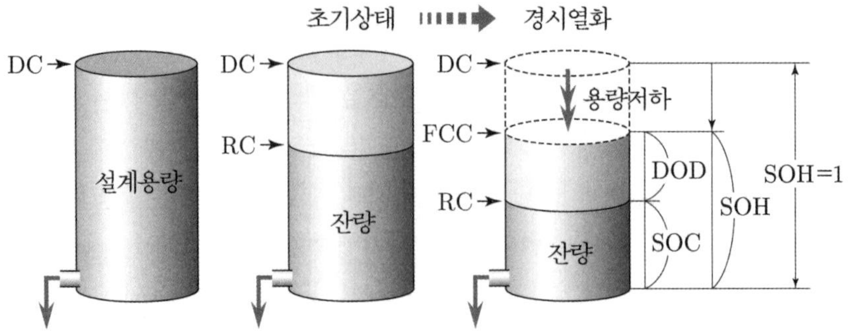

그림 2.15 리튬이온 2차전지의 연료탱크 모델

- **건전도(SOH)** — 전지를 사용하고 있는 중에, 연료탱크의 용량이 작아지는 것을 표현하는 양이고,

$$SOH = \frac{FCC}{DC} \tag{2.16}$$

로 주어진다. 여기에서, FCC의 초기치인 DC는 **설계용량**(Design Capacity)을 나타낸다.

2차전지를 주전원으로 사용할 때는 에너지 상태만이 아니라, 얼마만큼 급속하게 방전할 수 있는가, 즉 파워를 얼마만큼 빠르게 출입할 수 있는가도 똑같이 중요하고, 이것을 나타내는 양을 수급가능전력(SOP : State Of Power)이라 부른다.

잔량추정이나 열화동정을 위한 2차전지의 모델링에 대해서 정리해보자.

(1) **열화를 고려하지 않는 잔량 모델** — SOC를 추정할 수 있지만 잔량은

$$RC = SOC \times FCC\,[Ah] \tag{2.17}$$

으로 주어진다. SOC를 대신하여 방전심도를 사용하는 경우도 있다.

(2) **열화를 고려한 잔량 모델** — 열화에 따른 완전 충전량을 지표로 하여 SOH를 이용하면 잔량은

$$RC = SOC \times SOH \times DC\,[Ah] \tag{2.18}$$

으로 주어진다. SOC는 내연기관을 사용한 자동차의 연료잔량에 상당하고, SOH는 연료탱크 용량의 가상적인 축소에 상당한다.

2차전지는 잔량을 추정하기 위해 중요한 양인 SOH나 SOC를 운전중에 직접 측정할 수 없다. 그래서 그림 2.15에 나타낸 연료탱크 모델이나 등가회로 모델을 이용하여 그 회로 정수의 변화로부터 전지의 파라미터를 추정한다. 2차전지와 그 모델에 대한 상세한 것은 제5장을 참조한다.

2.6 이동체의 모델링

2.6.1 차륜 이동체, 보행 이동체의 모델링

차량의 6자유도 강체 운동 모델을 매우 간략하게 그림 2.16에 나타내었다. 그림 2.17은 보행 이동체 모델링의 예(2족 보행과 다족 보행)이다. 이들 그림에서 본 것과 같이 차륜 이동체, 보행 이동체의 모델링은 역학적인 제1원리에 기반을 두고 있다. 특히 2족 보행과 같은 로봇 운동에서는 그것의 역학적 거동을 취급하는 **다이나믹스**(dynamics, 동역학)와 운동의 기하학적인 측면을 취급하는 **키네마틱스**(kinematics, 운동학)의 양면이 중요하다.

구조가 비교적 간단하면, 그림에서 나타낸 것처럼 메케니컬 시스템이 따르는 물리법칙

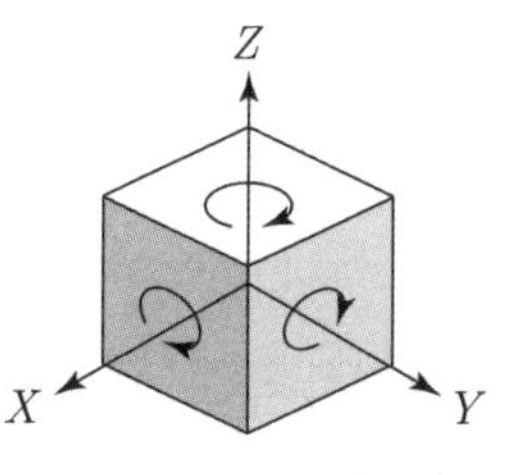

사진제공 : 제너럴모터사

그림 2.16 차량운동의 모델링

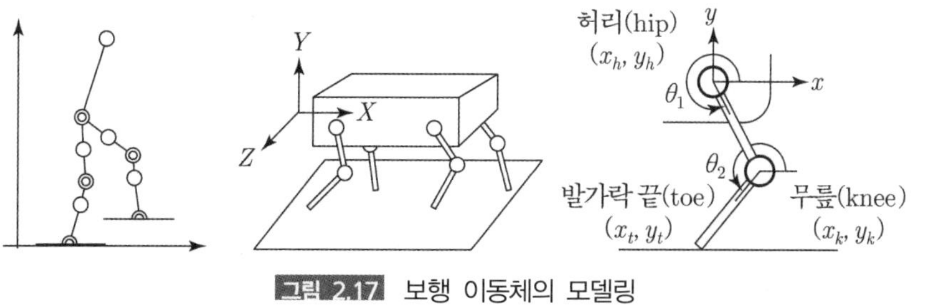

그림 2.17 보행 이동체의 모델링

에 의해 높은 정밀도의 모델링을 구축할 수 있지만 속도의존의 마찰항 등 비선형성의 항은 실험데이터에 기반하여 추정해야 한다.

2.6.2 이동환경 모델링

이동체 제어에서, 노면 상태 등 이동환경의 모델링도 중요한 과제이다. 예를 들면 노면이 마른 때와 비가 와서 미끄러지기 쉬울 때 이동체의 운동 특성은 크게 달라진다. 그러므로 통상 환경은 복잡하므로 부분 모델이나 불완전 모델밖에 구축할 수 없다는 것을 명심해야 한다.

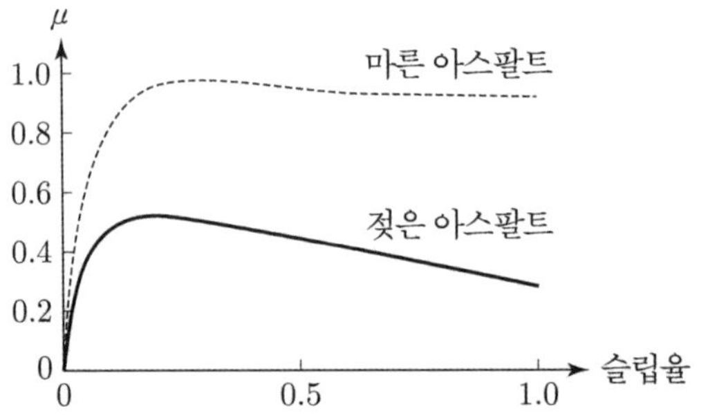

그림 2.18 노면의 μ–슬립율 특성

그림 2.18은 노면의 μ-슬립율 특성을 보여준다. 이와 같이 이동환경의 모델링에서는 노면 상태 추정 관측기가 제안되고 있어 이것에 기초한 강건 적응제어계도 구성되고 있다. 노면 상태 추정 관측기는 모델의 출력과 실 시스템의 출력의 차, 즉 모델화 오차를 외란으로 보는 방법도 있고, 일반적으로는 외란관측기라 부르고 있다.

또한 카메라나 레이더, 내비게이션의 도로 선형 정보, 2차원 주행이력 등에 기초하여 2차원 지도상에 레인을 평면 배치하거나 장애물이나 벽면 등을 입체 배열한 자동주행, 로봇 주행을 위한 가상환경 모델이라는 모델이 제안되고 있다.

2.6.3 인간 모델링

자동차 운전에 제어계를 조합한 경우, 전체의 피드백 루프 중에는 운전자인 인간이 포함되어 있다. 이것을 MIL(Man-In-the-Loop)이라 부른다. 그림 2.19에 그 블록선도를 나

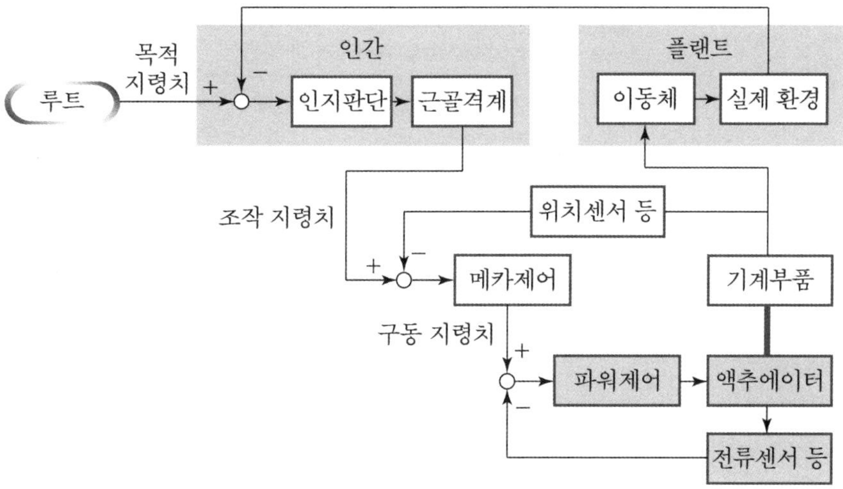

그림 2.19 Man-in-the-Loop

타냈다. MIL은 복잡 또는 애매모호한 환경에서 고도의 판단이 필요하게 될 때에 생기는 상황으로, 그때에는 인간의 동적 모델이 필요해신나.

인간의 동적 모델로는 다음과 같은 모델이 제안되고 있다.

(1) **능동 모델** — 아래와 같은 모델이 제안되고 있지만 상세한 설명은 생략한다.

- 전달함수 모델

$$H(s) = \frac{K(T_1 s + 1)}{(T_2 s + 1)(T_3 s + 1)} e^{-T_d s} \tag{2.19}$$

- 최적제어 모델
- 반복학습 모델

(2) **수동 모델** — 다음의 근골격의 기계 임피던스 시변계수 모델이 제안되고 있다.

$$m(x,\ t)\frac{d^2x(t)}{dt^2} + c(x,\ t)\frac{dx(t)}{dt} + k(x,\ t)x(t) = f(t) \tag{2.20}$$

MIL보다도 단순한 또는 한정된 환경에서, 단순한 제어동작의 경우에는 그림 2.20에 나타낸 AIL(Agent-In-the-Loop)이라는 제어구성을 생각할 수 있다.

더욱이 인간과 기계가 협조 작업을 하는 시스템에서는 BIL(Body-In-the-Loop)이라 불리는 상황을 생각할 수 있다. 그 블록선도를 그림 2.21에 나타냈다. 그림에는 모터 어시스트 AT라 불리는 시프트 레버의 파워 어시스트 시스템의 예8)를 나타내고 있다. 이것은 피

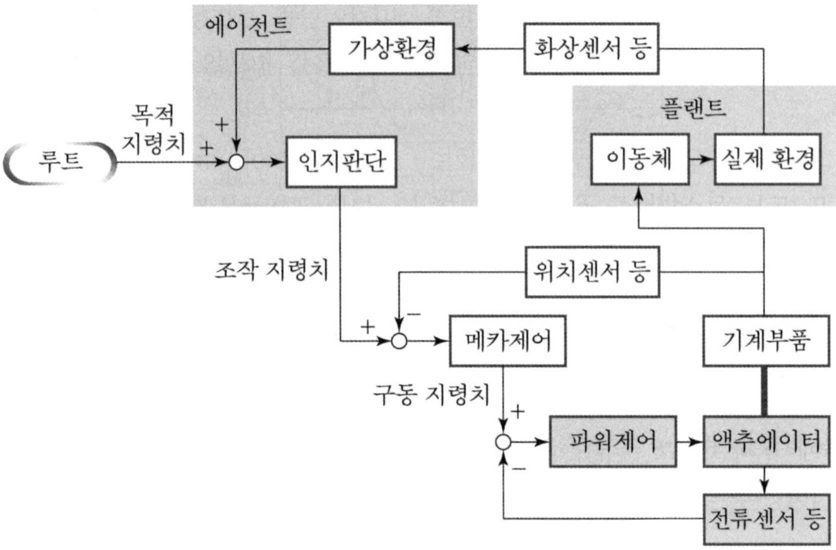

그림 2.20 Agent-in-the-Loop

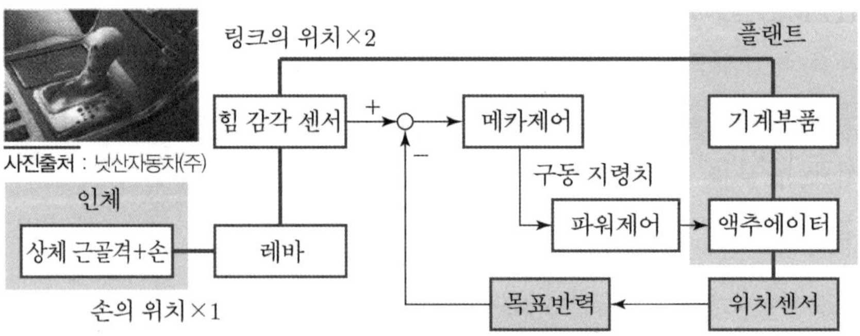

그림 2.21 Body-in-the-Loop

드 포워드계로 생각되지만 피드백계가 되고 있는 예이다. 즉, 레버로의 조작입력을 힘 감각 센서로 파악하여 피드포워드 제어하는 방식을 취하고 있지만 조작중에는 레버나 휠과 인간의 손이 일체가 되고 있다. 그것 때문에 액추에이터의 작용에 따라 레버가 움직이면 조작입력이 변해버려 의도하지 않은 BIL이 구성돼버린다. 즉, 잡는 법이나 잡는 힘에 따라 피드백 게인이 변해버린다.

8) 자동차 프런트패널에 설치된 시프트레버는 인간의 힘만으론 시프트체인지하는 것이 어렵기 때문에, 전동으로 파워 어시스트할 필요가 있다.

제3장

피드백제어계의 기본적인 설계 순서

소위 고전제어나 현대제어이론의 강의는 수식만 많다는 인상이 강해서 어렵다고 생각하는 독자도 있을 것이다. 실제, 제어이론의 기초는 미분방정식, 라플라스변환, 복소함수, 선형대수 등 기초수학으로 이뤄져 있기 때문에 어쨌든 식이 많다. 대학에서의 제어공학 수업은 추상적으로 무미건조한 것이었을지도 모른다.

그러나 제어이론은 실제 사회에서 눈에 보이는 곳과 눈에 보이지 않는 곳에서 지대한 공헌을 하고 있다. 에어컨의 온도 습도제어, 자동차의 엔진제어, 항공기의 자세제어 등 다양하게 실용되는 예를 들 수 있다. 난해하기로 유명한 많은 제어이론과 현실의 제어기술 사이의 갭이 너무 크게 느껴질지도 모른다. 그 갭을 메우기 위하여 이 장에서는 '도립진자'라고 하는 2륜 주행 시스템을 구체적인 예로 들어, 간단한 실험장치에 대한 제어계설계를 설명하고자 한다. 도립진자는 그림 3.1에서 보는 것과 같이 봉을 손가락에 세우는 것을 자동제어로 실현한 장치이다. 초등학교 청소시간 때에 빗자루를 거꾸로 세우고 놀았던 경험을 가진 독자도 있을 것이다.

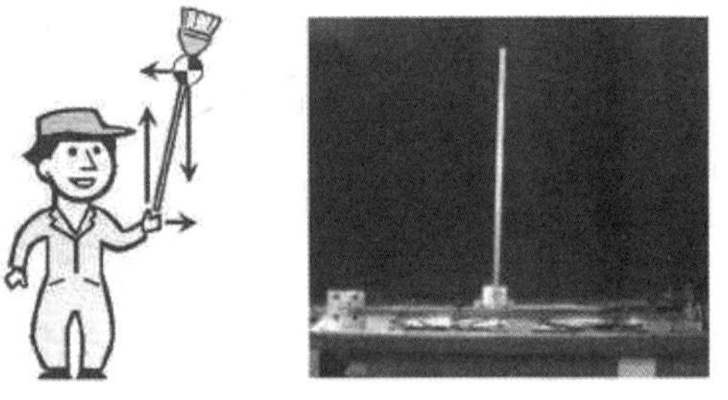

그림 3.1 손가락에 봉을 세우는 놀이(좌) 도립진자 실험장치(우)

3.1 제어계의 설계 순서

지금껏 이 책에서 모델베이스의 중요성을 거듭 기술해왔지만, 제어계설계에서도 제어 대상의 물리적 성질이 명확한 경우에는 **모델베이스 제어**(이하 MBC(Model-Based Control)라 한다)가 매우 유효하다. 특히 이번 장에서 취급하는 메커니컬 시스템의 경우, 그 물리적 성질은 비교적 용이하게 수식으로 기술할 수 있기 때문에 MBC가 활용될 수 있다.

그림 3.2에 MBC의 표준적인 설계 순서를 정리하였다. 그림에서는 특히 이번 장과 관련된 부분을 강조하였다. 도립 2륜 로봇이라는 제어 대상이 실제로 주어졌을 때, 그 설계

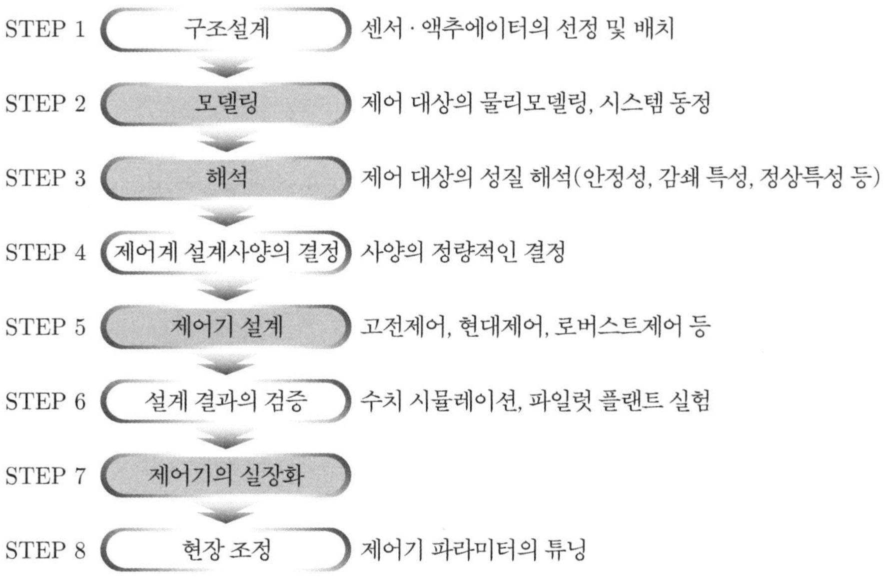

그림 3.2 모델베이스 제어의 표준적인 설계 순서

순서에 따라서 어떠한 제어계설계를 하고 있는가, 즉 대상의 **모델링**(modeling), **해석**(analysis), 제어기**설계**(design) 그리고 **실장**(implementation)에 대하여 깊이 이해할 수 있게 하는 것이 목적이다. 각각의 순서에 대하여 간단히 설명한다.

STEP 1 : **구조설계**

우선, 구조설계는 대상의 구조를 결정하는 것으로 센서나 액추에이터 등의 하드웨어를 선정하여 배치한다. 종래의 전체설계에서는 대상의 구조가 최초에 결정되는 경우가 많았다. 제2장에서 서술한 바와 같이 예를 들어 자동차의 설계에는 디자인/패션이 중요하기 때문에 '달리고', '돌고', '멈추는' 기능설계보다도 차의 구조를 먼저 결정하는 경우가 일반적이다. 그래서 한정된 구조 속에서 제어 등을 이용하여 기능설계를 하게 된다. 이상적으로는 구조설계 단계에서부터 제어 엔지니어가 논의에 참여하여 대상 제어에 있어서도 좋은 구조가 되도록 할 필요가 있다. 구조와 제어의 동시설계라는 연구도 행해지고 있지만, 기계출신의 구조 엔지니어와 전기/기계 혹은 응용수학의 제어 엔지니어가 현장에서 조정을 하게 되기 위해서는 아직 시간이 더 걸릴지 모른다.

STEP 2 : **모델링**

이 스텝에서는 제어 대상의 수학적 모델링을 구축한다. 제어계를 위한 수학적 모델로는

- 외부기술(입출력관계) : 임펄스응답, 스텝응답, 전달함수, 주파수 전달함수
- 내부기술 : 상태방정식

등이 일반적이다. 모델링의 개요에 대해서는 제2장에 기술했지만, 제어계설계를 위한 모델링법은 제1원리 모델링과 시스템 동정(system identification)으로 크게 구분된다.

STEP 3 : 해석

제어 대상의 모델을 얻고 나서 다음에 행하는 것이 해석이다.

- 안정성
- 과도특성(속응성) — 상승시간, 시정수, 정정시간, 대역폭 등
- 정상특성(추종성) — 정상편차

등에 대해서 조사하는 것이다. 고전제어이론 시대에서부터 해석은 상세히 연구되고 있다.

STEP 4 : 제어계 설계사양의 결정

구성하고자 하는 (피드백)제어계의 특성을 구체적인 수치로 규정하는 단계이다. 예를 들어 "응답이 빠른 제어계를 설계하고 싶다"라고 하는 정성적인 표현이 아니라 "폐루프 시스템의 대역폭이 100Hz인 제어계를 설계하고 싶다"라는 정량적인 표현으로 제어성능 사양을 부여한다.

STEP 5 : 제어기설계

제어기설계는 제어계설계의 메인 이벤트이다. 대표적인 설계법으로는 다음과 같다.

- 고전제어이론 : PID제어, 위상 앞섬/지연 보상 등
- 현대제어이론 : 최적 레귤레이터/서보계, 극배치법 등
- 후기 현대제어이론 : 강건제어(H-infinity 최적제어), 모델예측제어 등

이 장에서는 현대제어이론에 따른 제어계설계법에 대하여 서술한다.

STEP 6 : 설계 결과의 검증

STEP 3에서 설계된 제어기를 검증하기 위해서 제어계설계용 소프트웨어(Simulink)를 이용한 수치시뮬레이션을 한다. 이때, 시뮬레이터 안에는 제어 대상의 상세 모델(보다 현실적인 모델)을 사용한다. 한편, 제어계설계는 상세 모델을 간단화시킨 공칭 모델(여기에

서, 강건제어의 경우에는 불확실성의 모델)을 이용한다.

STEP 7 : **제어기의 실장화**

설계된 제어기의 유효성을 계산기상에서 검증했다면 다음은 실제 기계에 제어기를 실장한 시험을 하게 된다. 최근에는 매트랩/시뮬링크 등의 소프트웨어로 작성한 프로그램을 DSP에 실장하기 위한 툴이 고루 갖춰져 있다.

STEP 8 : **현장 조정**

이상 STEP에서 제어기의 실장을 종료한다. 그러나 현실에서는 대량의 부품을 생산할 경우에 각각의 제품에 불균형(고르지 못함)이 생기고, 이 제품이 이용되는 환경도 달라진다. 따라서 이 제품이 사용되는 현장에선 제어의 조정(튜닝)이 필요한 경우가 많다. 또한 정기적인 보수도 필요하다.

3.2 간단한 도립진자의 제어계설계

도립 2륜 로봇에 대한 설계를 하기 전에, 이 절에서는 그림 3.3에 나타낸 봉을 손가락에 세우는 간단한 도립진자 문제에 대하여 제어계설계 순서를 주고자 한다.

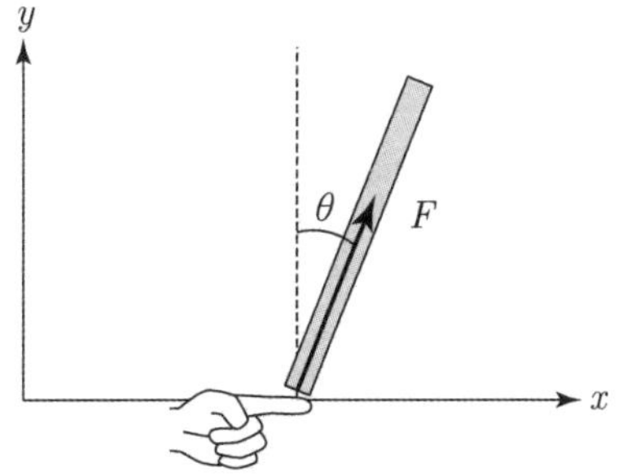

그림 3.3 도립진자의 제어문제

3.2.1 문제의 설명

우선, 이 실험에 관련하는 양에 대하여 정리한다. 봉의 길이를 l, 질량을 m이라 하자. 손가락은 수평방향(x방향)으로만 움직이고, 상하방향(y방향)으로는 움직이지 않는 것으로 하자. 봉으로의 제어 입력($u(t)$이라 한다)은 손가락의 수평방향의 가속도이다. 즉,

$$u(t) = \ddot{x}(t) \tag{3.1}$$

이다[1]. 또한 그림에 나타낸 바와 같이 손가락에서 봉으로 작용하는 힘을 $F(t)$라 한다. 봉이 연직방향으로부터 기울어진 각도를 $\theta(t)$라고 한다. 여기에서 각도 $\theta(t)$, 손가락의 변위 $x(t)$, 그리고 힘 $F(t)$는 모두 시간의 함수인 것에 주의한다.

여기서의 제어 목적은 손가락을 수평방향으로 좌우로 이동하는 것에 의하여 각도 $\theta(t)$을 제로로 유지하는 것이다. 이와 같은 제어 문제를 **레귤레이터(regulator)** 문제라 부른다.

3.2.2 도립진자의 제1원리 모델링

도립진자의 운동은 물리법칙에 따르므로 제1원리 모델링에 의해 모델링한다. 아래에는 봉의 무게 중심의 위치

$$\left(x + \frac{l}{2}\sin\theta,\ \frac{l}{2}\cos\theta\right)$$

에 있어서, **뉴턴의 운동방정식**을 세우는 것으로 시작한다. 그리고 이하에서는 시간 t의 표기를 생략한다.

운동방정식의 x성분과 y성분은 각각 다음과 같다.

$$F\sin\theta = m\frac{d^2}{dt^2}\left(x + \frac{l}{2}\sin\theta\right) \tag{3.2}$$

$$F\cos\theta - mg = m\frac{d^2}{dt^2}\left(\frac{l}{2}\cos\theta\right) \tag{3.3}$$

단, g는 중력가속도이다. 또한 x의 병진운동에 대하여는 우측을 정으로 두고, θ의 회전운

1) 가속도가 입력이라고 기묘하게 생각할지도 모르지만, 가속도에 질량을 곱하면 힘이 되기 때문에 힘을 입력한다고 생각하면 좋다.

동에 대해서는 반시계 회전을 정으로 두었다. 각각의 식의 우변의 2계 미분을 계산하면,

$$F\sin\theta = mu + \frac{ml}{2}\left(\ddot{\theta}\cos\theta - \dot{\theta}^2\sin\theta\right) \tag{3.4}$$

$$F\cos\theta - mg = \frac{ml}{2}\left(-\ddot{\theta}\sin\theta - \dot{\theta}^2\cos\theta\right) \tag{3.5}$$

이 얻어진다. 여기에서 $u = \ddot{x}$를 이용하였다. 이들 식에 대하여, 힘 F는 우리가 도입한 양이기 때문에 식 (3.4), (3.5)로부터 F를 소거하면,

$$\frac{l}{2}\ddot{\theta} - g\sin\theta = -u\cos\theta \tag{3.6}$$

가 얻어진다. 이 식은 제어 입력 신호 u와 출력신호 θ를 관련 짓는 동적 시스템을 기술한 것이다(그림 3.4).

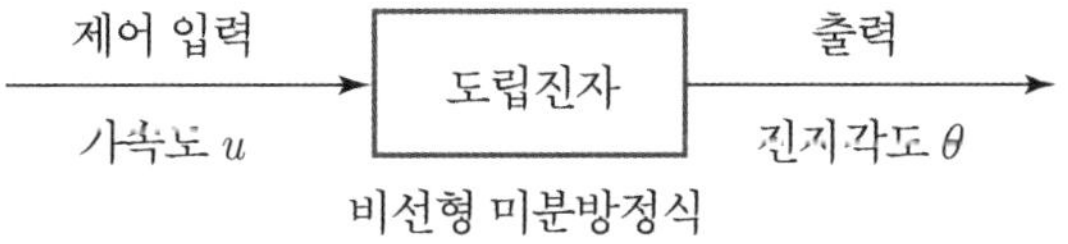

그림 3.4 동적 시스템으로 본 도립진자

유감스럽게도 $\sin\theta$, $\cos\theta$라는 비선형 항이 존재하기 때문에 식 (3.6)은 **비선형 미분방정식**이다. 이대로라면, 지금까지 제어공학 수업에서 배워온 선형제어이론에 관한 지식만으로는 해결할 수 없다.

비선형함수를 테일러급수로 전개하여 1차(선형)의 항과 정수항으로 근사하는 것을 선형화라 한다. 그래서 $\sin\theta$, $\cos\theta$을 $\theta \approx 0$이라 가정하여 선형화하면 다음 식이 얻어진다.

$$\sin\theta \approx \theta,\ \cos\theta \approx 1 \tag{3.7}$$

식 (3.7)을 식 (3.6)에 대입하면,

$$\frac{l}{2}\ddot{\theta} - g\theta = -u \tag{3.8}$$

이 얻어진다. 이것은 **선형방정식**이고, 드디어 제어공학의 교과서에서 쓰인 것과 같은 형태가 되었다. 그리고 보통 출력은 y로 표기하지만 여기서는 θ를 이용하고 있다는 것에 주의한다.

대상을 기술하는 선형 미분방정식이 주어진다면, 제어공학에 있어서 다음에 행하는 작

업은 초기치를 제로로 하고 그것을 **라플라스변환**하여 **전달함수**(transfer function)를 구하는 것이다. 그렇게 하면,

$$\left(\frac{l}{2}s^2 - g\right)\Theta(s) = -U(s)$$

가 얻어진다. 단, $\Theta(s) = L[\theta(t)]$, $U(s) = L[u(t)]$로 두었다($L[\bullet]$는 라플라스변환을 나타낸다). 따라서 가속도(입력)로부터 각도(출력)까지의 전달함수는 다음과 같이 된다.

$$G(s) = \frac{\Theta(s)}{U(s)} = \frac{-\dfrac{l}{2}}{s^2 - \dfrac{2g}{l}} \tag{3.9}$$

이 전달함수를 그림 3.5로 나타냈다. 전달함수의 분자에서 마이너스 부호가 궁금해질지도 모른다. 이것은 손가락을 우측(정의 방향)으로 움직이면, 봉의 각도는 시계방향(부의 방향)으로, 즉 역으로 작용하는 것에 따른 것이다.

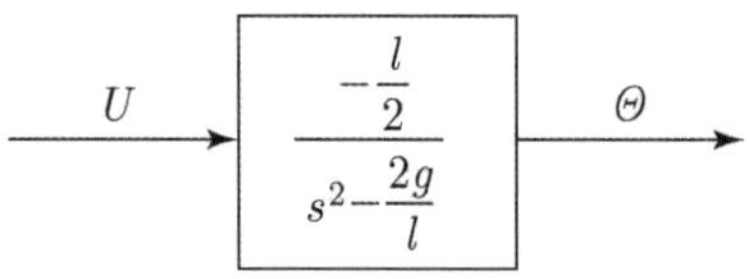

그림 3.5 도립진자의 전달함수 표현

식 (3.9)의 전달함수로부터, 여기서 생각하고 있는 도립진자는 2차계이기 때문에 2개의 **상태변수**(state variable)

$$x_1(t) = \theta(t) \ \ [\text{각도}] \tag{3.10}$$

$$x_2(t) = \dot{\theta}(t) \ \ [\text{각속도}] \tag{3.11}$$

를 이용하여, **상태공간표현**(state-space representation)을 할 수 있다. 우선,

$$\dot{x}_1(t) = x_2(t)$$

이고, 식 (3.8)에 따라 다음 식이 얻어진다.

$$\frac{l}{2}\dot{x}_2(t) - gx_1(t) = -u(t) \rightarrow \dot{x}_2(t) = \frac{2}{l}\{gx_1(t) - u(t)\}$$

이들 식에 따라, 다음의 상태방정식이 얻어진다.

$$\begin{bmatrix} \dot{x}_1 \\ \dot{x}_2 \end{bmatrix} = \begin{bmatrix} 0 & 1 \\ \dfrac{2g}{l} & 0 \end{bmatrix} \begin{bmatrix} x_1 \\ x_2 \end{bmatrix} + \begin{bmatrix} 0 \\ -\dfrac{2}{l} \end{bmatrix} u(t) \tag{3.12}$$

$$y(t) = [1 \;\; 0] \begin{bmatrix} x_1(t) \\ x_2(t) \end{bmatrix} \tag{3.13}$$

즉 여기에서는 각도 $\theta(t)$만이 센서에 의해 측정 가능한 것으로 한다.

SISO(Single-Input, Single-Output, 1입력 1출력) 시스템에 대한 상태방정식의 일반형은 다음과 같이 주어진다.

Point 3.1 동적시스템과 상태방정식

정적시스템은 출력이 입력에만 의존하는 시스템으로 대수방정식으로 표현되나, 동적시스템은 출력이 입력과 현재의 상태에 의존하여 미분방정식으로 표현된다. 여기서 현재의 상태는 상태변수이며 과거의 기억을 포함하고 있는 내부상태의 표현이다.

연속시간 시스템의 입력을 $u(t)$, 출력을 $y(t)$라 할 때, 그 SISO 시스템은 다음의 상태방정식으로 기술할 수 있다.

$$\frac{d}{dt}\boldsymbol{x}(t) = \boldsymbol{A}\boldsymbol{x}(t) + \boldsymbol{b}\,u(t), \quad \boldsymbol{x}(0) = \boldsymbol{x}_0 \tag{3.14}$$

$$y(t) = \boldsymbol{c}^T\boldsymbol{x}(t) + du(t) \tag{3.15}$$

단, $\boldsymbol{x}(t)$는 $n \times 1$ 상태 벡터이다. 또한, $\boldsymbol{A}$는 $n \times n$ 행렬, $\boldsymbol{b}$와 $\boldsymbol{c}$는 $n \times 1$ 행렬(열 벡터)이고, d는 스칼라이다.

이 포인트에 따라 여기에서 고려하고 있는 도립진자의 시스템 행렬 ($\boldsymbol{A}$, $\boldsymbol{b}$, $\boldsymbol{c}$, d)는 각각 다음 식과 같이 주어진다.

$$\boldsymbol{A} = \begin{bmatrix} 0 & 1 \\ \dfrac{2g}{l} & 0 \end{bmatrix}, \; \boldsymbol{b} = \begin{bmatrix} 0 \\ -\dfrac{2}{l} \end{bmatrix}, \; \boldsymbol{c}^T = [1 \;\; 0], \; d = 0 \tag{3.16}$$

즉 현대제어이론에서 상태공간표현을 이용하는 가장 큰 이점은 SISO뿐만 아니라 MIMO(Multi-Input, Multi-Output, 다입력 다출력) 시스템으로의 확장이 용이하다는 것이다. 하지만 이 절에서의 설명은 SISO 시스템에 한한다.

상태공간표현과 전달함수 사이에는 다음의 관계가 성립한다.

Point 3.2 상태공간표현과 전달함수의 관계

상태공간표현의 시스템 행렬 $(\boldsymbol{A},\ \boldsymbol{b},\ \boldsymbol{c},\ d)$가 주어졌을 때, 다음 식에 따라 전달함수를 계산할 수 있다.

$$G(s) = \boldsymbol{c}^T(s\boldsymbol{I} - \boldsymbol{A})^{-1}\boldsymbol{b} + d \tag{3.17}$$

여기에서, 상태공간표현에서 전달함수로의 변환은 유일하지만 반대로 전달함수에서 상태공간표현으로의 변환은 유일하지 않음에 주의한다. 즉, 전달함수에 대응하는 상태공간표현은 무수히 존재한다.

위에서 나타낸 바와 같이 제어 대상이 주어졌을 때, 그 물리적인 성질을 고려하여 수학적 모델(여기에서는 전달함수와 상태방정식이었지만)을 구하는 작업을 제1원리 모델링이라 한다. 이것은 제어계설계에 있어서 중요한 첫걸음이다. 현실의 시스템을 제어하는 경우, 통상 이 모델링은 시간이 걸리는 어려운 작업이다. 제1원리 모델링이 곤란한 경우에는 대상의 입출력 데이터로부터 통계적인 수법을 이용하여 모델링을 하는 시스템 동정이 제어계설계에 이용된다. 일단 수학적 모델을 얻는 것이 가능하다면, 이것은 현실의 제어 대상을 제어 세계의 언어로 번역한 것이라고 할 수 있기 때문에, 나머지는 풍부한 제어이론의 성과를 이용할 수 있다.

여기에서는 매우 단순한 도립진자를 가정하였다. 그 때문에 작용/반작용에 착안하여 운동방정식을 세우는 방법을 이용하여 상태방정식을 도출하였다. 그러나 이 작용/반작용이 복잡하게 얽혀 있으면, 이 방법의 적용은 곤란하다. 이와 같은 경우, 역학계의 에너지에 착안된 라그랑주 운동방정식을 이용하는 것이 편리하다. 라그랑주 역학은, 뉴턴 역학을 재정식화한 해석역학의 한 형식이지만, 여기에서 상세한 설명은 생략한다.

3.2.3 도립진자의 해석

전항에서 얻어진 도립진자의 수학적 모델을 이용하여 도립진자의 성질을 조사해보자.

(a) 안정성

식 (3.9)의 전달함수의 분모 다항식의 근, 즉 극의 위치를 조사하는 것에 의하여 시스템

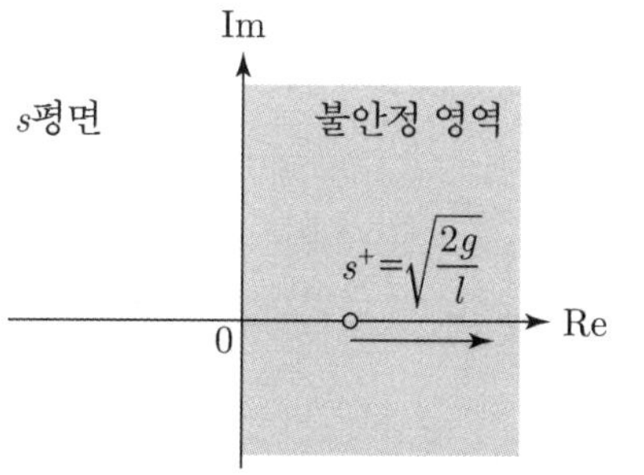

그림 3.6 s평면상의 불안정 극

의 안정성을 조사할 수 있다. 즉, **특성방정식**(characteristic equation)

$$s^2 - \frac{2g}{l} = 0$$

을 풀면, 극은

$$s = \pm\sqrt{\frac{2g}{l}} \tag{3.18}$$

이 된다. 이에 따라, s평면의 우반평면에 한 개의 불안정 극

$$s^+ = \sqrt{\frac{2g}{l}} \tag{3.19}$$

을 갖는 것을 알 수 있다(그림 3.6). 따라서 이 도립진자 시스템은 불안정이다.

(b) 가제어성과 가관측성

현대제어이론의 틀에서 시스템을 상태공간표현으로 모델링하는 이점은 많다. 그중에서 시스템이 제어 가능하다는 **가제어성**(controllability)과 시스템이 관측 가능하다는 **가관측성**(observability)을 조사하는 것은 현대 제어이론의 커다란 공적이다.

이에 대해서는 먼저 벡터의 선형독립성과 행렬의 rank의 관계가 정의되어야 한다. 즉 n차원의 l개의 벡터 $v_i(i=1,\ 2\ \cdots\ l)$가 선형독립이면 미지의 스칼라 계수 $a_i(i=1,\ 2\ \cdots\ l)$로 $a_1v_1+a_2v_2+\ \cdots\ +a_lv_l=0$을 만들었을 때 선형독립이라면 $a_1=a_2=\ \cdots\ =a_l=0$ 이외에는 해가 없다. 1개라도 zero가 아닌 계수가 있다면 선형종속이다. 그렇다면 행렬의 행벡터 및 열벡터에 있어서 선형독립인 벡터의 수는 다음과 같이 행렬의 rank로부터 계산된다.

어떤 행렬(nxm)의 r차원의 행렬식이 zero가 아닐때 그 행렬의 rank는 $\mathrm{r} \le \min(n,\ m)$

이 되고, 정방행렬이면 $A(nxn)$, rank(A) = n일 필요충분조건은 $|A| \neq 0$이다.

예를 들어

$$A = \begin{bmatrix} 1 & 2 \\ 2 & 4 \\ 3 & 6 \end{bmatrix} \rightarrow \begin{vmatrix} 1 & 2 \\ 2 & 4 \end{vmatrix} = 0, \ \mathrm{rank(A)} = 1,$$

$$A = \begin{bmatrix} 1 & 2 \\ 2 & 0 \\ 3 & 1 \end{bmatrix} \rightarrow \begin{vmatrix} 1 & 1 \\ 2 & 0 \end{vmatrix} \neq 0, \ \mathrm{rank(A)} = 2,$$

$$A = \begin{bmatrix} 1 & 1 & 0 \\ 2 & 0 & 0 \\ 3 & 1 & 1 \end{bmatrix} \rightarrow |A| \neq 0, \ \mathrm{rank(A)} = 3$$

가제어성이란 상태변수를 $x(0) \rightarrow x(f)$로 유한시간 내에 이동시키는 입력 u가 존재하는 상태방정식을 의미하며, 가제어성의 판별은 상태 방정식을 $\dot{x} = Ax + Bu$, $A(nxn)$, $B(nxm)$라 할 때 가제어성 행렬 $U_c(nxnm) = [B,\ AB,\ A^2B,\ \cdots,\ A^{(n-1)}B]$의 $rank$가 n일 때이다. 특히, $m = 1$일 때 $U_c(nxn)$이고 $|U_c| \neq 0$이면 rank = n으로 가제어이다.

가관측성은 출력 y를 관측하는 것에 의해 상태변수 x의 초기값 $x(0)$를 결정할 수 있을 때를 의미하는 것으로 가관측성의 판별은 출력방정식 $y = Cx + Du$, $C(lxn)$에서 가관측성 행렬 $U_o(nlxn) = [C,\ CA,\ CA^2,\ \cdots,\ CA^{(n-1)}]$의 rank가 n일 때이다. 특히, $m = 1$일 때 $U_o(nxn)$이고 $|U_o| \neq 0$이면 rank = n으로 가관측이다.

이로부터 시스템이 제어 가능한지와 관측 가능한지를 미리 파악할 수 있었지만, 그 제어방법과 관측방법을 제시한 것은 아니다.

Point 3.3 가제어 행렬과 가제어성, 가관측 행렬과 가관측성

여기에서 고려하고 있는 도립진자의 예에서는, 가제어 행렬 U_c와 가관측 행렬 U_o는 각각 다음과 같이 주어진다.

$$U_c = [\boldsymbol{b} \ \ A\boldsymbol{b}], \quad U_o = \begin{bmatrix} \boldsymbol{c}^T \\ \boldsymbol{c}^T A \end{bmatrix} \tag{3.20}$$

이 예에서는 대상이 2차계이므로, 각각의 행렬의 요소는 2개씩밖에 없는 것에 주의한다.

U_c가 full rank(이 경우는 2)일 때 가제어이다. 마찬가지로 U_o가 full rank(이 경우는 2)일 때 가관측이다.

지금 고려하고 있는 시스템의 가제어 행렬과 가관측 행렬의 rank는 각각 다음과 같다.

$$\text{rank } U_c = \text{rank}\begin{bmatrix} 0 & -2/l \\ -2/l & 0 \end{bmatrix} = 2$$

$$\text{rank } U_o = \text{rank}\begin{bmatrix} 1 & 0 \\ 0 & 1 \end{bmatrix} = 2$$

따라서 이 시스템은 가제어·가관측이다. 이 결과에 따라, 여기에서 고려하고 있는 도립진자는 가제어이기 때문에 상태 피드백제어에 의해 안정화할 수 있다.

(c) 제어의 용이성

불안정 극의 위치와 제어의 용이성 관계에 대하여 조사한다. 불안정 극의 위치 s^+가 원점에서 떨어져 있으면, e^{s^+t}(모드라 한다)는 단시간에 무한대로 발산해버린다. 따라서 '원점에서 거리가 멀어지는 불안정 극일수록 제어가 어렵다'라는 것이 직관적으로 이해될 수 있다. 식 (3.19)에 따라, 불안정 극의 위치는 중력가속도 g(일정 값)와 봉의 길이 l의 함수이다. 따라서 봉의 길이가 짧으면 짧을수록 제어는 어려워지는 것을 알 수 있다. 예를 들어 1m의 빗자루를 세우는 것은 용이하지만 15cm 정도의 샤프펜슬을 세우는 것은 매우 어렵다는 것을 제어이론적으로 설명한 것이다. 즉,

Point 3.4 봉의 길이와 세우기 용이성

긴 봉일수록 도립시키기 쉽다.

또한 중력가속도의 크기가 1/6인 달 표면 쪽이 봉을 세우기 쉽다는 것을 알 수 있다.

그렇다면 인간은 대개 봉의 길이가 어느 정도여야 세울 수 있을까? 이것을 조사하기 위해서는, 인간의 손가락(손)이 액추에이터로서 얼마나 능력이 있는지를 알 필요가 있다. 아무리 노력해도 사람의 손으로 1초 동안에 수회의 움직임을 정확히 하는 것은 어렵다. 즉, 손의 **밴드폭**(대역폭)은 수 Hz 이하라고 생각해도 좋다. 역으로 말하자면 이것 이상의 빠른 움직임에 추종할 수 없다.

한편, 도립진자 시스템의 절점각주파수(보통 밴드폭과 같다) ω_c는 식 (3.9)에 따라

$$w_c = \sqrt{\frac{2g}{l}}$$

이 된다. 이것이 10 rad/s($\approx$ 1.6 Hz)와 같다면 $l \approx 20$ cm가 얻어진다. 그 결과 인간은 20 cm보다 짧은 봉을 세우기 어렵다는 것을 알 수 있다. 한편 봉의 길이가 1 m이면 밴드폭은 약 4.5 rad/s($\approx$ 0.7 Hz)가 되므로 보통 사람이라면 제어 가능한 주파수 대역으로 들어간다.

자동제어시스템을 설계하는 경우, 짧은 봉이 제어 대상일 경우에는 인간보다도 밴드폭이 높은 액추에이터(이의 경우 모터)를 이용하면 좋다. 이처럼 제어 대상의 수학적 모델에 기초하여 대상을 해석하면 어느 정도의 액추에이터가 필요할 것인가, 또는 어느 정도의 센서가 필요할 것인가라는 질문에 대하여 정량적으로 답할 수 있다. 이것은 제어이론이 가지는 커다란 능력의 하나이다.

3.2.4 현대제어이론에 따른 도립진자의 제어기설계

다음에는 진자의 길이를 $l = 20$ cm로 한 경우에 대하여, 현대제어이론을 이용하여 피드백제어기를 설계한다. 이때 상태방정식의 $\boldsymbol{A}$, $\boldsymbol{b}$는 각각 다음과 같다.

$$\boldsymbol{A} = \begin{bmatrix} 0 & 1 \\ 100 & 0 \end{bmatrix}, \quad \boldsymbol{b} = \begin{bmatrix} 0 \\ -10 \end{bmatrix} \tag{3.21}$$

단, $g \approx 10\,\mathrm{m/s^2}$으로 하였다. 이때 제어 대상의 극은

$$\lambda^2 - 100 = 0 \rightarrow \lambda = \pm 10$$

이고, 안정한 극 -10과 불안정한 극 10이 존재한다.

(a) 극배치법에 따른 피드백제어기의 설계

현대제어에는, 시스템이 가제어이고 가관측이면 상태변수를 피드백제어하는 것에 의하여 안정한 제어시스템 설계가 가능하다. 즉,

$$u(t) = -\boldsymbol{f}^T \boldsymbol{x}(t) \tag{3.22}$$

이다. 단, $\boldsymbol{f}$는 피드백 게인 벡터이다. 이 피드백제어법칙을 제어 대상의 상태방정식

$$\frac{d}{dt}\boldsymbol{x}(t) = \boldsymbol{A}\boldsymbol{x}(t) + \boldsymbol{b}\,u(t)$$

을 대입하면,

$$\frac{d}{dt}\boldsymbol{x}(t) = \boldsymbol{A}\,\boldsymbol{x}(t) - \boldsymbol{b}\boldsymbol{f}^T\boldsymbol{x}(t) = (\boldsymbol{A} - \boldsymbol{b}\boldsymbol{f}^T)\boldsymbol{x}(t) \tag{3.23}$$

가 얻어진다. 이것이 폐루프 시스템의 상태방정식이다.

피드백 게인 벡터를 적절히 선택함에 의해서, 행렬 $(\boldsymbol{A} - \boldsymbol{b}\boldsymbol{f}^T)$의 고유치(**폐루프의 극**이라 한다)를 모든 s평면의 좌반평면에 배치할 수 있다면 상태변수 $\boldsymbol{x}$는 시각 t가 무한대로 향할 때 0으로 향한다. 즉, 레귤레이터 문제의 제어 목적이 달성된다. 이와 같은 것이 가능할지 아니면 불가능할지를 규정한 개념이 앞에서 설명한 가제어성이다. 여기에서 고려하는 시스템은 가제어성이므로 상태 피드백 벡터에 의해서 불안정한 극을 안정한 부분으로 이동시킬 수 있다.

그래서 피드백 게인 벡터를,

$$\boldsymbol{f} = \begin{bmatrix} f_1 \\ f_2 \end{bmatrix}$$

로 두어, 폐루프 극을 계산한다. 행렬 $\boldsymbol{A} - \boldsymbol{b}\boldsymbol{f}^T$는

$$\boldsymbol{A} - \boldsymbol{b}\boldsymbol{f}^T = \begin{bmatrix} 0 & 1 \\ 100 & 0 \end{bmatrix} - \begin{bmatrix} 0 \\ -10 \end{bmatrix} [f_1 \;\; f_2] = \begin{bmatrix} 0 & 1 \\ 100 + 10f_1 & 10f_2 \end{bmatrix}$$

이 되기 때문에, 특성방정식은 다음과 같다.

$$\lambda^2 - 10f_2\lambda - (100 + 10f_1) = 0 \tag{3.24}$$

제어 대상의 극이 -10과 10이었기 때문에 그림 3.7에 나타낸 것과 같이 상태 피드백에 의해 불안정한 극 10을 좌반평면으로 이동시켜보자.

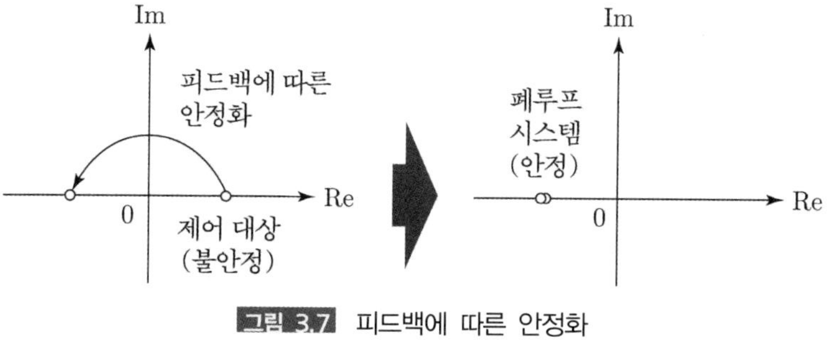

그림 3.7 피드백에 따른 안정화

지금, 폐루프 시스템은 2차계이기 때문에, 2차계의 표준형

$$\frac{\omega_n^2}{s^2 + 2\zeta\omega_n s + \omega_n^2} \tag{3.25}$$

의 분모다항식과 특성다항식의 계수를 비교함에 따라 폐루프계의 특성을 규정할 수 있다. 여기에서, ω_n은 고유각주파수, ζ는 감쇄계수이다. 예를 들어, $s = -10$에 2개의 폐루프 극을 배치하는 경우에는,

$$(\lambda + 10)^2 = \lambda^2 + 20\lambda + 100 \tag{3.26}$$

이기 때문에 $\omega_n = 10$, $\zeta = 1$이라는 폐루프 특성을 지정하는 것에 대응한다. 이것은 부의 실수 축에 이중근을 가지므로 임계제동에 대응한다.

식 (3.24)과 식 (3.26)이 같도록 계수 비교를 하면,

$$f_1 = -20, \; f_2 = -2 \tag{3.27}$$

이 얻어진다. 이와 같이 희망하는 폐루프 극의 위치를 지정하고, 항등식을 푸는 것에 의하여 피드백 게인 벡터를 구하는 방법을 **극배치법**(pole assignment method)이라 한다. 이 방법은 제어 대상이 저차이면 유효한 설계법이다. 특히 이 예는 2차계이기 때문에 간단한 항등식을 푸는 것으로 제어법칙을 구할 수 있었지만, 3차계 이상의 고차에서는 애커먼 방법 등을 이용하여 제어법칙을 계산한다.

(b) 관측기에 따른 상태변수의 추정

전항의 결과에 따라 상태 피드백제어법칙은

$$u(t) = -f_1 x_1(t) - f_2 x_2(t) \tag{3.28}$$

의 형식으로 주어지는 것을 알았다. 여기에서 $x_1(t)$는 각도이고, 이것은 측정 가능이다. 한편, $x_2(t)$는 각속도이지만 지금 이것을 측정하는 센서가 부착되어 있지 않다. 따라서 상태 피드백을 실현하기 위해서는 무엇인가의 방법으로 상태변수 $x_2(t)$를 추정할 필요가 있다.

먼저 생각나는 방법은 측정된 각도를 미분하여 각속도를 계산하는 것이지만, 미분연산은 고역통과필터 특성[2)]을 갖기 때문에 잡음에 약하다. 가능한 한 이 방법을 피하고 싶다.

---

2) 미분기의 주파수특성을 떠올려보자.

이럴 때 현대제어의 세계에서는 **관측기**(observer, 상태 관측기)를 이용한다.

상태 $\boldsymbol{x}(t)$의 추정치를 $\hat{\boldsymbol{x}}(t)$라 한다. 관측기는 다음 식에 의하여 상태를 추정하는 상태 추정기이다.

$$\dot{\hat{\boldsymbol{x}}} = (\boldsymbol{A} - \boldsymbol{k}\,\boldsymbol{c}^T)\hat{\boldsymbol{x}} + \boldsymbol{k}\,y(t) + \boldsymbol{b}\,u(t) \tag{3.29}$$

단, $\boldsymbol{k}$는 추정의 빠르기를 결정하는 **관측기 게인**이다. 상세한 설명은 생략하지만, 행렬 $(\boldsymbol{A} - \boldsymbol{k}\,\boldsymbol{c}^T)$의 고유치(이것을 관측기 극이라 한다)를 s평면상의 임의의 위치에 배치할 수 있는 것이 관측기를 설계하기 위한 조건이다. 이 조건이 앞에서 설명한 가관측성의 조건이다.

식 (3.29)에서 주어진 관측기의 블록선도를, 대상 시스템(플랜트)의 블록선도와 함께 그림 3.8에 나타냈다. 그림에 따라 관측기는 명확히 플랜트와 같은 구조를 하고 있다. 그래서 플랜트와 관측기의 출력 차(즉, 출력추정오차)에 관측기 게인을 곱하여 관측기에 입력하는 구성을 취하고 있다. 이 사실로부터 명백한 것은 관측기가 어느 정도 잘 동작하는가는 플랜트 모델의 정밀도에 크게 의존한다는 것이다. 따라서 관측기도 모델베이스 어프로치이다. 또한 관측 가능한 양과 플랜트 모델에 기초하여 관측할 수 없는 양을 추정하는 데에 관측기는 일종의 센서 역할을 하므로 **소프트웨어 센서**(software sensor)라고 부르고 있다.

다음의 문제는 관측기의 극을 어디에 배치하는가이다. 좌반평면에 있다면 상태 추정치는 시간이 경과함에 따라 참값으로 구속되지만 상태 피드백제어는 상태변수를 피드백하고 있기 때문에 상태 추정치는 가능한 한 빠르게 참값에 구속되어야 한다. 여기에서 레귤레이터의 극보다도 관측기의 극을 얼마간 좌측으로 배치하는 것이 일반적이다. 이 모습을

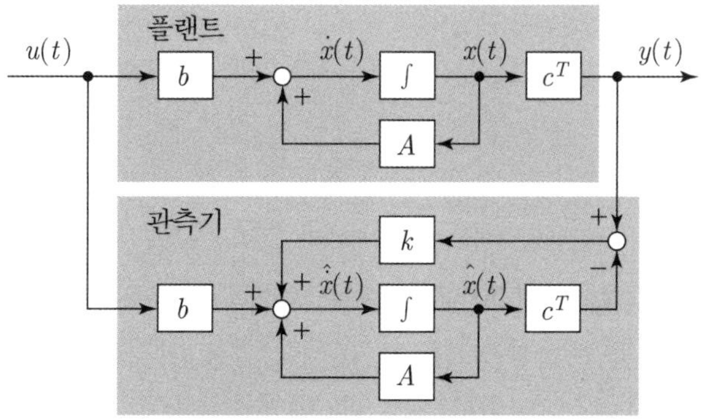

그림 3.8 관측기의 블록선도

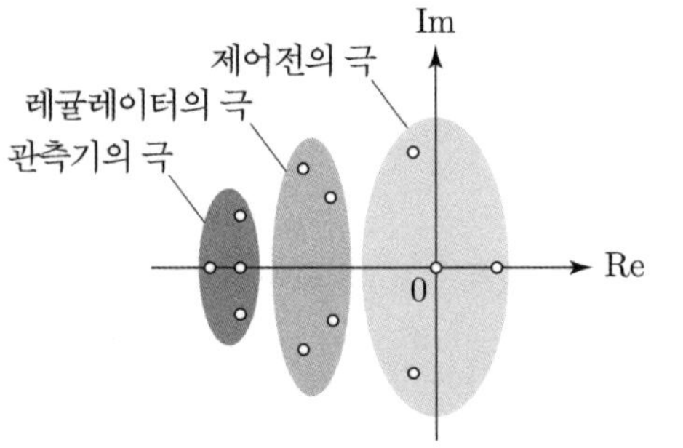

그림 3.9 레귤레이터와 관측기 극

그림 3.9에 나타냈다.

도립진자의 예에 있어서 관측기의 극을 $-15 \pm j10$으로 한 경우 관측기 게인

$$\boldsymbol{k} = \begin{bmatrix} k_1 \\ k_2 \end{bmatrix}$$

를 계산해보자. $(\boldsymbol{A} - \boldsymbol{k}\,\boldsymbol{c}^T)$을 계산하면, 다음 식을 얻는다.

$$\begin{bmatrix} -k_1 & 1 \\ 100 - k_2 & 0 \end{bmatrix}$$

이것의 특성다항식은

$$\lambda^2 + k_1\lambda + (k_2 - 100)$$

이고, $-15 \pm j10$을 근으로 갖는 다항식은,

$$\lambda^2 + 30\lambda + 325$$

이기 때문에, 양자의 계수를 비교하는 것에 따라 관측기 게인

$$k_1 = 30,\ k_2 = 425$$

가 얻어진다.

관측기를 설계하는 경우, 설계 파라미터는 관측기 극의 위치이다. 현재, 각도신호의 측정치로부터 각속도신호를 추정하는 관측기 설계 문제를 생각하고 있지만, 결국 이 경우 관측기의 극의 위치는 미분기를 이용하여 각도에서 각속도를 구하는 직관적인 방법에서

미분기의 특성을 지정하는 것에 대응한다.

(c) 최적 레귤레이터

극배치법에서 극점의 위치의 선정은 제어응답성과 제어입력의 크기가 서로 상반된 특성을 갖는 trade-off 관계에 있다. 이에 대한 극배치 설계의 방법론으로서 다음과 같은 최적 레귤레이터가 있다.

2차 형식의 평가함수

$$J = \int_0^\infty [\boldsymbol{x}^T(t)\boldsymbol{Q}\boldsymbol{x}(t) + ru^2(t)]dt \tag{3.30}$$

를 고려한다. 여기서 $\boldsymbol{Q}$는 반정정치행렬로 상태에 대한 가중행렬이다. 또한 $r(>0)$은 입력에 대한 가중행렬이다. 이때, J를 최소로 하는 상태 피드백 게인 $\boldsymbol{f}$를 구하는 문제를 LQ(Linear Quadratic, 선형 2차) **최적 레귤레이터** 문제라 한다.

이 평가함수 J의 의미에 대해서 간단히 설명하고자 한다. J의 우변은 2개의 항으로 구성되어 있다. 제1항은 제어성능에 관한 항이고, 제2항은 제어하기 위해 필요한 제어입력에 관한 항이다. 성능을 좋게 하기 위해서는 제어입력을 많이 사용할 필요가 있다. 반대로 제어입력을 작게 하면 제어성능은 저하한다. 즉, 제1항을 작게 하면 제2항이 커지고 역으로 제2항을 작게 하면 제1항은 커진다. 양자는 상반하는 요구조건을 가지는 것을 알 수 있다. 제어공학의 기본은 상이한 요구조건을 절충(타협)하는 데 있다. 이것을 'trade-off 한다'고 표현한다[3]. 여기서는 가중치 $\boldsymbol{Q}$와 r의 크기를 조정하여 trade-off를 도모한다.

상세한 설명은 생략하지만 식 (3.30)의 평가함수를 최소화한다는 의미에서 최적인 상태 피드백제어법칙은

$$u(t) = -\boldsymbol{f}^T\boldsymbol{x}(t) \tag{3.31}$$

로 주어진다. 단,

$$\boldsymbol{f} = r^{-1}\boldsymbol{P}\boldsymbol{b} \tag{3.32}$$

이고, $\boldsymbol{P}$는 다음의 **리카티방정식**의 정정대칭해이다.

$$\boldsymbol{P}\boldsymbol{A} + \boldsymbol{A}^T\boldsymbol{P} - \boldsymbol{P}\boldsymbol{B}r^{-1}\boldsymbol{b}^T\boldsymbol{P} + \boldsymbol{Q} = 0 \tag{3.33}$$

3) '타협을 도모한다'라는 표현은 부정적인 이미지가 있지만, 제어공학에서의 'trade-off를 도모한다'는 상반하는 양자가 최대한 만족하는 해를 찾고자 하는 긍정적인 의미인 것에 주의한다.

이때, 평가함수의 최소 값은 다음 식으로 주어진다.

$$J_{\min} = \boldsymbol{x}_0^T \boldsymbol{P} \boldsymbol{x}_0 \tag{3.34}$$

단 $\boldsymbol{x}_0$는 상태 벡터의 초기치이다.

이것으로 지금까지 고려해온 도립진자에 대한 최적 레귤레이터를 설계해보자. 단, 가중치를 다음과 같이 설정한다.

$$\boldsymbol{Q} = 100\boldsymbol{I}, \quad r = 1$$

리카티방정식의 해를

$$\boldsymbol{P} = \begin{bmatrix} p_{11} & p_{12} \\ p_{12} & p_{22} \end{bmatrix}$$

으로 두어, 이것을 식 (3.33)에 대입한다.

$$\begin{aligned} &\begin{bmatrix} p_{11} & p_{12} \\ p_{12} & p_{22} \end{bmatrix} \begin{bmatrix} 0 & 1 \\ 100 & 0 \end{bmatrix} + \begin{bmatrix} 0 & 100 \\ 1 & 0 \end{bmatrix} \begin{bmatrix} p_{11} & p_{12} \\ p_{12} & p_{22} \end{bmatrix} \\ &\quad - \begin{bmatrix} p_{11} & p_{12} \\ p_{12} & p_{22} \end{bmatrix} \begin{bmatrix} 0 \\ -10 \end{bmatrix} \begin{bmatrix} 0 & -10 \end{bmatrix} \begin{bmatrix} p_{11} & p_{12} \\ p_{12} & p_{22} \end{bmatrix} + \begin{bmatrix} 100 & 0 \\ 0 & 100 \end{bmatrix} \\ &\quad = \begin{bmatrix} 0 & 0 \\ 0 & 0 \end{bmatrix} \end{aligned}$$

이에 따라, 다음의 3개의 방정식이 얻어진다.

$$\begin{aligned} &200p_{12} - 100p_{12}^2 + 100 = 0 \\ &2p_{12} - 100p_{22}^2 + 100 = 0 \\ &p_{11} + 100p_{22} - 100p_{12}p_{22} = 0 \end{aligned}$$

$\boldsymbol{P}$는 정정행렬이라는 것에 주의하여 이 연립방정식을 풀면,

$$\boldsymbol{P} = \begin{bmatrix} 144.8 & 2.414 \\ 2.414 & 1.024 \end{bmatrix} \tag{3.35}$$

가 얻어진다. 따라서 최적 피드백제어법칙은

$$\boldsymbol{f} = r^{-1}\boldsymbol{P}\boldsymbol{b} = \begin{bmatrix} -24.14 \\ -10.24 \end{bmatrix} \tag{3.36}$$

이 된다.

이 문제는 2차계이기 때문에 리카티방정식을 수계산으로 계산할 수 있지만 고차가 되면 계산기 없이 계산하기 어렵다.

최적 레귤레이터의 가중치 조정은 Trade-off를 도모한다는 표현에서 명확하게 상대적인 것이어서 앞에서 설명한 극배치법 때와 같이 극의 위치라는 물리적인 의미와 관련짓는 것은 어렵다. 실제로 제어계설계를 하는 경우, 이 가중치 조정에는 시행착오를 수반한다.

3.2.5 칼만필터

지금까지는 상태방정식에 잡음을 고려하지 않은 확정적인 문제 설정을 생각하여 왔다. 그러나 현실적인 문제에서는 각도신호의 측정치에 관측 잡음이 더해진다고 생각하는 것이 자연스럽다. 그러므로 잡음을 고려한 확률적인 경우의 상태방정식 일반형은 아래와 같이 주어진다.

Point 3.5 상태방정식 일반형(확률적인 경우)

$$\frac{d}{dt}\boldsymbol{x}(t) = \boldsymbol{A}\boldsymbol{x}(t) + \boldsymbol{b}\,u(t) + \boldsymbol{v}(t), \quad \boldsymbol{x}(0) = \boldsymbol{x}_0 \tag{3.37}$$

$$y(t) = \boldsymbol{c}^T\boldsymbol{x}(t) + du(t) + w(t) \tag{3.38}$$

단 $\boldsymbol{v}(t)$는 시스템 잡음이고, $w(t)$는 관측 잡음이다. 통상 양자는 서로에게 독립인 정규성 백색 잡음이라 가정할 수 있다.

이 문제 설정에 대하여 가장 유명한 상태 추정법이 **칼만필터**(Kalman filter)이다. 칼만필터는 R.E. Kalman에 의해 1960년에 제안된 궁극의 모델베이스 필터이고, 현재에도 다양한 분야에서 상당히 이용되고 있다. 그 상세한 알고리즘의 설명은 생략하겠다. 칼만필터가 잘 동작할지 여부는 관측기와 함께 모델의 정밀도에 달려 있다. 칼만필터는 선형시스템에서 매우 잘 알려져 있지만, 그것을 비선형시스템에 확장한 확장칼만필터(Extended Kalman Filter)도 잘 이용되고 있다. 또한 최근에는 비선형시스템의 다른 확장으로서 UKF(Unscented Kalman Filter)의 연구도 정력적으로 이뤄지고 있다. 게다가 비선형시스템·비가우시안 잡음에 적용 가능한 입자 필터(particle filter)도 제안되고 있다.

3.3 도립 2륜 로봇의 실험

지금까지 설명해왔던 도립진자의 제어계설계법의 유용성을 검증하기 위하여, 도립 2륜 로봇을 이용한 제어실험을 한다. 실험에 사용하는 e-nuvo WHEEL[4)]의 개관을 그림 3.10에 나타냈다.

우선, 이 실험장치의 액추에이터와 센서에 대하여 정리해두자.

(1) 액추에이터 : 모형용 DC모터(소위 마부치모터)이고, 모터의 구동력은 2단의 감속치차를 개입하여 차륜에 전달된다.

(2) 센서
  - 레이트 자이로(전기기판에 부착되어 있다) — 각속도를 측정
  - 광학식 각도 센서(엔코더) — 타이어의 각도를 측정

따라서 도립 2륜 로봇은 1입력 2출력 시스템이다. 그리고 이하에서는 간단히 하기 위해 관측기를 이용하지 않고 레이트 자이로에 의해 측정된 본체의 각속도를 적분한 것에 의해 본체의 각 변위를 계산한다. 또한 엔코더에 의해 측정된 타이어의 각도를 차분한 것에 의해 타이어의 각속도를 계산한다.

그리고 전기회로에는 토크 지령을 하기 위한 전류 피드백회로가 탑재되고 있다. 또한 제어기 등의 프로그래밍에는 C언어를 이용하고 있다.

그림 3.10 e-nuvo WHEEL의 개관

4) e-nuvo WHEEL은 (주)ZMP사의 제품이다.

3.3.1 제1원리 모델링에 따른 상태방정식의 도출

도립 2륜 로봇의 물리 모델을 도출하기 위하여 그림 3.11을 이용한다. 이것은 도립 2륜 로봇을 옆에서 본 그림이다. 그림에서, θ는 본체의 연직방향으로부터 기울기(각도)이고, 시계방향 회전을 정으로 한다. 또한 φ는 타이어의 각도이다.

라그랑주 운동방정식을 이용하여, 도립 2륜 로봇의 운동방정식을 구할 수 있다. 그 결과는 다음과 같다.

$$\begin{aligned}&\{(M+m)r_t^2+mlr_t\cos\theta+J_t+iJ_m\}\ddot{\theta}-mlr_t\sin\theta\cdot\dot{\theta}^2\\&\quad+\{(M+m)r_t^2+J_t+i^2J_m\}\ddot{\varphi}+c\dot{\varphi}=au\end{aligned} \tag{3.39}$$

$$\begin{aligned}&\{(M+m)r_t^2+2mlr_t\cos\theta+ml^2+J_p+J_t+J_m\}\ddot{\theta}-mlr_t\sin\theta\cdot\dot{\theta}^2\\&\quad-mgl\sin\theta+\{(M+m)r_t^2+mlr_t\cos\theta+J_t+iJ_m\}\ddot{\varphi}=0\end{aligned} \tag{3.40}$$

여기에서, 운동방정식에 포함되는 물리 파라미터의 명칭과 구체적인 수치와 단위를 표 3.1에 정리하였다. 그리고 대차의 질량에는 타이어, 구동축, 기어 등이 포함된다.

다음에 비선형 미분방정식인 식 (3.39), (3.40)을 선형 근사하면 다음식이 얻어진다.

$$\alpha_{11}\ddot{\theta}+\alpha_{21}\ddot{\varphi}+c\dot{\varphi}=au \tag{3.41}$$

$$\alpha_{21}\ddot{\theta}+\alpha_{11}\ddot{\varphi}+d\theta=0 \tag{3.42}$$

단, $d=-mgl$로 두었다. 또한

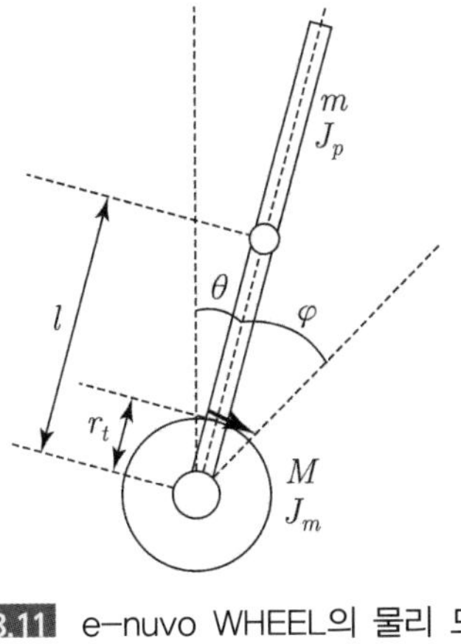

그림 3.11 e-nuvo WHEEL의 물리 모델링

$$\alpha_{11} = (M+m)r_t^2 + mlr_t + J_t + iJ_m$$
$$\alpha_{12} = (M+m)r_t^2 + J_t + i^2 J_m$$
$$\alpha_{21} = (M+m)r_t^2 + 2mlr_t + ml^2 + J_p + J_t + J_m$$

이다. 다음에 연립방정식 (3.41), (3.42)를 $\ddot{\theta}$와 $\ddot{\varphi}$에 관하여 풀면,

$$\ddot{\theta} = \frac{1}{\Delta}(-c\alpha_{11}\dot{\varphi} + d\alpha_{12}\theta + \alpha_{11}au) \tag{3.43}$$

$$\ddot{\varphi} = \frac{1}{\Delta}(c\alpha_{21}\dot{\varphi} - d\alpha_{11}\theta - \alpha_{21}au) \tag{3.44}$$

가 얻어진다. 단, $\Delta = \alpha_{11}^2 - \alpha_{12}\alpha_{21}$로 두었다.

표 3.1 도립 2륜 로봇의 물리 파라미터

물리 파라미터	기호	수치(단위)
본체의 질량	m	0.5157 [kg]
대차의 질량	M	0.071 [kg]
본체의 관성 모멘트	J_p	2.797×10^{-3} [kg · m^2]
대차의 관성 모멘트	J_t	8.632×10^{-6} [kg · m^2]
모터 회전자의 관성 모멘트	J_m	1.30×10^{-7} [kg · m^2]
차축과 본체의 중심 거리	l	0.1390 [m]
차륜의 반경	r_t	0.02485 [m]
차축의 마찰	c	1.0×10^{-4} [kg · m^2/s]
기어의 감속비	i	30
모터의 토크 정수	K_t	2.79×10^{-3} [N · m/A]

지금 고려하고 있는 시스템은 4차계이기 때문에 상태변수를 다음 식처럼 둔다.

$$\boldsymbol{x}(t) = \begin{bmatrix} \theta(t) \\ \varphi(t) \\ \dot{\theta}(t) \\ \dot{\varphi}(t) \end{bmatrix} = \begin{bmatrix} \text{본체의 각도} \\ \text{타이어의 각도} \\ \text{본체의 가속도} \\ \text{타이어의 가속도} \end{bmatrix} \left(= \begin{bmatrix} \text{미측정량} \\ \text{측정량} \\ \text{측정량} \\ \text{미측정량} \end{bmatrix} \right) \tag{3.45}$$

하면, 식 (3.43), (3.44)에 의해 상태방정식은 다음과 같다.

$$\frac{d}{dt}\begin{bmatrix}\theta(t)\\ \varphi(t)\\ \dot{\theta}(t)\\ \dot{\varphi}(t)\end{bmatrix} = \begin{bmatrix}0 & 0 & 1 & 0\\ 0 & 0 & 0 & 1\\ d\alpha_{12}/\Delta & 0 & 0 & -c\alpha_{11}/\Delta\\ -d\alpha_{11}/\Delta & 0 & 0 & c\alpha_{21}/\Delta\end{bmatrix}\begin{bmatrix}\theta(t)\\ \varphi(t)\\ \dot{\theta}(t)\\ \dot{\varphi}(t)\end{bmatrix} + \begin{bmatrix}0\\ 0\\ a\alpha_{11}/\Delta\\ -a\alpha_{21}/\Delta\end{bmatrix}u(t) \tag{3.46}$$

$$\boldsymbol{y}(t) = \begin{bmatrix}0 & 0 & 1 & 0\\ 0 & 1 & 0 & 0\end{bmatrix}\begin{bmatrix}\theta(t)\\ \varphi(t)\\ \dot{\theta}(t)\\ \dot{\varphi}(t)\end{bmatrix} \tag{3.47}$$

이것은 1입력 2출력 시스템이기 때문에 다음과 같은 일반형을 취한다.

$$\frac{d}{dt}\boldsymbol{x}(t) = \boldsymbol{A}\boldsymbol{x}(t) + \boldsymbol{b}u(t) \tag{3.48}$$

$$\boldsymbol{y}(t) = \boldsymbol{C}\boldsymbol{x}(t) + \boldsymbol{d}u(t) \tag{3.49}$$

게다가 표 3.1에 나타낸 구체적인 수치를 대입하면, 이 상태방정식의 시스템 행렬은 다음과 같이 된다.

$$\boldsymbol{A} = \begin{bmatrix}0 & 0 & 1 & 0\\ 0 & 0 & 0 & 1\\ 98.09 & 0 & 0 & 0.0617\\ -433.04 & 0 & 0 & -0.4774\end{bmatrix},\quad \boldsymbol{b} = \begin{bmatrix}0\\ 0\\ -38.71\\ 299.7\end{bmatrix} \tag{3.50}$$

$$\boldsymbol{C} = \begin{bmatrix}0 & 0 & 1 & 0\\ 0 & 1 & 0 & 0\end{bmatrix},\quad \boldsymbol{d} = \begin{bmatrix}0\\ 0\end{bmatrix} \tag{3.51}$$

이상에서 얻어진 상태방정식에 기초하여 피드백제어계의 해석과 설계를 수행한다.

3.3.2 상태공간 모델을 이용한 도립 2륜 로봇의 해석

여기에서는, 도립 2륜 로봇의 해석을 수행한다.

우선, 안정성은 A행렬만에 관계하므로 매트랩의 명령어 eig(A)를 이용하여 이 행렬의 고유치를 구하면, 아래와 같은 결과가 얻어진다.

```
   0
   9.7714
-10.0440
 -0.2048
```

이에 따라, s평면의 우반평면의 $s = 9.7714$에 불안정 극을 갖는다. 또한 원점에도 극을 갖는 것을 알 수 있다. 따라서 도립 2륜 로봇은 손을 떼면 쓰러지므로, 당연한 결과이지만 불안정하다.

다음으로 이 시스템의 가제어성과 가관측성을 조사한다. 매트랩의 명령어 ctrb를 이용하여 가제어 행렬을 구성하고 이 랭크를 조사하면,

```
>> Uc = ctrb(A, b)
    1.0e+004 *
      0         -0.0039    0.0018   -0.3805
      0          0.0300   -0.0143    1.6845
     -0.0039     0.0018   -0.3805    0.2851
      0.0300    -0.0143    1.6845   -1.6052
>> rank(Uc)
   ans =
         4
```

가 얻어진다. 따라서 도립 2륜 로봇은 가제어이다.

다음으로 명령어 obsv를 이용하여 가관측 행렬을 구성하고 이 랭크를 조사하면,

```
>> Uo = obsv(A, C)
    1.0e+003 *
      0        0          0.0010    0
      0        0.0010     0         0
      0.0981   0          0         0.0001
      0        0          0         0.0010
     -0.0267   0          0.0981   -0.0000
     -0.4334   0          0        -0.0005
      9.6339   0         -0.0267    0.0061
      0.2069   0         -0.4334    0.0002
>> rank(Uo)
   ans =
         4
```

가 얻어진다. 따라서 가관측이다.

마지막으로 Point 3.2를 이용하면, 입력 u에서 본체의 각속도 $\dot{\theta}$까지의 전달함수($G_1(s)$라 한다)와 입력 u에서 타이어의 각도 φ까지의 전달함수($G_2(s)$라 한다)는 각각 다음과

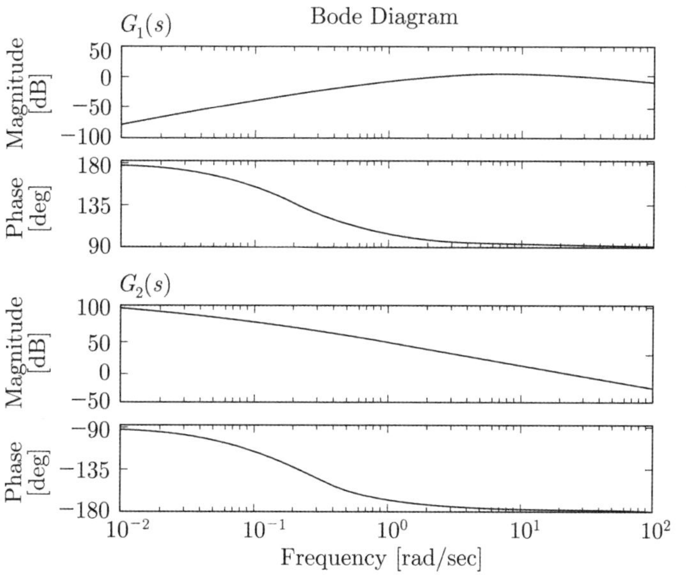

그림 3.12 전달함수 $G_1(s)$와 $G_2(s)$의 주파수 특성

같이 된다.

$$\begin{aligned} G_1(s) &= \frac{-38.71s^2 + 9.669 \cdot 10^{-14}s + 3.643 \cdot 10^{-14}}{s^3 + 0.4774s^2 - 98.09s - 20.1} \\ &\approx \frac{-38.71s^2}{s^3 + 0.4774s^2 - 98.09s - 20.1} \\ G_2(s) &= \frac{299.7s^2 + 1.704 \cdot 10^{-11}s + 12620}{s^4 + 0.4774s^3 - 98.09s^2 - 20.1s} \\ &\approx \frac{299.7s^2 - 12620}{s(s^3 + 0.4774s^2 - 98.09s - 20.1)} \end{aligned}$$

이 2개의 전달함수의 주파수 특성을 조사하기 위하여 보드선도를 그린 결과를 그림 3.12에 나타냈다.

3.3.3 극배치법에 따른 도립 2륜 로봇의 피드백제어계 설계

도립 2륜 로봇의 해석에 의해 제어 대상인 도립 2륜 로봇의 극은 $s = 0,\ 9.7714,\ -10.0440,\ -0.2048$이었기 때문에, 안정하지 않은 2개의 극 $s = 0,\ 9.7714$를 피드백제어에 의해서 좌반평면으로 이동시켜야 된다. 또한 $s = -0.2048$이라는 극은 좌반평면에 존재하지만, 허수축에 가깝기 때문에 좀더 좌측으로 이동시킬 필요가 있다. 전항의 결과에 의해 제어 대상은 가제어이었기 때문에 피드백제어에 의해서 임의의 위치에 폐루프의 극을 배치할 수 있다. 그곳에서 폐루프의 극이 $s = -10$(중근), $s = -1, -2$에 배치되도록 피드백제어법칙을 애커먼 방법을 이용하여 구하자.

애커먼 방법의 매트랩 명령어는 다음과 같다.

```
>> P = [-10 -10 -1 -2];
>> F = acker(A, b, P)
>> F =
     -6.8422   -0.0158   -0.8028   -0.0285
```

이에 따라 피드백제어법칙은 다음과 같다.

$$u(t) = -\begin{bmatrix} 6.8422 & 0.0158 & 0.8028 & 0.0285 \end{bmatrix} \begin{bmatrix} \theta(t) \\ \varphi(t) \\ \dot{\theta}(t) \\ \dot{\varphi}(t) \end{bmatrix} \tag{3.52}$$

상태 피드백제어를 하기 위해서는 모든 상태(여기서는 4개의 상태)가 이용 가능일 필요가 있다. 도립 2륜 로봇에서는, 본체의 각속도 $x_3(t) = \dot{\theta}(t)$와 타이어의 각도 $x_2(t) = \varphi(t)$는 센서에 의해서 측정할 수 있다. 이하에서는, 나머지 2개의 상태량 $x_1(t) = \theta(t)$와 $x_2(t) = \dot{\varphi}(t)$는 각각 측정량의 적분과 차분연산에 의해 계산되어 이용가능이 된다. 즉

$$C = \begin{bmatrix} 1 & 0 & 0 & 0 \\ 0 & 1 & 0 & 0 \\ 0 & 0 & 1 & 0 \\ 0 & 0 & 0 & 1 \end{bmatrix} \tag{3.53}$$

으로 둔다.

이렇게 얻어진 피드백제어법칙의 유효성을 실험으로 확인하기 전에 시뮬링크를 이용하여 검증해보자. 그림 3.13에 나타낸 바와 같이 시뮬링크 블록을 작성하는 것에 의하여, 초기치응답(직립 상태에서 5도 정도 벗어난 초기치에서 시뮬레이션을 개시한다)이나 외란억제성(도중에 입펄스상 외란을 인가한다) 등의 제어성능을 확인할 수 있다.

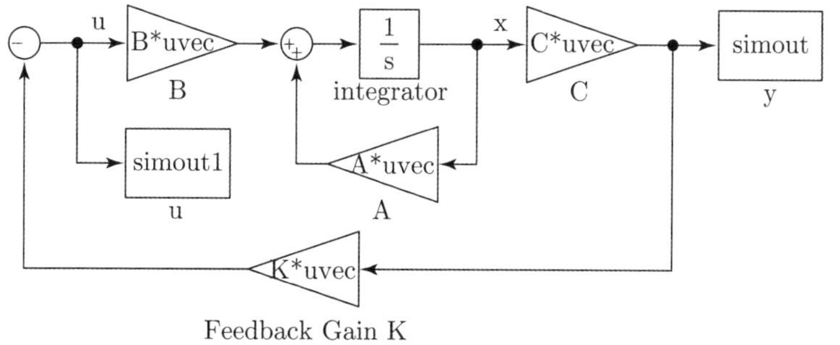

그림 3.13 시뮬링크를 이용한 도립 2륜 로봇의 시뮬레이션

3.3.4 최적 레귤레이터

식 (3.30)에서 주어진 최적 레귤레이터의 평가함수에 있어서, 가중행렬 $\boldsymbol{Q}$, r을 각각 다음과 같이 둔다.

$$\boldsymbol{Q} = \begin{bmatrix} 1 & 0 & 0 & 0 \\ 0 & 15 & 0 & 0 \\ 0 & 0 & 1 & 0 \\ 0 & 0 & 0 & 10 \end{bmatrix} = \mathrm{diag}\,[1 \quad 15 \quad 1 \quad 10], \qquad r = 500 \tag{3.54}$$

이때, 매트랩을 이용하여 최적피드백제어법칙 K를 구해보자.

```
>> Q = diag([1  15  1  10]);
>> r = 500;
>> K = lqr2(A, b, Q, r)
>> K =
      -21.2124   -0.1732   -3.0382   -0.2012
```

또한, 페루프 극은 다음과 같이 계산할 수 있다.

```
>> Pc = eig(A-b*K)
>> Pc =
        -43.7159
         -1.2276
         -7.0704
         -5.7606
```

이에 따라 모든 페루프의 극은 좌반평면에 존재하고 있어, 안정화되어 있는 것을 알 수 있다.

제4장

하이브리드 자동차·전기자동차의 주행제어

자동차는 내연기관인 엔진을 주 동력원으로 해왔다. 그 이유는 석유연료를 공급하는 인프라가 발달해왔고, 석유연료의 에너지 밀도가 높아 항속거리가 길기 때문이다[1]. 한편 지구환경 보존이라는 관점에서 보면, 내연기관을 동력원으로 하는 4륜 자동차 대신 하이브리드 자동차나 전기자동차와 같이 모터를 동력원으로 하여 주행하는 자동차 개발이 활발히 진행되어야 한다. 파워 일렉트로닉스기술의 진화에 따라 자동차도 크게 변모하고 있다.

4.1 주행시스템의 전동화

4.1.1 모터의 이점

모터를 구동원으로 하는 주행시스템제어를 고려하기 전에, 모터의 장점을 엔진과 비교하여 정리해두자.

(a) 토크응답이 2자릿수만큼 빠르다

현재 주류를 이루고 있는 4행정 가솔린엔진은 토크를 발생하기 위해 다음과 같은 행정을 필요로 한다. 즉, 4행정이란 공기와 연료를 함께 실린더 내로 흡입하는 흡기행정, 실린더 내에서 압축하는 압축행정, 연소에 의하여 피스톤을 누르는 팽창행정, 연소가스를 배기하는 배기행정이다. 엑셀페달을 밟는 것에서부터 실린더에 유입되는 공기가 증가하기까지의 흡기량 변화 지연과 흡기행정에서부터 팽창행정까지의 불감시간이 주요 요인이 되어 응답 시간은 수백 ms가 된다. 한편 모터는 전류에 따라서 토크를 발생하기 때문에 토크응답 시간은 전기계의 지연에 따라 수 ms에 지나지 않으며, 엔진에 비하여 2자릿수 빠르다.

(b) 토크제어가 쉽다

연소반응은 환경에 좌우되기 쉽고, 엔진의 토크를 고정밀도로 제어하는 것은 어렵다. 예를 들어, 저지대와 고지대는 공기 밀도가 다르기 때문에 연소압력이 다르다. 엔진 토크가 산악지대 주행에서는 저하하는 경험을 한 사람은 많을 것이다. 이외에도, 극한 지역과 작열하는 지역에서는 연소시의 공기와 연료의 혼합 상태가 다르기 때문에 엔진의 토크는 달

1) 내연기관의 에너지원이 되는 가솔린의 에너지 밀도는 약 12200 Wh/kg이다. 한편 모터의 에너지원이 되는 2차전지의 에너지 밀도는 리튬이온전지조차 100 Wh/kg에 지나지 않는다.

라진다. 이에 비해 모터의 경우, 전류에 의해 거의 토크가 결정된다. 통상 전류는 피드백 제어에 의해 정밀도 좋게 조정할 수 있기 때문에 환경 변화에 영향을 받지 않고 소망하는 토크를 제어하기 쉽다. 게다가 벡터제어[2]를 사용하면 급격한 변화를 수반하는 토크 지령도 고정밀도로 실현할 수 있다.

(c) 에너지 변환효율이 높다

가솔린엔진의 최대 열효율[3]은 대략 35%이다. 그러나 아이들링 상태나 저부하에서 주행하는 상태에서는 열효율은 거의 영이 된다. 이 때문에 실제 주행시 열효율은 대폭 저하하여 자동차에서는 약 15%가 되어버린다[4]. 한편 그림 4.1에서 나타낸 것처럼 모터의 에너지 변환효율은 최대 95% 정도로 높고, 고효율로 운전할 수 있는 범위도 넓다. 더욱이 감속시에 회생제동을 하고, 이동체의 운동에너지를 전기에너지로 변환하여 재이용하면 이동효율은 더욱 높아진다.

(d) 소음과 진동이 작다

엔진은 간헐 연소에 따라 토크를 발생하기 때문에 토크의 맥동을 피할 수 없다. 또한 일반적인 왕복엔진(reciprocating engine)[5]은 실린더의 왕복운동을 회전운동으로 변환하면서 소음이나 진동이 발생하기 쉽다. 이해 반해 모터는 회전토크를 연속적으로 발생할

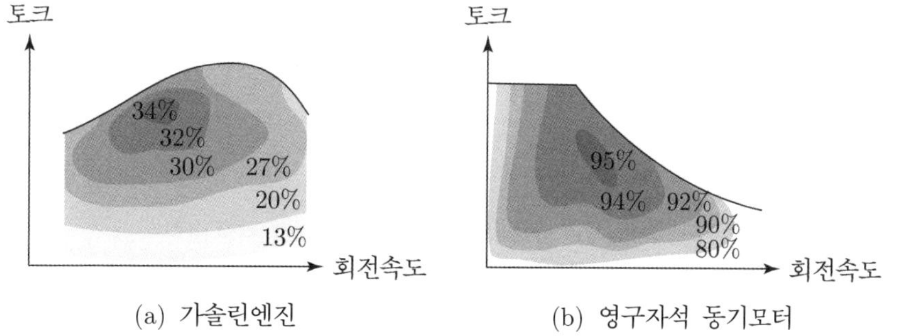

그림 4.1 엔진과 모터의 효율 특성 비교

2) 제6장에서 상세하게 설명하기로 한다.
3) 연료의 화학에너지가 역학적 에너지에 변환되는 비율.
4) 자동차 연비를 측정하는 시험모드(10·15 모드)에 준하여 계측한 효율. 10·15 모드에서 최고차속은 70 km/h, 평균차속은 22.7 km/h가 된다.
5) 가솔린 등 연료가 연소함에 따라 발생하는 열에너지를 우선 왕복운동으로 변환하고, 이어서 회전운동의 역학적 에너지로 변환하는 원동기.

수 있기 때문에 소음이나 진동이 발생하기 어렵다. (오히려 너무) 조용하여 보행자가 전기자동차의 접근을 느끼기 어려워 안전을 위해 소음을 액티브하게 발생시켜야 한다는 논의가 이루어질 정도이다.

(e) 탑재하는 위치의 자유도가 크다

엔진을 사용하려면, 변속기, 흡배기관, 배기촉매, 머플러 등이 필요하고, 이들을 기계적으로 결합해야 한다는 제약이 있다. 이 때문에 탑재 위치는 한정되어 자동차는 앞, 중앙, 뒤쪽에 탑재할 수밖에 없다. 이에 반해 모터는 부속하는 장치가 적다. 또한 파워가 전기로 공급되는 Power-by-Wire여서 전원과의 기계적 결합도 작아 탑재 위치의 자유도가 크다. 소형으로 높은 compatibility가 요구되는 자동차에 있어서, 탑재 위치의 자유도가 크다는 것은 자동차 개념설계에 큰 임팩트를 준다. 모터를 차륜에 가깝게 분산하여 탑재하거나, 차륜 속에 투입하는 인휠모터로 하는 것이 가능해진다.

(f) 배기가스가 나오지 않는다

모터는 배기가스를 배출하지 않는다. 그러므로 가정이나 오피스, 상업시설 등 실내에서 사용하는 자동차의 동력원으로서도 사용할 수 있다.

4.1.2 주행시스템으로서의 가치

모터의 장점이 자동차에 미치는 가치를 그림 4.2에 정리하였다. 특히 자동차 주행에 커다란 영향을 주는 것은 (1)~(3)에서 거론된 토크응답성, 토크제어 정밀도, 에너지 변환 효율

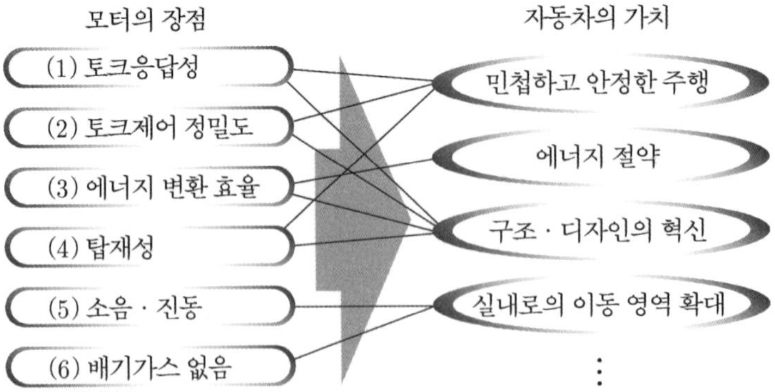

그림 4.2 모터의 장점과 자동차의 가치와의 관계

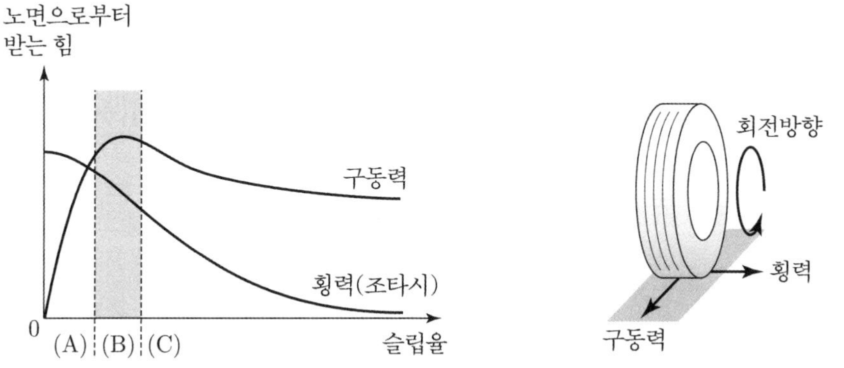

슬립율이 작은 영역 (A)는, 노면과 타이어 접지면이 점착 상태에 있고, 정마찰계수에 대응하는 구동력을 얻는다. 슬립율이 큰 영역 (C)에서는 노면과 타이어 접지면은 크게 미끄럽기 때문에 동마찰계수에 대응한 구동력밖에 얻을 수 없다. 동시에 횡력도 저하하기 때문에 핸들을 꺾을 때(조타시)에 차량이 회전하기 어렵다. 그래서 영역 (C)에 들어가게 되면 영역 (B)의 슬립율에 머물도록 제구동력 제어를 한다.

그림 4.3 슬립 억제제어의 원리

3가지이나. 이들이 구체적으로 어떠한 가치를 만들어내는가에 대하여 생각해보고자 한다.

토크응답성과 토크제어 정밀도를 살리면, 빠르고 정확하게 목적하는 제구동력을 실현할 수 있다. 이럴 경우 전기자동차는 발진시의 가속이 좋고, 운전자의 엑셀 조작시 정확한 가감속을 실현할 수 있다.

외란에 대한 강건성도 향상한다. 자동차가 이동하는 노면은 시시각각 변한다. 때로는 노면의 요철이나 마찰계수의 저하가 차륜의 슬립을 유발할 때도 있다. 슬립은 노면으로부터 받는 힘을 저하시켜 원하는 가속을 낼 수 없게 할 뿐만 아니라 방향성을 저해한다. 따라서 그림 4.3에 표시한 바와 같이 순시적으로 적정하게 슬립을 억제하는 제구동력 제어가 필요하다. 슬립을 억제하려면 슬립율[6]을 검출하여 슬립율을 소정의 범위에 있도록 제구동력을 피드백제어해야 한다. 피드백제어로는 고전적인 PID 제어를 사용한다. 모터의 토크응답성과 토크의 제어 정도를 이용하면 시간 지연이 작고 바른 보정량의 피드백제어계를 구축할 수 있기 때문에 빠르게 슬립율을 억제하여 자동차의 거동을 안정하게 확보할 수 있다.

에너지 변환 효율이 높은 것도, 자동차에 있어서 큰 장점이다. 주행시 에너지 소비가 적어서 경제적이므로 환경보전에 공헌하고, 항속거리를 길게 할 수 있는 효과를 가져온다. 게다가 그림 4.4에 나타낸 바와 같이 같은 일에 소비되는 열량이 적으면 주위의 기계부품

6) 차륜접지면의 원주속도(차륜속)를 V_w, 차륜위치의 차체속도를 V_v라고 할 때, 구동시 슬립율은 $(V_w - V_v)/V_w$이다.

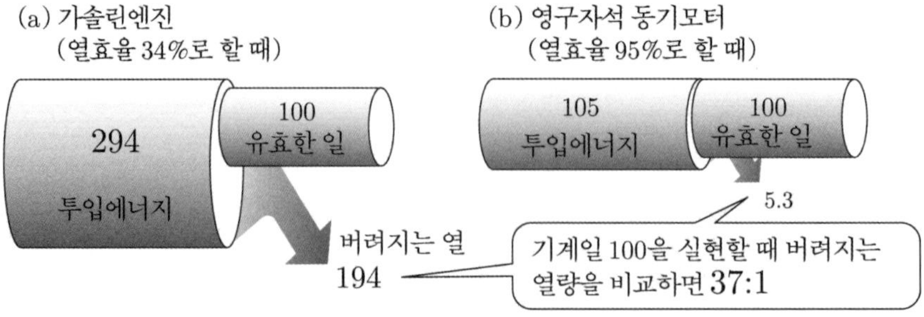

그림 4.4 엔진과 모터의 열 손실 비교

이나 전자부품과의 열간섭 문제를 경감할 뿐만 아니라, 열을 차외로 방출하기 위한 냉각 시스템을 간소화할 수도 있다. 그러므로 부품의 소형화와 경량화가 강하게 요구되는 자동차에서는 파급효과가 크다.

4.1.3 주행시스템의 전원계 구성

모터를 사용하여 주행하는 자동차에서는 운전자가 조작하는 엑셀페달에 따라 모터의 토크를 조정하는 주행시스템이 필요하다. 전기자동차의 주행시스템을 예로 들어, 전원계통의 대표적인 구성을 그림 4.5에 나타냈다. 주요한 구성 부품은 2차전지, 정션박스, 인버터, 모터, DC-DC 컨버터(그림에는 나타내지 않음)이다.

2차전지는 사용이 용이하다는 점에서 니켈수소전지가 현재 주류지만, 고출력, 고에너지

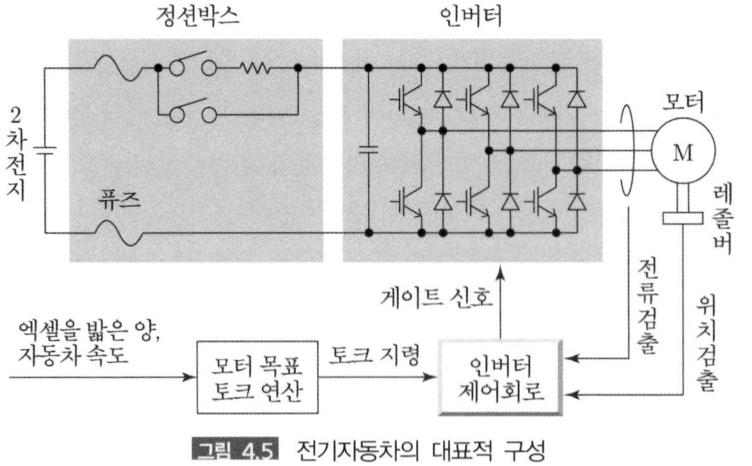

그림 4.5 전기자동차의 대표적 구성

밀도인 리튬이온형이 점점 보급화되고 있는 추세이다. 자동차의 경우, 2차전지의 총 전압은 240~360V 정도이다. 하이브리드 자동차에서는, 2차전지의 전압을 승압회로로 최대 650V 정도까지 변화시켜 인버터에 공급하여 모터의 고출력화와 효율화를 도모한 예도 보이고 있다. 온도조정은 전지팩 내에 공기를 흘리는 것으로 한다.

정션박스는 2차전지에서 전력을 공급/차단하기 때문에 릴레이 외 퓨즈를 갖춘다. 릴레이를 ON으로 할 때에는 인버터의 평활콘덴서로의 돌입전류를 억제하기 위해 일시적으로 저항을 통해서 전력을 공급하고, 평활콘덴서의 전압이 상승하고 나서 단락하는 시퀀스 제어를 한다.

모터는 고효율, 소형 경량, 고출력이 요구되므로 희토류 영구자석을 채용한 영구자석동기모터(permanent magnet motor)를 사용한 것이 많다. 승용차용 모터(하이브리드 자동차도 포함)는 10kW의 것에서 150kW를 넘어서는 것까지 상품화되고 있다. 레졸버(resolver)라고 부르는 회전센서, 그리고 전류센서를 구비하여 모터의 회전자 자계와 고정자 회전자계를 동기시켜 원하는 토크를 발생시키는 것과 같이, 인버터 내의 IGBT(Insulated Gate Bipolar Transistor) 게이트 전압을 PWM(Pulse Width Modulation) 제어한다. 모터와 인버터의 냉각은 수랭이 일반적이다. 모터로의 지령 토크는 운전자가 조작하는 엑셀페달의 입력 양과 차량 주행 속도를 관련지어서 연산한다.

DC-DC 인버터는 2차전지와 12V 전지 간에 승강압을 행한다. 12V 전지전원은 납축전지이고, 자동차에서는 헤드라이트나 ECU(Engine Control Unit) 전원 등 일반 전원으로서 사용된다. 가솔린엔진 자동차에서는 엔진에 구비된 알터네이터에서 발전하여 12V 전지에 전력을 공급하지만 전기자동차는 엔진을 갖지 않으므로 2차전지에서 공급하는 계통이 필요하다.

2차전지, 모터의 전원계통은 접지시 안전성이나 전자 노이즈의 관점에서 12V 전원계통과 절연시켜 구성된다.

4.2 하이브리드 자동차

순수한 전기자동차는 에너지원이 되는 전지의 에너지 밀도가 현재 상황에서는 작기 때문에, 항속거리가 불충분한 경우가 많다. 수백 킬로미터를 연속하여 이동하는 것을 요구하고 있는 자동차에서는 전지의 탑재성과 항속거리의 양립이 곤란하여, 전기자동차의 보급이 어려운 원인이 되고 있다. 이 과제를 해결하는 방법 하나가 하이브리드 자동차이다.

하이브리드는 '혼성'이라는 의미이고, 하이브리드 자동차는 모터와 엔진을 혼성의 동력원으로 갖추고 있다. 목적은 에너지 밀도가 높은 석유 연료를 에너지원으로 하고, 모터와 엔진을 교묘히 나누어 사용하는 것으로 이동효율을 높이는 것이다. 그 결과 항속거리를 충분히 확보하는 한편, 엔진만을 탑재한 자동차보다도 CO_2 방출이나 에너지 소비를 크게 억제한다.

4.2.1 하이브리드 자동차의 분류

하이브리드 자동차는 모터와 엔진의 연결 방식에 따라서 '시리즈형', '파라렐형' 그리고 '시리즈 파라렐형'의 3종류가 있다. 이들을 그림 4.6에 정리하였다. 각각의 구성과 특징을

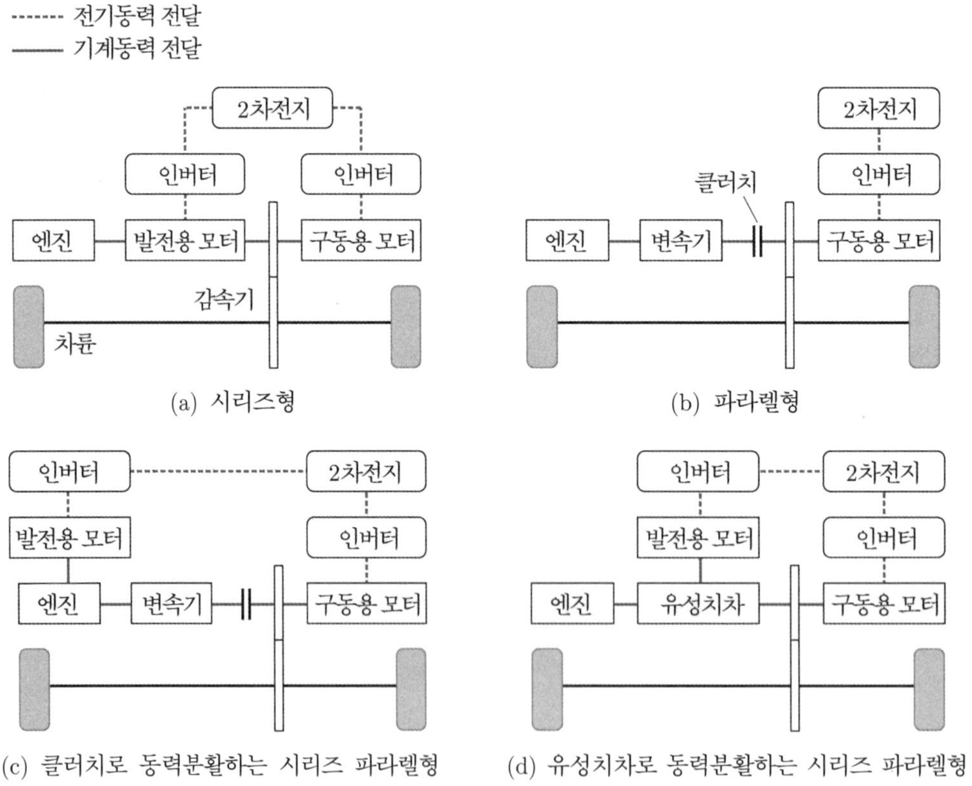

그림 4.6 하이브리드 자동차의 분류

다음에 나타낸다.

(a) 시리즈형

시리즈형은 엔진과 차륜을 기계적으로 분리하고 구동용 모터로 주행하는 방식이다. 엔진 및 발전용 모터는 그 운전점이 차량의 속도에 제약되지 않아 고효율로 운전할 수 있다. 한편 주행에 필요한 동력을 모두 모터가 부담하기 때문에 고출력의 구동용 모터가 필요하다. 동력이 엔진 ⇨ 발전기 ⇨ 2차전지 ⇨ 구동용 모터 ⇨ 차륜으로 직렬로 전달되기 때문에 시리즈형이라 한다. 1902년에 페르디난도 포르쉐에 의해 설계된 최초의 하이브리드 자동차는 시리즈 방식이었다. 다른 형식에 비하여 구성 및 제어가 간소한 것이 그 이유일 것이다.

(b) 파라렐형

파라렐형은 구동용 모터와 엔진을 각각 기계적으로 차륜에 접속시켜 구동하는 방식이다. 차륜과 엔진이 기계적으로 연결되어 있고, 치속에 따라 엔진의 회전속도가 제한되므로 엔진의 고효율 영역을 사용한 운전은 제한적이다. 그러나 구동용 모터와 엔진 출력을 합산하여 차량을 구동하기 때문에 각각은 적은 출력으로 운전할 수 있다는 이점이 있다. 동력이 엔진 ⇨ 변속기 ⇨ 차륜이라는 흐름과 2차전지 ⇨ 구동용 모터 ⇨ 차륜이라는 흐름의 병렬로 전달되기 때문에 파라렐형이라 한다.

(c) 시리즈 파라렐형

시리즈 파라렐형은 시리즈형과 파라렐형을 복합한 방식이고, 다음의 2가지로 크게 구별하여 나눌 수 있다. 하나는 클러치 단속에 의해 동력을 바꾸는 방식이다. 클러치를 끊으면 시리즈형, 이으면 파라렐형으로 동작한다. 다른 하나는 유성치차로 동력분할의 비율을 바꿔 양쪽 동력의 흐름을 차륜에 전달할 수 있는 파워 스플릿 방식이다. 어느 쪽도 구성 및 제어는 복잡하지만 시리즈형과 파라렐형의 장점을 둘 다 가지고 있다.

4.2.2 이동효율을 높이는 기본원리

하이브리드 자동차의 이동효율을 높이는 기본원리는 다음의 3가지로 집약할 수 있다(그림 4.7).

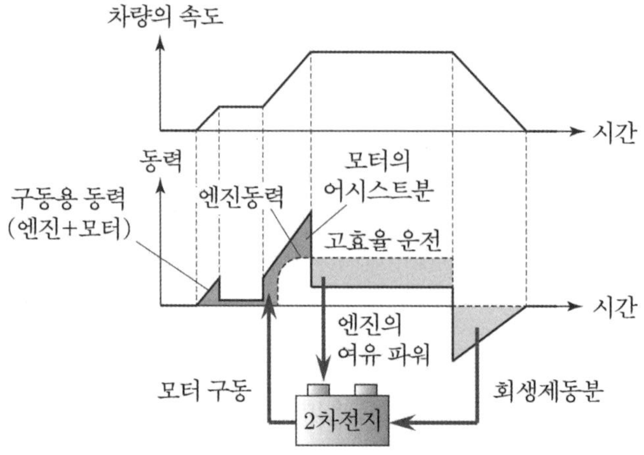

그림 4.7 하이브리드 자동차의 대표적인 운전 예

(a) 고효율 운전

에너지원이 되는 석유연료는 일단 모두 엔진에서 동력으로 변환된다. 따라서 엔진을 고효율로 운전하는 것이 핵심이다. 그래서 고효율로 운전할 수 있는 주행 부하 상태에 있을 때 석유연료를 동력으로 변환하고 그 동력을 구동용과 충전용으로 배분한다.

(b) 모터 구동

엔진은 그 특성상, 저부하시에 부득이 저효율 운전을 하게 된다. 저부하시에는 엔진을 정지시키고 구동용 모터만으로 주행한다. 이때 모터는 2차전지에서 전력을 공급받는다.

(c) 회생제동

자동차에는 디스크 브레이크나 드럼 브레이크와 같은 몇 가지 유형의 브레이크가 있다. 하지만 어느 쪽도 고마찰부품끼리의 누름에 의해 차량의 운동에너지를 열에너지로 변환하여 방출하고 있다. 하이브리드 자동차에서는 주행중에 구동용 모터에 제동 토크를 발생시킴으로써 운동에너지를 전기에너지로 흡수하여(이것을 회생제동이라 한다) 2차전지에 일시적으로 저장해둘 수 있다. 저장한 에너지는 구동용 모터에 의한 주행 등에 이용하여 이동효율을 향상시킨다.

4.2.3 하이브리드 자동차 특유의 제어

이들 기본적인 원리를 실현하기 위해서는 에너지 소비를 억제하도록 엔진과 모터라는 2개의 동력을 교묘히 나누어 사용하는 파워 매니지먼트가 필요하다. 또한 2차전지를 에너지 저장고로 사용하기 때문에 저장 상태를 양호하게 유지하면서 높은 이동효율을 달성하기 위한 에너지 매니지먼트도 꼭 필요하다. 각각에 대하여 아래에서 간단히 설명한다.

(a) 파워 매니지먼트

주행효율을 높이기 위한 엔진과 모터의 분담을 배분하는 파워 매니지먼트의 제어방법을 설명한다. 간단히 하기 위해, 엔진 이외의 구성부품(모터, 인버터, 2차전지, 변속기 등)의 손실은 없는 것으로 가정한다.

주행을 위한 목표파워 P는, 일반적으로 운전자가 액셀페달을 밟는 정도의 양과 자동차의 속도에 따라 연산된다. 그 목표파워 P는,

$$P = P_e + P_b \tag{4.1}$$

로 주어진다. 단, P_e는 엔진출력이고, P_b는 2차전지의 방전전력(충전시에는 음수의 값이 된다)이다. 여기에서 모터는 단순히 동력 변환기이므로 위의 식에는 나타나지 않는다. 식 (4.1)에서, 주행을 위한 파워 P를 달성하는 수단으로서 엔진과 2차전지의 비율을 각각 자유롭게 배분할 수 있는 '자유도'가 있음을 알 수 있다. 이 자유도를 상황에 따라서 잘 사용하느냐의 여부에 따라 엔진을 고효율로 운전하는 것이 가능해진다.

엔진의 운전점에 파워주행을 관련짓는 그림 4.8을 이용하여 설명하면 이해하기 쉽다. 파워 P가 중간 파워일 경우, 예를 들어 그림에서 A점일 경우에 엔진은 가장 효율이 좋은

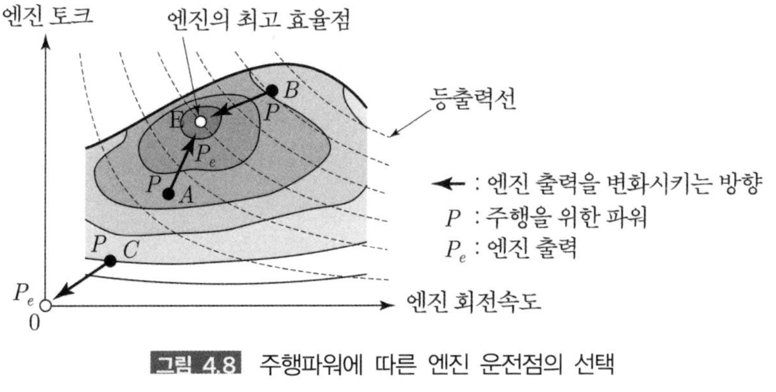

그림 4.8 주행파워에 따른 엔진 운전점의 선택

E점에서 운전한다.

그리고 여분의 파워 ($P_e - P$)는 2차전지에 축전한다. 큰 파워일 경우, 예를 들어 그림에서 B점일 경우에도, 엔진을 역시 E점에서 운전한다. 이번에는 엔진만으로 파워가 부족하므로 2차전지의 전력을 어시스트하여 파워를 보충한다. 파워 P가 제로 또는 작을 경우, 예를 들어 그림에서 C점일 경우에는, 엔진을 정지시키고 2차전지의 전력으로 주행한다. 결국 모터만으로 주행한다. 이와 같이 식 (4.1)의 자유도를 이용하여 엔진을 고효율 운전한다.

시리즈 파라렐형 하이브리드 자동차는 이 자유도에 더해 구동용 모터와 발전용 모터 사이에도 자유도가 있다. 2차전지의 방전전력 P_b는,

$$P_b = P_m + P_g \tag{4.2}$$

로 주어진다. 단, P_m은 구동용 모터의 출력이고, P_g는 발전용 모터의 출력이다. 즉 각각 발전시에는 음수의 값을 갖는다. 식 (4.2)는 2차전지의 방전전력을 2개의 모터로 배분할 수 있는 것을 의미한다. 엔진에서 발전용 모터로 전달하는 동력과 엔진에서 기계 전달계를 개입시켜 차륜으로 출력하는 동력과의 비율을 조정하는 자유도로 이용할 수 있다. 여기에서는 무시하였지만 실제 시스템에서는 모터, 인버터, 기계 전달계는 동작점에 따라 손실이 발생하고, 회전속도나 토크의 동작 범위가 제한된다는 점에서 이 자유도의 의의는 크다.

게다가 구동용 모터는 감속시에 회생제동을 하기 때문에, 회생전력에 대해서도 고려할 필요가 있다. 회생전력은 2차전지에서 충전하지만 2차전지의 충전율(SOC : State Of Charge)이나 허용입력 전력 상태에 따라서는 회생전력을 충분히 충전할 수 없는 것도 있다. 이럴 경우, 회생제동만으로는 충분한 제동력을 발휘할 수 없기 때문에 마찰브레이크나 엔진브레이크를 병용하여 협조제어한다.

(b) 에너지 매니지먼트

2차전지의 충전 상태에 대한 에너지 매니지먼트도 중요하다. 에너지 저장고로서 자유도를 살려서 이동효율을 높이기 위해서는 SOC를 일정하게 유지하는 제어를 해서는 안 된다. 일정하게 하려고 하면 할수록 2차전지의 자유도가 감소되어버리기 때문이다. 적절한 폭을 가지고 SOC가 변동하도록 완만하게 제어한다[7].

---

7) 목표치에 엄밀하게 제어하는 것이 아니라 어느 범위에서 제어하는 것을 모델 예측제어에서는 영역 목적(zone objective)이라 한다. J.Maciejowski 저, 아다치·칸노 역《모델 예측제어 – 제약하에서의 최적제어》, 동경전기대학출판국(2005) p.6 참조.

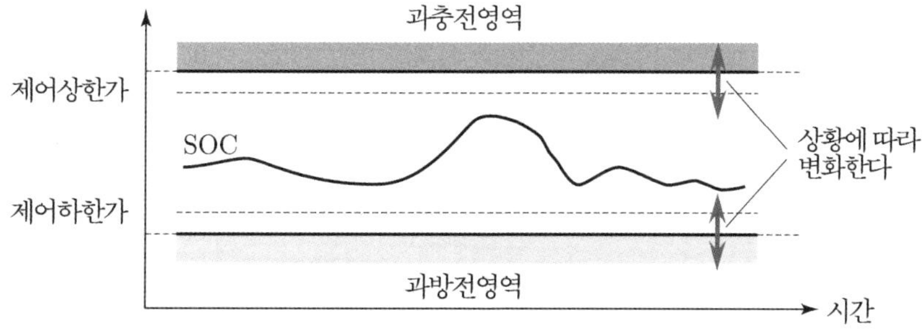

그림 4.9 에너지 매니지먼트

이때, 파워 매니지먼트와의 제휴도 중요하다. 효율적으로 석유연료를 전력으로 변환할 수 있는 운전 상태에 있을 때에는 SOC가 높더라도 2차전지를 충전하도록 파워 매니지먼트한다. 효율적이지 않은 운전 상태일 때에는 SOC가 낮지 않은 한 2차전지를 충전하지 않도록 파워 매니지먼트한다. 회생제동에서는 석유연료를 사용하지 않고 전력 충전할 수 있기 때문에, SOC가 높더라도 회수한다.

2차전지는 과충전이나 과방전에 의해 열화되기 때문에, 사용 상황이나 온도 등에 따라 적정한 중간 영역에서 충전 상태를 유지할 필요가 있다. 중간 영역은 온도조건이나 건전도(SOH : State Of Health)에 의해 변화한다. 따라서 그림 4.9에 표시한 바와 같이, 변화하는 중간 영역에 들어가도록 엔진과 2차전지의 출력을 조정한다는 고도의 에너지 매니지먼트를 할 필요가 있다.

2차전지의 용량을 보다 유용하게 사용하는 방책의 하나의 예로서, 장래의 주행상황을 예측하여 충전 상태를 스케줄링하는 방법이 있다. GPS(Global Positioning System) 정보와 자동차 내비게이션의 도로 정보를 이용하여 장래의 주행상황을 예측하여 이것을 이용하는 연구 예를 그림 4.10에 나타낸다. 내리막길이 계속된다고 예측되면, 미리 모터로의 동력배분을 증가시키는 것으로 석유연료의 소비를 억제한다. 내리막길에서 회생전력으로 2차전지를 충전할 수 있으면 이동효율은 향상한다.

이상 서술한 바와 같이, 하이브리드 자동차의 제어시스템에서는 파워를 배분할 수 있는 자유도와 에너지를 2차전지에 축적할 수 있는 시간적 자유도를 멋지게 살리는 기술이 중요하다.

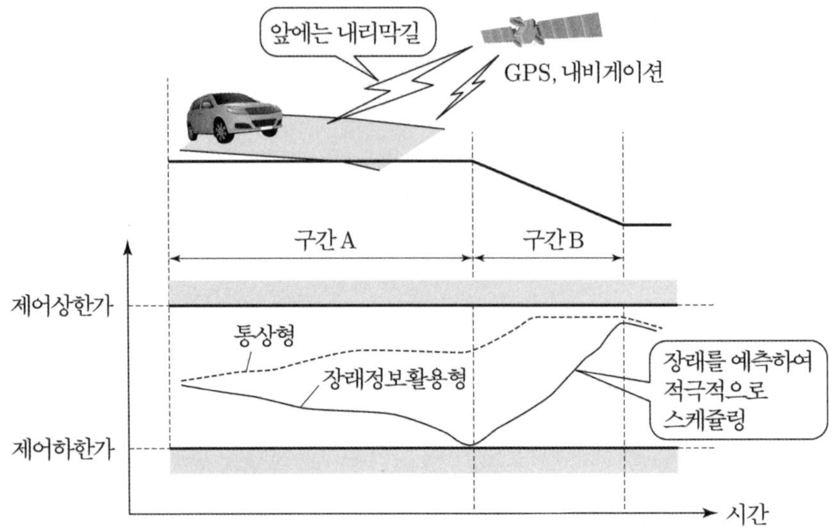

그림 4.10 내비게이션 정보를 활용하는 예

4.2.4 복잡한 시스템을 개발하는 방법

하이브리드 자동차의 제어시스템은 엔진, 모터, 2차전지 등 구성부품의 상태를 파악하면서, 각각의 성능을 최대한 발휘할 수 있도록 주행환경이나 운전자의 조작에 따라 그들을 복잡하게 협조시킬 필요가 있다. 일반적으로, 복잡한 시스템을 효율적으로 개발하기 위해서는 일련의 기능을 모듈화하는 **구조화**와 추상도에 따라 상하층을 분리하는 **계층화**의 방법을 활용하면 좋다.

시스템 전체를 그림 4.11과 같이 구성한다. 시스템을 총괄하는 기능은 상층의 협조제어용 전자제어기(ECU)가 담당하여, 전체 상태 검출, 진단, 보호, 하층으로의 지령 등을 수행한다. 그래서 하층의 각 구성부품은 각각의 제어기를 갖추고 자신의 상태 검출, 진단, 보호, 제어 등을 개별적으로 담당한다. 이렇게 구성하는 것에 의해서, 협조제어용 제어기와 하층의 각 구성부품을 동시에 설계할 수 있어 개발 효율이 높아진다. 각 구성부품의 유지보수나 재이용도 용이해진다.

협조제어용 제어기에 탑재하는 제어 알고리즘은 그림 4.12에 나타낸 바와 같이 상황에 따라 구성부품의 동작방침을 결정하는 **제어전략부**와 그 결정에 따라서 구성부품을 협조동작시키는 **제어연산부**를 명확히 분리하면 좋다. 제어전략부에서는 유한 오토메이션 개념을 도입하여 상태 천이도로 기술하고, 시스템 동작의 변화를 가시화한다.

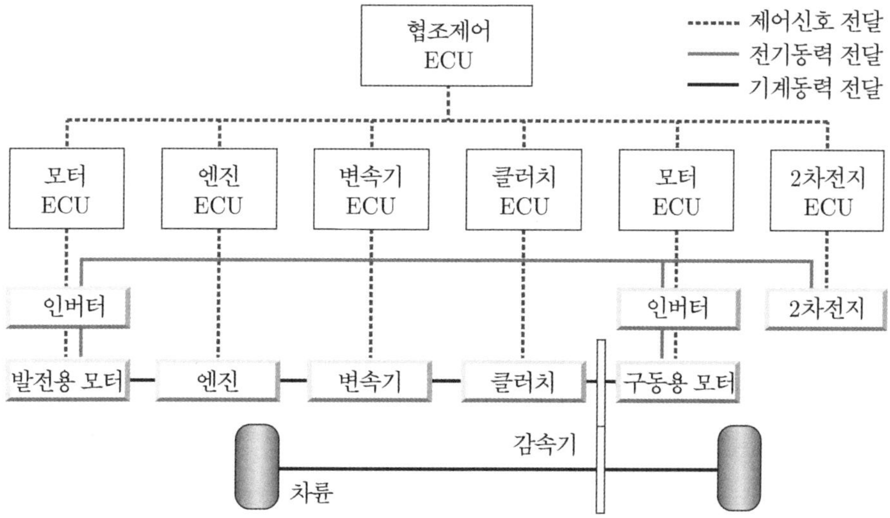

그림 4.11 구조화와 계층화를 도입한 시스템의 구성

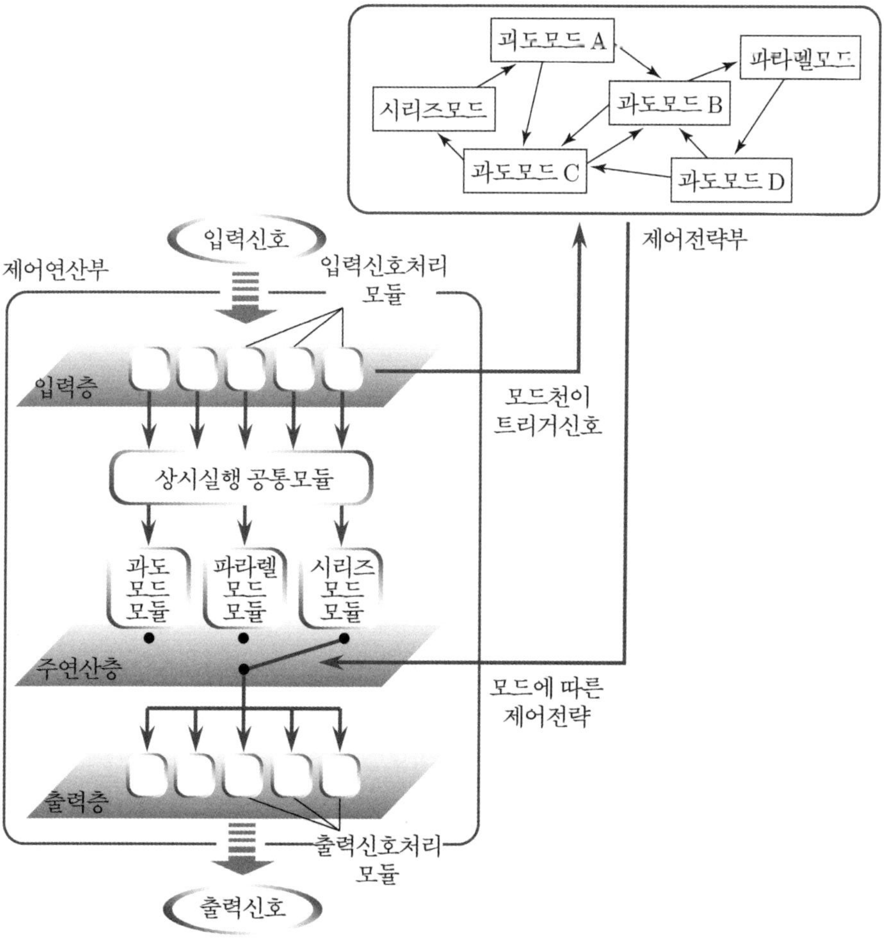

그림 4.12 협조제어 알고리즘의 구성 예

예를 들어, 그림 4.6 (c)의 시리즈 파라렐형 하이브리드 자동차의 경우, 시리즈모드와 파라렐모드, 그리고 각각의 모드 사이를 연결하는 과도모드를 전환하여 동작시키는 것이 된다. 그 예를 그림 4.13 타이밍차트로 나타낸다. 시리즈모드(모터 주행모드)에서는 클러치를 끊어서 엔진을 차축에서 분리하여 구동용 모터를 토크제어한다. 파라렐 주행모드로 이행하는 경우에는 우선 엔진을 회전시키기 위해 발전용 모터를 토크제어하고(과도모드 1), 다음으로 엔진을 시동시켜(과도모드 2), 그 후 클러치를 연결할 때의 쇼크를 억제하도록 클러치 양측의 회전속도를 일치시키는 제어를 행한다(과도모드 3). 클러치를 잡기 시작하여(모드 4), 연결 후에 파라렐모드 주행으로 이동한다는 제어를 시퀀스적으로 실행한다. 이러한 제어에 있어서 상태 천이도를 활용하면, 무언가를 트리거하여 어떠한 제어전략으로 이동하는가를 보기 좋게 설계할 수 있다.

제어연산부에는 데이터 흐름에 따른 계층화가 유효하다. 상태검출이나 상태 추정을 하는 입력층과 제어연산을 하는 주연산층과 각 구성부품으로의 지령을 결정하는 액추에이터

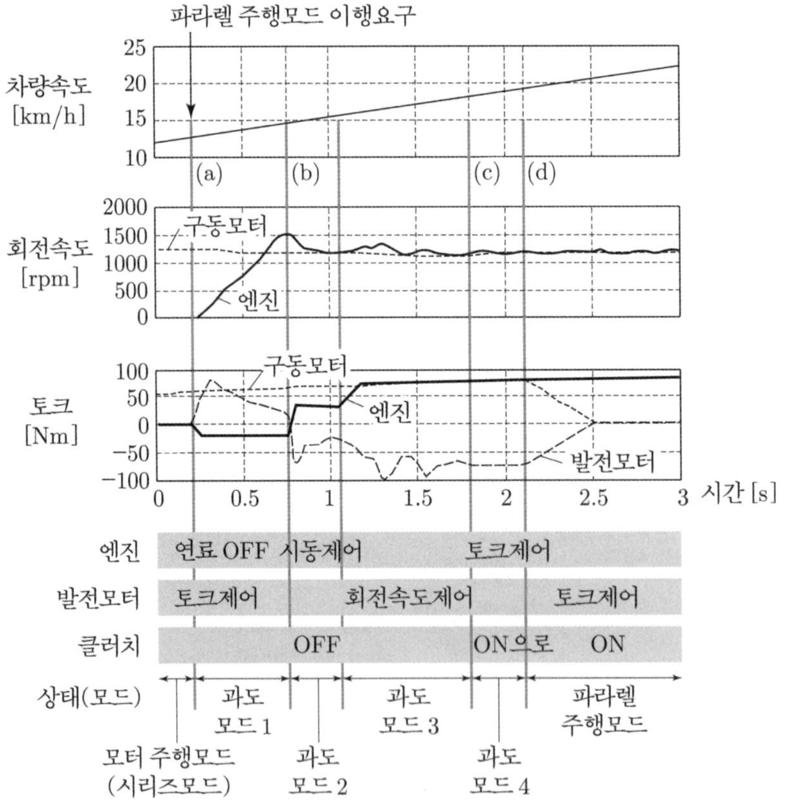

그림 4.13 상태 천이 예

층으로 나뉜다. 각 층에는 구조화도 이용한다. 이렇게 함으로써 각 제어 블록의 유지보수성 및 재이용성을 향상시킬 수 있다.

특히 주연산층은 엔진, 모터, 2차전지 등을 동적으로 협조동작시키는 기능이 요구되므로 이들의 동작 범위나 다이나믹스를 고려한 알고리즘 설계가 필요하다. 여기에서 그들의 특성을 담은 모델을 제어계설계 CAD상(예를 들면 매트랩/시뮬링크)에 구축하여, 그 모델을 원하는 성능으로 움직일 수 있게 하는 제어알고리즘을, 시뮬레이션에 의한 검토를 통하여 만들어낼 수 있다.

4.2.5 고도의 학습

협조제어 알고리즘은 엔진, 모터, 2차전지의 장단점을 계속 고려하고, 하드웨어 구성의 퍼텐셜을 최대로 인출하도록 전체의 동작을 부감하여 설계한다. 이때에도 제어계설계 CAD를 이용한 시뮬레이션 검토가 유효하다. 각 구성부품의 동작 범위, 효율 특성, 동적 특성, 온도 특성 등을 모델링하고, 시뮬레이션을 통하여 각 구성부품의 협조동작을 가시화하면서 협조제어 알고리즘을 구축하여 간다(그림 4.14, 4.15).

모델을 활용한 시뮬레이션은, 기계설계와의 조정에도 유효하다. 하이브리드 자동차의 파워트레인 설계시, 기계설계와 파워 일렉트로닉스설계 후에 제어계를 설계하면, 전체를 최적 설계하는 것이 마음대로 되지 않는다. 개념설계의 초기단계부터, 구성부품의 움직이는 방향과 제약을 도출하는 것에서 전체의 최적설계에 이른다. 차량의 콘셉트에 따라 어떻게 시스템을 구성할 것인가, 축전지로서 2차전지와 캐퍼시터 어느 쪽을 선택할 것인가, 모터와 엔진의 용량을 어떻게 배분할 것인가, 파워나 에너지를 어떻게 제어할 것인가를 중심으로 결정해간다.

예를 들어, 모터에 따른 구동력 어시스트 제어를 전제로 하면 최대출력을 낮추고 열효율을 향상시키고 팽창 사이클(아트킨 사이클)을 엔진설계에 도입하여 이동효율을 높인다. 후보가 되는 구성부품의 모델과 그것들을 협조시킨 제어 시뮬레이션 결과를 이용하여, 개념설계 과제를 가시화하고 공유함으로써 기계설계와 제어설계의 고도의 조정이 효율적으로 진행된다.

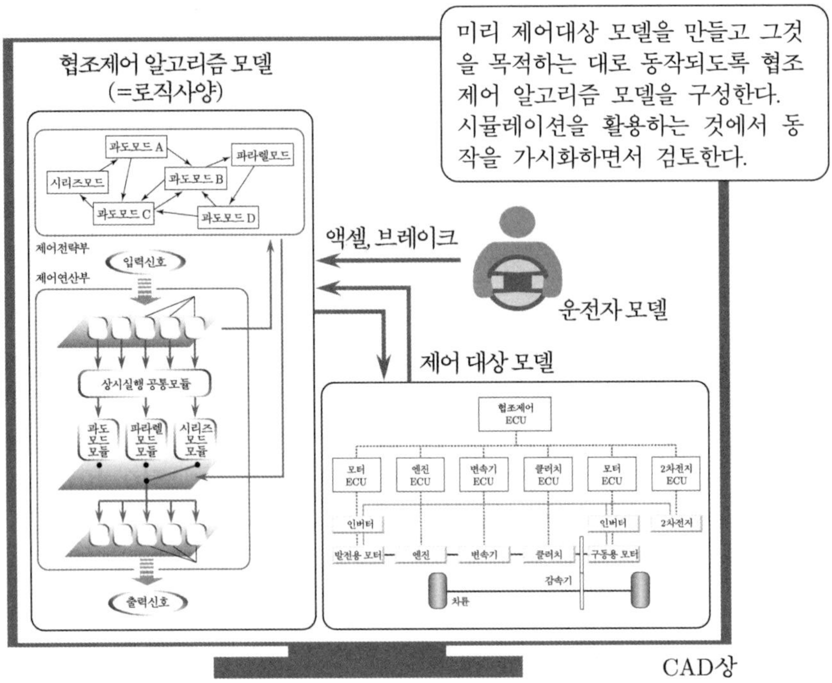

그림 4.14 모델을 활용한 제어알고리즘 구축

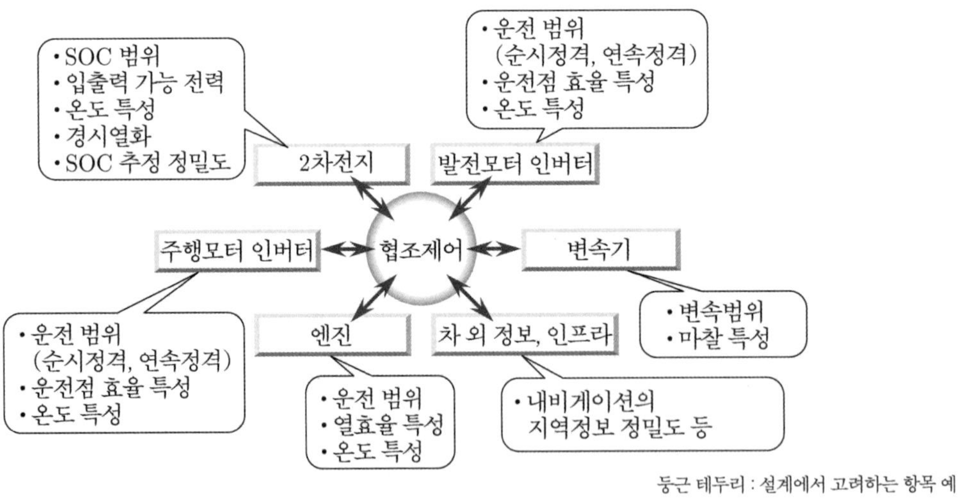

그림 4.15 협조제어를 중심으로 한 조정

4.3 인휠모터 전기자동차

현재로서는 2차전지에 저장된 에너지 밀도가 석유 연료에 훨씬 못 미치므로 순수한 전기자동차는 보급되지 않고 있다[8]. 그렇지만 고에너지 밀도의 2차전지가 개발되어 항속거리 문제를 해결한다면 순수한 전기자동차가 보급될 가능성이 높다. 4.1.2항에서 설명한 바와 같이, 모터를 구동원으로 하는 장점은 매우 크기 때문이다. 또한 에너지 공급이라는 점에서도. 전력 공급 인프라는 이미 많은 나라에서 정비되고 있다. 충전을 위한 설비를 추가할 필요는 있지만 전기자동차의 보급을 향한 장애물은 높지 않다.

가장 단순한 구성의 전기자동차는 한 대의 모터로 차량을 구동하는 형태이다. 그러나 모터 탑재 위치의 자유도를 살리면 다양한 구성을 생각할 수 있다.

2001년 제너럴모터스(GM)사가 발표한 콘셉트 차량(그림 4.16 (a))이 좋은 예이다. 4륜의 휠 내부에 모터를 내장하고 By-Wire-System과 조합시켜 엔진룸을 갖지 않는 Skate Board상의 주행시스템으로 하고 있다. 캐빈의 형상에 커다란 임팩트를 주어, 캐빈의 디자인이나 쾌적성을 혁신할 가능성을 내포하고 있다.

또한 2007년 닛산자동차가 발표한 콘셉트 차 PIVO2(그림 4.16 (b))는 전기자동차의 새로운 움직임을 제안하는 것으로 화제가 되었다. 4륜 인휠모터 구동임과 동시에, 스티어 바이 와이어(Steer-by-wire)에 따른 각각 독립적으로 큰 조타를 할 수 있다. 라운드 액추에이터에 의해 각 륜의 위치를 변화시키는 것까지 가능한 시스템 구성이고(그림 4.17), 지금껏

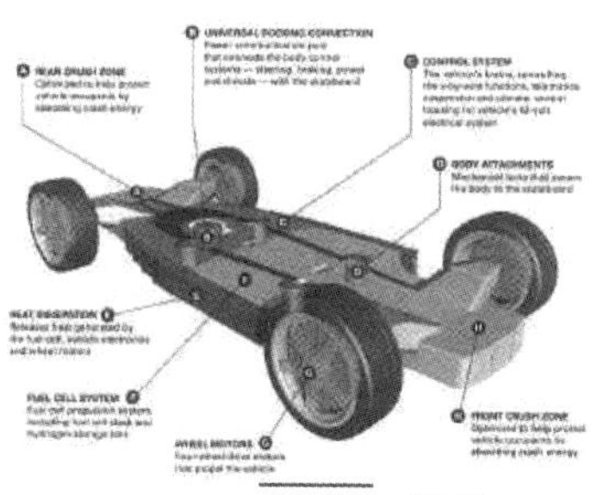

사진제공 : GM사

(a) GM컨셉카 AUTOnomy

사진제공 : 닛산자동차(주)

(b) 닛산자동차 컨셉카 PIVO2

그림 4.16 인휠모터 전기자동차의 예

---

8) 무모한 계산이지만, 2차전지의 에너지 밀도는 100Wh/kg, 100Wh당 자동차 주행거리를 500m, 1충전당 항속거리를 500km라고 할 때, 전기자동차에는 1t의 전지를 탑재할 필요가 있다.

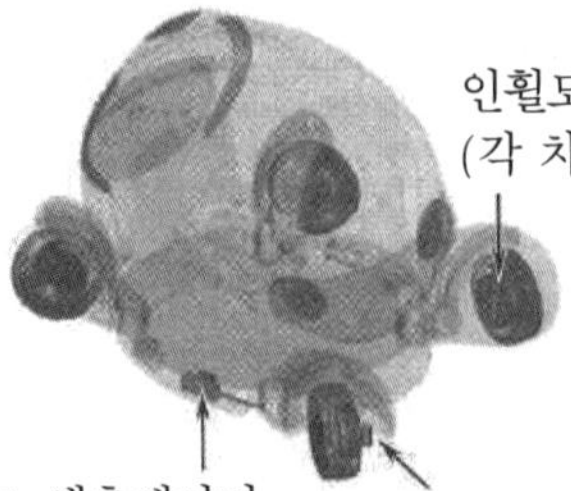

그림 4.17 PIVO2의 구성

없었던 다양한 움직임을 실현할 수 있다(그림 4.18). 저속 주행에서는 바로 옆으로 향하는 평행 주차하는 움직임을 실현한다. 차체에 대한 차륜의 위치를 변화시키는 것에서, 멈춘 채로 캐빈만 횡으로 바짝 붙일 수 있다. 또한 감속시, 가속시, 선회시에는 각각의 상태에 따라 차륜의 위치를 적정하게 움직여, 차륜으로의 하중배분을 균등화하여 주행성능을 향상시킨다.

4.3.1 4륜 독립모터 주행시스템

4륜 인휠모터에 따른 주행시스템은 차의 구조설계뿐 아니라, 차량운동성능도 크게 변화시킨다. 차량운동은 4륜의 타이어가 노면으로부터 받는 반력에 의해서 결정되므로, 그들을 독립적으로 빠르고 정확하게 조정할 수 있는 인휠모터의 4륜 독립모터 주행시스템은 자동차의 주행을 준민하게 하고 안정하게 할 수 있는 퍼텐셜을 갖는다.

기존의 자동차에도 엔진의 파워를 기구적으로 4륜에 배분하는 것도 있다. 그러나 배분의 합계는 일정하고, 각 륜은 구동력에만 한정된다는 제약을 가지고 있다. 이에 대하여 4륜 독립모터 주행시스템의 경우는 4륜의 구동력을 개별적으로 조정할 수 있을 뿐 아니라 구동부터 제동까지 제어할 수 있기 때문에 응답성이나 제어 정도는 물론 조작자유도를 살려, 기존의 자동차를 넘어서는 고도의 거동이 가능해진다.

■ 종열주차시

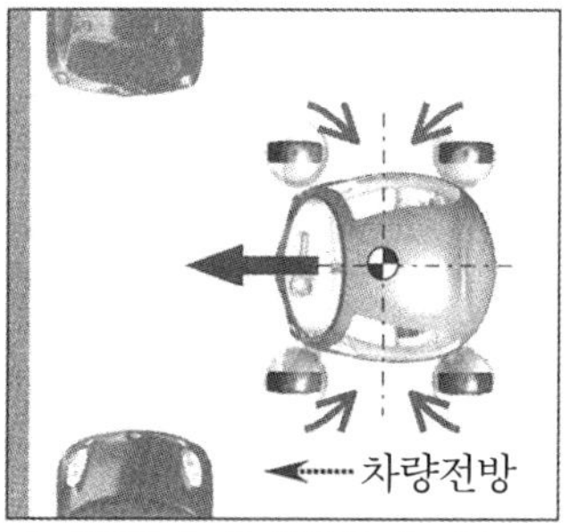

전진하듯이 종열주차가 가능

■ 옆으로 다가섬

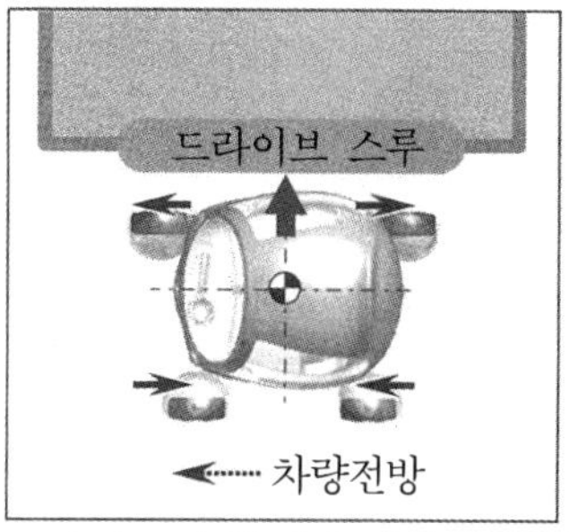

드라이브 스루에서 상품을 받을 때, 손을 뻗지 않아도 OK

■ 앞으로 내밀기

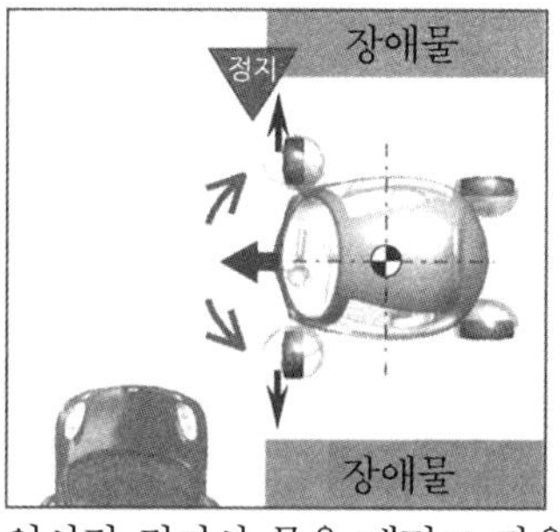

일시적 정지시 몸을 내밀고 좌우 확인이 가능

■ 가속시

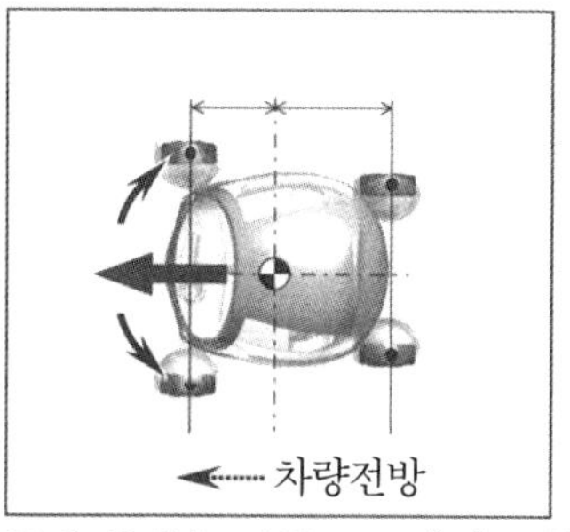

무게 중심을 앞쪽으로 하여, 4륜에 균등한 힘을 실음으로써 부드럽게 가속

■ 감속시

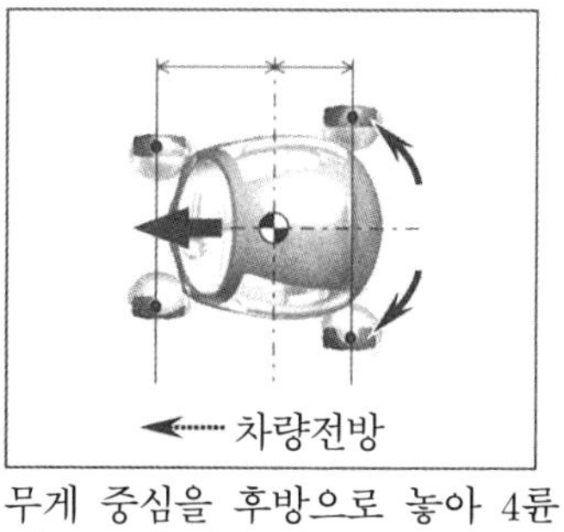

무게 중심을 후방으로 놓아 4륜에 균등한 힘을 실음으로써 부드럽게 감속

■ 선회주행시

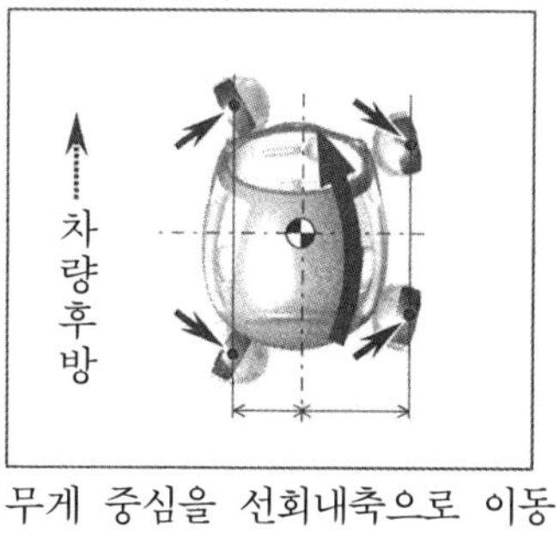

무게 중심을 선회내축으로 이동시켜 4륜에 균등한 힘을 실음으로써 안정하게 선회

← 타이어의 조타 움직임 ← 타이어의 공전 움직임 ← 차량의 방향

그림 4.18 PIVO2의 움직임

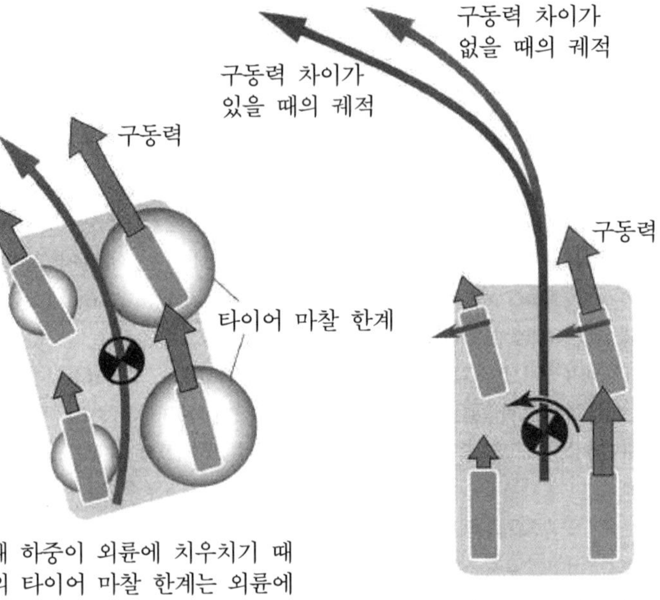

(a) 선회 때 하중이 외륜에 치우치기 때문에 내륜의 타이어 마찰 한계는 외륜에 비하여 작아진다. 외륜의 구동력 배분을 크게 하는 것으로 4륜이 모두 슬립하기 어려운 상황을 만들 수 있다.

(b) 선회 개시 때 외륜의 구동력을 일시적으로 키워 요모멘트를 증가시키면, 선회과도거동을 준민하게 할 수 있다.

그림 4.19 차량운동을 향상시키는 구동력 배분 예

그림 4.19 (a)와 같이, 원 궤도를 일정 속도로 자동차가 선회하고 있는 장면을 예로 들어 보자. 선회중, 선회 내측 차륜으로 하중은 감소하고, 선회 외측 차륜으로 하중이 증가한다. 따라서 내외륜에 같은 구동력을 배분하는 경우, 선회 내측의 차륜은 외륜보다도 미끄러지기 쉽다. 이 경향은 횡가속도가 클수록 현저해진다. 따라서 구동력을 4륜으로 배분할 수 있는 자유도를 살려서, 4륜의 구동력의 합계는 변하지 않고 차량의 선회가 급할수록 외측륜의 구동력을 크게 배분한다. 이렇게 함으로써, 내외륜의 미끄러지기 쉬운 경향이 경감되어, 안정한 정상선회를 실현할 수 있다.

또한, 그림 4.19 (b)에 표시한 바와 같이, 자동차의 과도적인 운동을 개선할 수 있다. 직진주행 상태에서 운전자가 핸들을 꺾었을 때, 핸들 조작에 따라 앞륜 전타에 의해 자동차는 선회를 개시한다. 그때에도 좌우의 구동력 차이를 이용하여 과도적으로 선회를 어시스트하면, 자동차의 요방향의 응답성을 개선하여 전타만으로는 곤란한 기민한 움직임을 실현할 수 있다. 예를 들어, 핸들을 왼쪽으로 꺾었을 때는, 일시적으로 우륜의 구동력이 증가하고 좌륜의 구동력이 감소함(또는 제동력을 증가한다)에 따라 선회 초기 상태에서 반시계방향의 요모멘트를 부가한다는 방식이다. 구동력 배분의 자유도를 살려, 자동차의

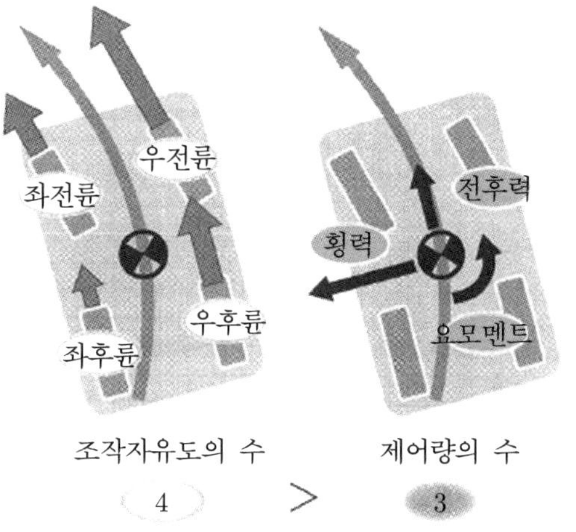

그림 4.20 자유도의 관계

전후방향의 운동뿐 아니라 선회방향의 운동까지 제어할 수 있다.

미끄러지기 쉬운 눈길에서도, 노면과의 접지 상태에 따른 트랙션제어를 각각의 차륜이 독립적으로 하기 때문에 종래보다도 우수한 발진성능과 안정성능을 양립할 수 있다. 달려 나갈 때, 어느 하나의 차륜이 미끄러지기 쉬운 빙결로 위에 있는 경우에는 그 차륜의 구동력만을 슬립이 억제될 수 있도록 억제하면 좋다. 빙결로 위의 차륜과는 독립적으로 다른 3개의 차륜의 구동력을 달성함으로써 안정하게 발진할 수 있다.

선회주행중에 있다면, 4륜 독립모터 주행시스템의 효과는 보다 현저해진다. 선회주행의 차량 평면운동(전후운동, 횡운동, 요운동)의 자유도(즉 제어량)가 3개 있는 것에 대하여, 각 차륜의 제구동력을 독립적으로 조작하는 자유도는 4이고 자유도의 Redndancy를 1개 보유하고 있다(그림 4.20). 1륜이 트랙션 제어되고 있는 장면에서나 어떻게 하여 결함이 생겨 구동력이 제로가 되는 장면에서는, 1륜으로는 생각대로 노면반력을 실현할 수 없게 된다. 그러나 이 남는 자유도를 잘 이용하여 노면반력을 생각대로 달성할 수 없는 상황에 따라 순시적으로 다른 3륜에 구동력을 재분배하는 재구성제어(reconfiguration control)를 하면 아무런 일 없었던 것처럼 안정한 차량의 선회주행을 유지할 수 있다.

4.3.2 제어 대상 모델과 제어이론

앞의 항에서 설명한 바와 같이, 4륜 독립모터 주행시스템은 4륜의 제구동력을 세밀하게

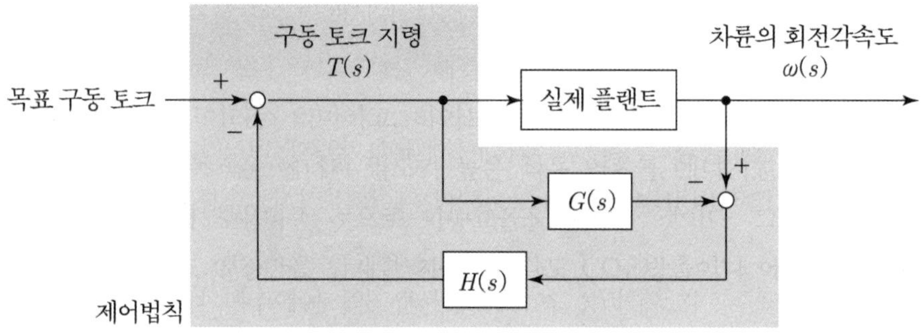

그림 4.21 트랙션제어의 구성 예

조정하므로, 자동차의 주행을 준민하고 안정하게 할 수 있는 퍼텐셜을 갖는다. 이 퍼텐셜을 이끌어내기 위해서는 모터의 제구동력에 의해 타이어에서 반력이 어떻게 발생하고, 그 반력에 대해서 자동차의 운동이 어떻게 반응하는가의 본질을 정량적으로 표현하는 제어 대상 모델을 작성하고, 그 모델의 특성을 끌어내는 제구동력 제어 컨트롤러를 계통적으로 도출하는 것이 중요하다. 도출할 때에는 체계적 수학적 방법인 제어이론을 적용하면 효과적이다.

트랙션제어를 PID제어로 수행한 예를 4.1.2항에서 소개하였지만 보다 슬립 억제효과를 높여서 주행성능을 향상시키기 위해서는 그림 4.21과 같이, 제어 대상 모델을 짜 넣은 피드백제어이론을 사용한다. 예를 들어 차륜이 슬립하지 않는 상황에서 구동 토크 지령치 $T(s)$를 입력했을 때의 차륜회전각속도 $\omega(s)$에 대한 동특성(動特性) $G(s)$를 이용한다. $G(s)$는 구동 토크 지령치 $T(s)$부터 실모터 토크 발생까지를 1차 지연으로 근사한 전달 특성과 실모터 토크로부터 차륜의 회전각까지의 특성을 관성계로 표현한 전달 특성과의 곱 등을 이용하여 다음 식과 같이 간결하게 표현한다.

$$\omega(s) = G(s)\,T(s) = \frac{a}{Js}\,\frac{1}{\tau s+1}\,T(s) \tag{4.3}$$

단, s는 라플라스 연산자이다.

차륜이 슬립하지 않는 상황에서는 구동 토크 지령치 $T(s)$를 입력했을 때에 실제 플랜트와 모델 $G(s)$의 출력은 일치하기 때문에, 그림에서 피드백 항은 제로가 된다. 즉, 실 플랜트로의 구동 토크 지령치는 목표 구동 토크를 달성하는 것처럼 연산된다. 그러나 모델 $G(s)$는 실 플랜트 특성과 완전히 일치한다고 할 수 없으므로, 저주파수 영역의 모델 오차의 영향을 저감하기 위해 하이패스 필터 $H(s)$를 개입하여 피드백하는 기술을 사용한다.

차륜이 슬립하는 상황에서는 구동 토크 지령치 $T(s)$에 대한 회전각속도 $\omega(s)$의 동특성은 $G(s)$보다 빠른 응답특성이 된다. 이때 차륜의 회전각속도 ω는 실 회전각속도보다 커져, 그 차이가 클수록 구동 토크 지령치는 피드백에 의해 작은 값으로 보정된다. 이와 같이, 모델과 실제 플랜트의 출력 차이에서 시스템의 거동을 어지럽히는 외란의 크기를 동적으로 추정하는 제어이론을 **외란관측기**라 한다. 모터는 제구동력의 제어 정밀도가 높기 때문에 외란을 정확히 검출하여 적정한 제구동력으로 보정할 수 있다. 탑승한 사람이 느낄 수 없을 만큼 매끄럽게 안정된 슬립 억제 성능을 얻을 수 있는 가능성이 있다.

더욱이 목표 구동 토크에 대한 응답성과 노면외란에 대한 안정성을 양립하기 위해서는 **2자유도제어**를 적용하면 좋다. 2자유도제어는 노면외란에 대하여 피드백제어로 안정화하고 안정화에 의해서 손실되는 응답성을 전향(feedforward) 보상하는 평범한 제어 방법이다.

4륜 인휠모터에 의한 차량운동제어설계에서도 모델의 작성과 제어이론의 적용이 중요하다. 4륜의 제구동력배분은 차량의 가속도만이 아니라 선회운동에도 영향을 미친다. 제구동력에 따라 각 차륜의 노면반력이 어떻게 발생하는가를 기술하는 타이어 모델과, 4륜의 노면 반력과 차량 상태에 따라 차량운동이 어떻게 동적으로 변화하는가를 기술하는 차량 모델을 각각 작성하고, 이들을 통합시킨 모델의 특성에 기초하여 제어법칙을 설계한다.

이때 특히 비선형성을 갖는 타이어 모델 기술이 제어계설계에 큰 영향을 준다. 타이어에는 제구동력이 변화할 때 타이어에 대한 횡방향의 반력도 변화하는 특성이 있기 때문이다(그림 4.22). 예를 들어 그림에서 (1)의 동작점에서 구동력을 감소시켜 (2)의 동작점으로 이동시킬 때, 횡력이 연동하여 증가한다. 이 간섭을 고려한 타이어 모델이 필요하다.

이와 같은 타이어 모델로서 그림 4.23에 브러시 모델(brush model)이 일반적으로 사용되고 있다. 브러시 모델은 타이어를 원환상의 벨트 외주에 브러시 형태의 탄성체를 무수

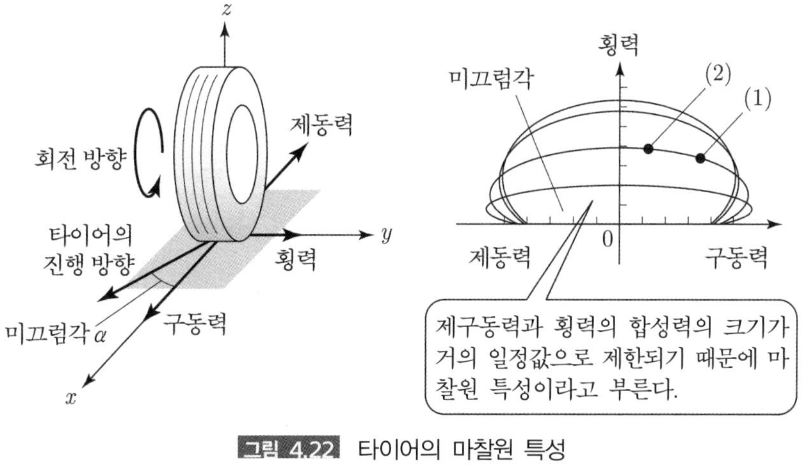

그림 4.22 타이어의 마찰원 특성

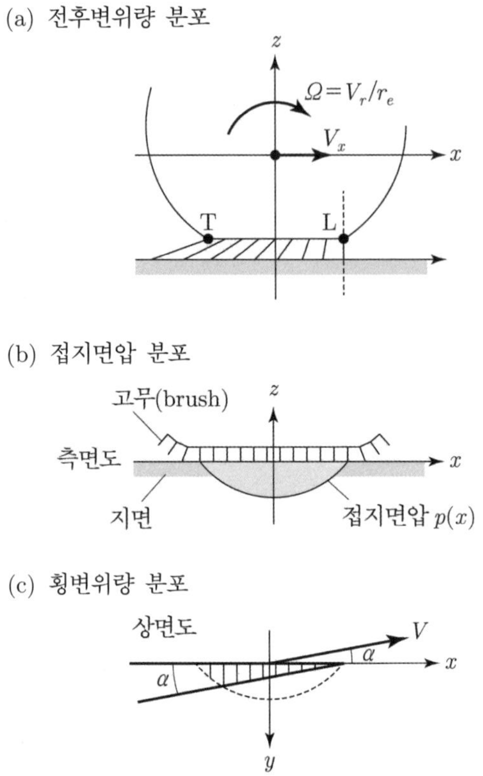

그림 4.23 타이어의 물리 모델

히 붙인 것으로, 타이어와 노면 간에 발생하는 힘이나 모멘트를 도출하는 물리 모델이다. 각 탄성체는 타이어가 접지하기 시작하는 점 L(leading edge)에서는 압축하지 않지만, 이외의 점에서는 타이어 원주속도 V_r(타이어의 유효반경 $R_c \times$타이어의 회전각속도 Ω)와 타이어의 이동속도 V_x와의 차이에 따라 신축한다. 예를 들어 제동시에는 $V_r < V_x$의 관계에 있다. 따라서 탄성체는 그림 4.23 (a)처럼 타이어 접지면 후방의 끝점 T(trailing edge)에 근접할수록 브러시가 늘어나면서 노면에 끌려간다. 탄성체의 강성을 c, 탄성체의 신축량을 $a(x)$라 하면, 각 탄성체에는 x축 방향으로 $ca(x)$의 힘이 작용하게 된다.

한편, 타이어에 수직하중이 가해지면, 그림 4.23 (b)에 나타낸 바와 같이 탄성체는 z축 방향으로 압축하고, 수직하중 분포는 x축 좌표에 의존하는 특성 $p(x)$(대표적으로는 2차 함수)가 된다. 여기에서 탄성체의 정지마찰계수를 μs라 하면, 탄성체에 작용하는 힘이 정지마찰 한계 이내에 있을 때, 즉 $\mu sp(x) \geq ca(x)$일 때 각 탄성체는 노면과 점착 상태에 있고, $ca(x)$의 힘이 작용하게 된다. 탄성체에 작용하는 힘이 정지마찰 한계를 넘어 섰을 때, 즉 $\mu sp(x) < ca(x)$일 때 각 탄성체는 노면에 대하여 미끄러지고 있는 상태에 있고, 동 마찰계수를 $\mu d\,(< \mu s)$로 했을 때에 $\mu dp(x)$의 힘이 작용하게 된다. 이와 같은 전제하에, 접지면 내에서 각 탄성체의 작용력을 적분하고, 타이어에 발생하는 x축 방향의 힘을 계산한다. 타이어 접지면 전방(점 L측)은 노면에 점착하고 있지만, 어느 정지마찰한계를 넘어서는 점을 경계로 후방(점 T측)은 미끄러지게 된다. 또한 V_r과 V_x의 차이가 클수록, 즉 제동력을 강하게 할수록 $a(x)$는 증가하기 때문에 미끄러운 영역은 타이어 전방으로 확대하여 가는 특성이 된다.

타이어에 발생하는 횡력도 복합적으로 모델링할 때에는 타이어의 방향과 타이어의 진행방향과의 사잇각(타이어 슬립각 α)에 의한 탄성체의 횡변위도 같이 고려한다(그림 4.23 (c)). 탄성체가 y축 방향으로도 신축하므로 x축 및 y축의 신축량 $a(x,\ \alpha)$와 정지마찰한계를 바탕으로 점착 영역인지 슬립 영역인지를 판단하고, 각 탄성체에 발생하는 힘을 연산하여 그것을 접지면 내에 걸쳐서 적분함으로써 타이어에 발생하는 힘을 기술한다. 이와 같은 물리 모델을 이용하면, 점착 영역과 슬립 영역이 혼재하는 접지면 상황을 기술하고, 그것에 기초하여 타이어의 종력과 횡력의 관계(그림 4.23)를 정량적으로 표현할 수 있다. 이렇게 한 모델에 대하여 제어이론을 활용하면 체계적으로 제어법칙을 구축해 나가는 것도 가능하다.

4.3.3 승차감 및 차량자세 제어

인휠모터의 차량운동제어에 활용 분야로서 차량의 상하방향의 운동과 관련된 차량의 승차감 및 자세 제어가 있다. 인휠모터의 제구동력제어가 차량의 상하방향의 운동을 위한 상하방향의 힘 발생 원리는 다음과 같다. 차량의 타이어는 현가장치에 의해 차체에 연결되기 때문에 현가장치의 메커니즘에 의해 타이어의 전후, 좌우 및 상하방향의 운동궤적이 결정된다. 이때 그림 4.24에서와 같이 후륜의 타이어를 측면에서 바라본 상하운동 궤적은 그림 4.24에서와 같이 된다.

여기서 현가장치의 가상링크에 의해 구동력은 차체에 상방향의 힘을 만들며 제동력은 하방향의 힘을 만들어내는 것이 된다. 이것이 바로 인휠모터의 토크제어가 차체의 상하방향의 힘을 만들어 차체의 상하운동을 제어하는 원리가 된다.

차량에서 차체의 상하운동제어는 일반적으로 현가장치 댐퍼의 댐핑력을 가변하는 것으로 구현하고 있으며, 이때 댐핑력의 결정은 소위 스카이훅(Skyhook) 제어이론을 따른다.

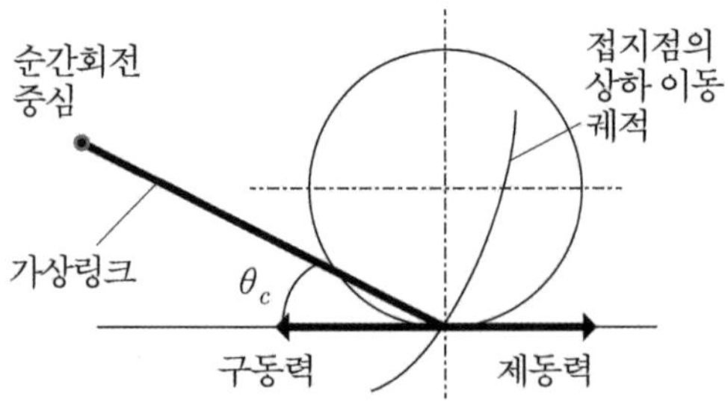

그림 4.24 후륜 타이어의 상하운동 궤적과 현가장치 순간 중심의 관계

스카이훅 제어는 그림 4.25와 같이 가상의 관성기준(Inertia reference)과 차량의 차체로 대별되는 스프링 상중량(Sprung mass) M에 가상의 스카이훅 수동 댐퍼를 설치하여 M의 상하방향의 속도 $\dot{x}$에 직접 비례하는 감쇄력(=댐핑력)을 발생시키는 것이다. 그러나 실제로는 이것이 가능하지 않기 때문에 그림 4.25의 (b)와 같이 현가장치의 댐퍼를 가변댐퍼로 하고, 가변댐퍼를 통하여 스카이훅 댐퍼와 등가적인 감쇄력을 발생시키는 것이 된다.

여기서 m은 스프링 하중량(Unsprung Mass)으로 차륜으로 대별되며 k는 현가장치 스프링의 스프링상수이다.

실제적인 등가모델에서의 댐퍼의 등가감쇄계수는 이상적인 스카이훅 제어에서의 감쇄계수와 다음과 같은 관계를 갖는다.

$$C_{eq} = C_{sky} \frac{\dot{x}}{\dot{x} - \dot{y}} \tag{4.4}$$

이상적인 스카이훅 제어에서는 감쇄력이 단지 차체의 속도에만 관계하지만 등가적인

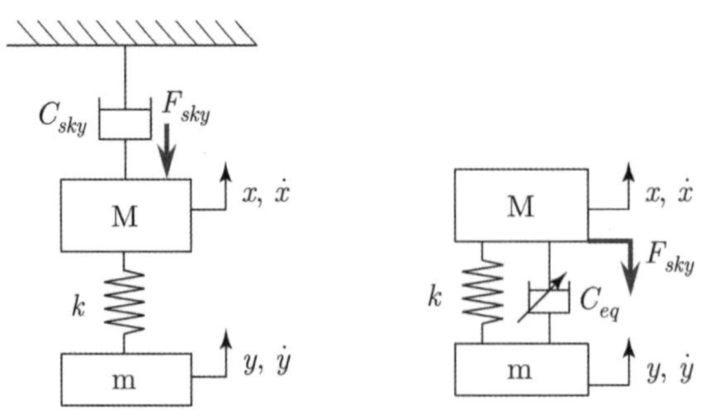

(a) 이상적인 스카이훅 (b) 실제적인 등가 모델

그림 4.25 이상적인 스카이훅 제어와 실제 응용

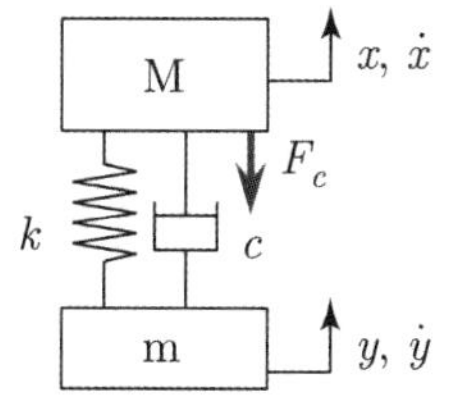

그림 4.26 상하운동을 제어하기 위한 모델

모델에서는 스프링 하중량에도 관계하게 된다. 이에 따라 상기 식 (4.4)에서 $\dot{x}$와 $\dot{x}-\dot{y}$의 부호가 반대가 되면 등가감쇄계수는 음의 값이 되는 현상이 발생하고 이것은 물리적으로 불가능하기 때문에 결국 다음과 같은 조건에서만 이상적이니 스카이훅 제어에서와 등가적인 감쇄력을 만들어낼 수 있다.

$$\dot{x}\,(\dot{x}-\dot{y}) > 0 \tag{4.5}$$

스카이훅 제어기법에 근거하여 인휠모터 구동차량의 제구동력은 스프링 상중량 M에 작용하는 외력 F_c를 만들어내므로 그림 4.26과 같이 모델링할 수 있다.

여기서 현가장치의 댐핑계수는 반능동 현가장치와 같은 가변댐퍼를 적용하는 것이 아니고 Passive한 값을 갖는 댐퍼이다.

그림 4.26의 모델에 대한 각 스프링 상중량과 스프링 하중량의 운동 방정식은 다음의 식 (4.6)와 식 (4.7)과 같이 된다.

$$M\ddot{x} = -k\,(x-y) - c\,(\dot{x}-\dot{y}) - F_c \tag{4.6}$$

$$m\ddot{y} = -k\,(y-x) - c\,(\dot{y}-\dot{x}) \tag{4.7}$$

식 (4.6)으로부터 M의 운동의 변화를 줄이려면 M의 운동과 반대 방향으로 F_c를 적용하여야 함을 알 수 있다.

또한 F_c의 차량에서의 적용은 식 (4.5)의 스카이훅 제어 조건을 포함하여, 전륜과 후륜의 스프링 하중량의 상하방향 속도를 각각 y_f, y_r라고 하면 다음과 같이 된다.

$$\dot{x}\,(\dot{x}-\dot{y}_f) > 0 \ \text{.and.}\ \dot{x}\,(\dot{x}-\dot{y}_r) > 0 \tag{4.8}$$

위에서 기술한 인휠모터의 제구동력제어를 통하여 차량 상하방향의 운동인 승차감과 롤링 및 피칭과 같은 차량자세에 활용이 가능하다.

4.3.4 파워 일렉트로닉스기술과 제어기술로 새로운 모델링을

자동차에서 파워 일렉트로닉스기술은, 종래의 기계 결합 제약을 없애는 Power-by-wire 기술이라는 것과 함께 새로운 조작자유도를 만들어내는 기술로 받아들일 수 있다. 하이브리드 자동차용 구동모터는 엔진과의 파워 배분의 자유도를 만들어내고, 2차전지는 에너지 매니지먼트의 자유도를 만들어냈다. 4륜 인휠모터는 4륜을 독립적으로 제구동하는 조작자유도를 만들어내고, 스티어 바이 와이어를 도입하면 운전자의 핸들 조작에 대하여 전타각을 보정하는 자유도가 만들어진다. 4륜 독립 스티어 바이 와이어로 하면 추가적으로 그 자유도는 증가한다. 파워 일렉트로닉스기술은 제어성이 우수한 새로운 조작자유도를 만들어내는 기술이라고 말할 수 있다.

만들어진 자유도를 자동차의 가치에 결합시키기 위해서는 제어기술이 중요하다. 하이브리드 자동차에는 조작자유도를 살려 연비 저감을 실현하는 협조제어가 중요하다. 4륜 인휠모터 자동차에는 4륜에 제구동력을 배분하는 자유도를 살려 차량의 선회운동을 준민하고 안정하게 하는 차량운동 제어기술이 필요하다. 조작자유도가 증가하면 제어시스템은 복잡해지고 각각의 조작량에 대한 계의 동특성에 입각한 제어법칙을 구축하는 것은 어려워진다. 그래서 제어 대상의 본질적 특성을 표현하는 모델을 구축하고, 그 모델에 기초하여 제어이론을 적용하는 접근방법에 의한 제어기술, 즉 **모델 베이스 제어**(MBC)가 중요하다.

조작자유도를 늘리면 자동차의 성능포텐셜이 향상되는 반면, 개념설계는 곤란해진다. 4륜 인휠구동 차량에 스티어 바이 와이어나 전자제어식 브레이크(brake-by-wire)를 부가하면 4륜의 노면반력을 섬세히 조정할 수 있고, 차량운동을 더욱 고도화하는 포텐셜을 얻게 된다. 반면 타이어의 횡력과 종력이 간섭하여 마찰원 특성의 제약을 받으므로 차륜의 제구동력과 전타각을 어떻게 연관시켜 조작할 것인가, 새로운 차량운동을 실현할 수 있는가 하는, 동적인 개념설계가 곤란해진다(그림 4.27).

또한 인휠모터, 스티어 바이 와이어, 전자제어식 브레이크에는 차량 탑재 전지에서 전력 공급을 받게 되지만 각각의 전원계통에 대해서도 고장을 고려한 개념설계가 필요하다. 어느 1개소의 고장에 의해 모든 전원계통이 정지하여, 주행중에 차량 제어가 불가능해지는 상황은 피해야 한다. 고장시 치명도를 고려하면서 신뢰성을 확보하도록 설계하게 되는데, 당연히 조작자유도가 증가하면 그 설계도 곤란해진다. 고장에 따라 기능을 보존하도록 다른 조작량을 자동제어하는 혹은 전원계통을 자동 변경하는 재구성설계도 필요할지 모른다.

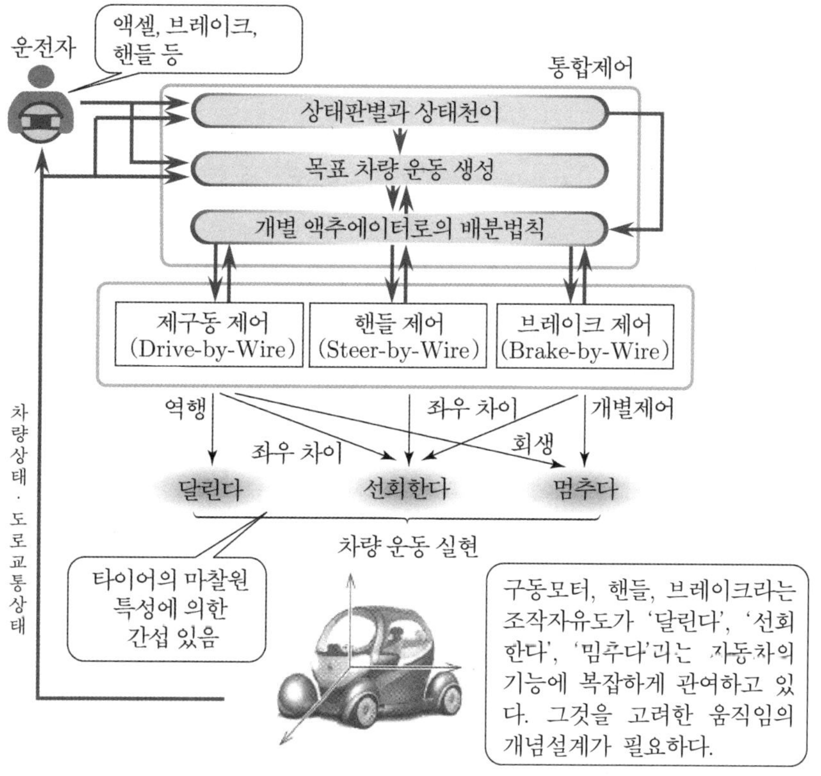

그림 4.27 통합제어시스템의 구성 예

이것들의 개념설계에는 확립된 설계 방법이 있는 것은 아니다. 그러나 시스템을 구성하는 기능부품의 모델(타이어 모델, 차량 모델, 모터 모델, 기구 모델, 전지 모델, 제어법칙 모델 등)을 CAD상에서 작성하고, 그 모델을 이용한 시뮬레이션을 통하여 콘셉트의 정량적 검증을 수행하는 방법은, 시스템의 구성, 움직임, 에너지 흐름 등을 내려다보면서 가시화할 수 있다는 점에서 유효하고, 개념설계에서 조정을 효과적으로 한다. 또한 그것들의 모델을 기술할 때에 구조화, 계층화, 상태 천이도라는 방법을 취해도 좋다는 것은 4.2.4항에 나타낸 바와 같다.

향후, 환경보존, 안전, 새로운 동작 등의 관점에서 자동차는 더욱 더 진화해갈 것이다. 내비게이션이나 신호기 등의 인프라와 연동하여 에너지 절감 주행을 실현하는 제어시스템, 주변을 주행하는 차량이나 도로 교통 상항을 화상 등으로 검출하여 자차를 안전한 쪽으로 유도하는 시스템, PIVO2와 같은 새로운 동작을 실현하는 시스템 등이 상품화될 날이 가까워질지도 모른다.

조작자유도를 가져오는 파워 일렉트로닉스기술 및 그것을 사용한 제어기술은 이러한

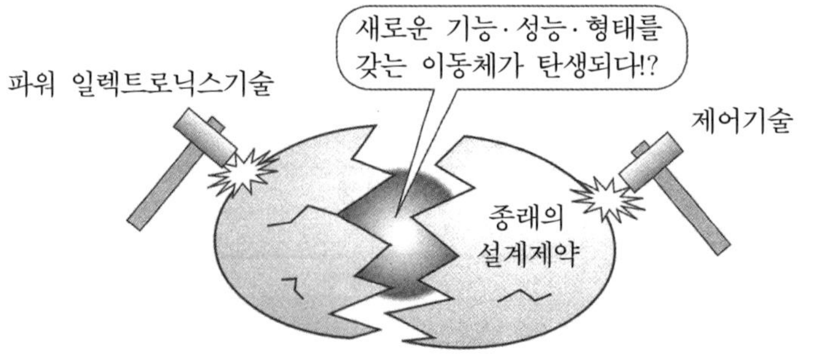

그림 4.28 파워 일렉트로닉스기술과 제어기술의 역할

운전자 조작 이외에 의한 움직임이나 운전자 조작 능력을 초월한 움직임의 실현도 용이하게 하기 때문에, 이후 자동차 개념설계의 중심적 기술로서 크게 기대된다. 파워 일렉트로닉스기술과 제어기술이 종래의 자동차에 놓인 제약을 타파하고 새로운 이동체가 생겨나도록 하고 있다(그림 4.28).

제5장

전지 및 전원시스템

5.1 이동체의 전원

이동장비에는 고정설비와 달리 이동설비 내에 전기에너지원을 마련할 필요가 있다. 그러기 위해서는 이동중에 발동발전기나 연료전지로 전기에너지를 생성하든, 축전장치에 저장하든, 또는 양자를 조합시키든, 어느 쪽이든 필요하다. 하지만 일반적으로는 충전 가능한 2차전지가 탑재되는 경우가 많다. 그러나 이와 같은 전원은 육상 인프라의 전력망에 비하면 안정성이 낮고, 에너지 용량도 파워 용량도 제한된다.

전원의 능력이 최종 제품의 사이즈나 중량, 항속거리, 서비스 시간, 동작온도 범위, 제품수명, 안전성 등을 좌우한다고 해도 과언이 아니어서, 시스템의 개념설계에는 전원이 모든 것의 출발점이 된다. 따라서 시스템설계 담당자는 2차전지의 담당자와 밀접하게 조정할 필요가 있다. 시스템설계 담당자가 전기화학의 본질을 이해해야 하는 것은 물론 전지 담당자도 전류전압 특성이나 열화 특성을 가공하지 않은 데이터로서 제공하지 말고 전지를 이용하는 입장에 있는 회로설계자에게 이해하기 쉬운 모델의 형식으로, 예를 들면 등가회로 모델 등을 제공해야 한다.

파워 디바이스에는, 전기 특성이나 온도 특성 등 데이터 시트(data sheet) 이외에 등가회로나 열/회로 연성 모델이 각 메이커로부터 제공되고 있고, 시뮬레이터를 이용하여 성능이나 온도마진을 확인할 수 있다. 2차전지에서도, 실제 사용조건에서의 동작을 회로 시뮬레이션으로 확인할 수 있도록 하는 것은 시스템의 성능이나 신뢰성 향상으로 이어진다.

이동체에 이용 가능한 여러 가지의 전원을 표 5.1에 정리하였다. 내연기관을 사용하는 발전기를 제외하면, 2차전지, 전기이중층 캐퍼시터, 연료전지가 응용상 중요한 전원장치이다. 2차전지와 연료전지는 산화와 환원반응을 이용하는 화학장치이다. 전기이중층 캐퍼시터는 전극과 전해질의 계면에 축적된 정전에너지를 이용하는 물리장치이다. 캐퍼시터가 혹사에 견디는 것에 반해, 일반적으로 2차전지는 충방전을 심하게 반복하면 사이클 수명이 급격히 단축되므로 장기신뢰성이 요구되는 경우에는 충방전 영역을 억제한 설계가 필요하다.

축전장치의 에너지 밀도와 파워 밀도는 trade-off 관계에 있다. 전기를 물질 내부에 축적하면 에너지 밀도는 상승되지만, 꺼낼 때의 속도는 느리다. 물질 표면에 전하가 있으면 순간적으로 꺼낼 수 있지만, 축적에너지는 한계가 있다. 그림 5.1은 다양한 전원의 에너지 밀도와 파워 밀도를 양대수축 상에 나타낸 것으로 Ragone plot이라 불린다.

표 5.1 이동체에 이용할 수 있는 전원

<table>
<tr><td colspan="2">전기화학 캐퍼시터</td><td colspan="2">전기이중층 캐퍼시터
레독스 캐퍼시터</td></tr>
<tr><td rowspan="2">화학전지</td><td>1차전지</td><td>망간전지
아연공기전지</td><td>알칼리전지</td></tr>
<tr><td>2차전지</td><td>리저브형
• 납축전지
• 니켈카드뮴전지</td><td>록킹체어형
• 니켈수소전지
• 리튬이온전지</td></tr>
<tr><td colspan="2">연료전지</td><td>고체고분자형</td><td>고체전해질형</td></tr>
<tr><td colspan="2">물리전지</td><td>태양전지</td><td>원자력전지</td></tr>
<tr><td colspan="2">발전기</td><td colspan="2">내연기관+발전기
외연기관+발전기
인력발전</td></tr>
</table>

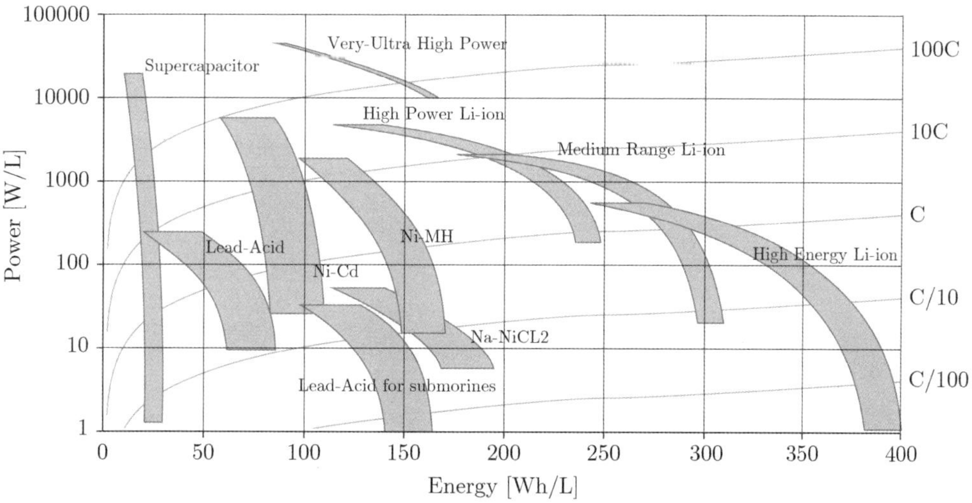

그림 5.1 Ragone Plot

5.2 연료전지

5.2.1 연료전지의 원리와 특징

연료를 태우면 연료의 산화와 산소의 환원이 같은 장소에서 일어나고 생성에너지가 열이 된다. 연료전지에서는 그림 5.2와 같이 연료극과 공기극을 배치하여 각 전극에서 전자를 방출하는 산화반응(아노드반응)과 전자를 받아들이는 환원반응(캐소드반응)이 따로따로 행해진다. 이때, 반응전자를 외부회로(부하) 경유로 이동시키면 화학에너지를 전기에너지로 하며 외부로 빼낼 수 있다. 정극이 공기전극이므로 금속공기전지와 공통점이 많다.

연료전지는 축전장치가 아니라 에너지 변환장치(1차전지)이지만, 전기분해(충전)하면 수소와 산소를 발생하기 때문에 가스 저장소와 물 저장소까지를 포함한 전체 시스템을 구축하면, 2차전지가 된다. 수소/산소 연료전지(이하 연료전지라 한다)가 일반적이고 그 기본원리를 그림 5.3에 나타낸다. 천연가스 등을 촉매반응으로 내부 개질하여, 수소로 변환하는 타입의 연료전지도 있다.

연료전지는 수소와 산소로부터 물의 전기분해와 역반응을 사용하여 발전한다. 전기화학반응이 단위 몰 진행했을 때의 엔탈피 변화를 $\Delta H(<0)$, 깁스에너지 변화를 $\Delta G(<0)$, 엔트로피 변화를 $\Delta S(<0)$라 하면,

연료전지의 이론 효율 ε은

$$\varepsilon = \frac{-\Delta G}{-\Delta H} = \frac{-\Delta H + T\Delta S}{-\Delta H} \approx 83\% \tag{5.1}$$

로 주어진다. 수소와 산소가 물이 될 때의 질서의 증대, 즉 엔트로피의 감소에 따른 발열 $(-T\Delta S > 0)$에 반응에너지의 약 17%가 사용되고 있다. 수소와 산소의 기전반응의 속도가 느리기 때문에 내부저항이 커져, 실용효율은 60% 정도로 떨어지지만 그래도 열기관에 비하면 매우 고효율이다.

연료전지의 개방전압(OCV : Open Circuit Voltage)은

$$OCV = -\frac{\Delta G}{2F} \approx 1.23\ V \quad (=\text{물의 전기분해 개시전압}) \tag{5.2}$$

이다. 여기에서 F는 패러데이 정수(9.6485×10^4 C/mol)이다.

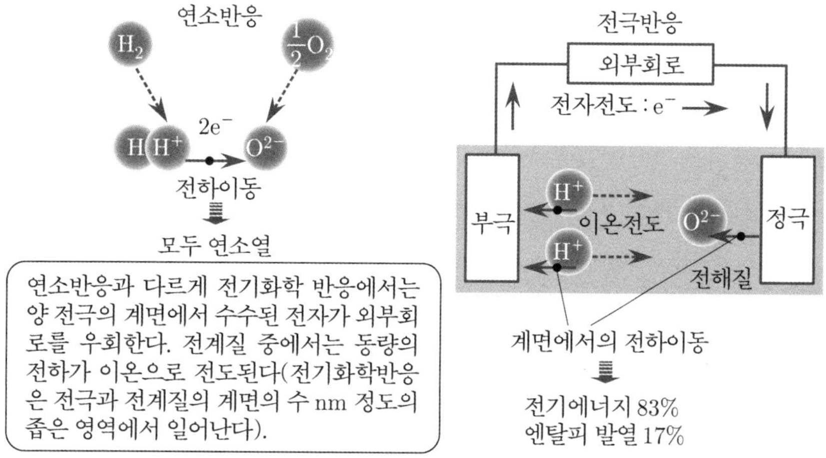

그림 5.2 연소와 전지에서의 산화환원 반응

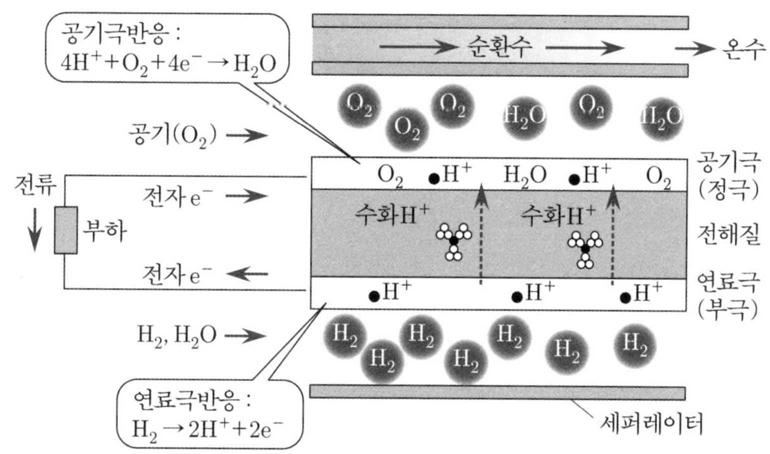

그림 5.3 PEFC(고체고분자형 연료전지)의 발전 원리

연료전지는 열기관 없이 발전할 수 있는 고효율이라는 것, 다양한 연료를 이용할 수 있다는 것, 생성물이 물이므로 환경오염이 없다는 것 등의 장점을 갖는다. 한편 순간출력이 작고 기동에 시간이 걸리는 등의 단점이 있어 필요에 따라 축전장치와 조합시킨다. 예를 들어 그림 5.4의 연료전지차에서는 에너지 밀도가 큰 고체고분자형 연료전지에 파워 밀도가 큰 2차전지를 조합시켜서 협조제어하는 것으로, 항속거리와 순발력의 쌍방 요건을 만족시키고 있다.

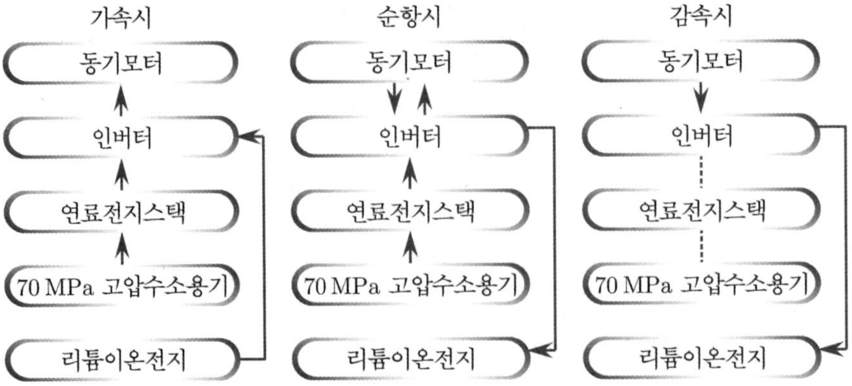

그림 5.4 연료전지차의 파워 매니지먼트

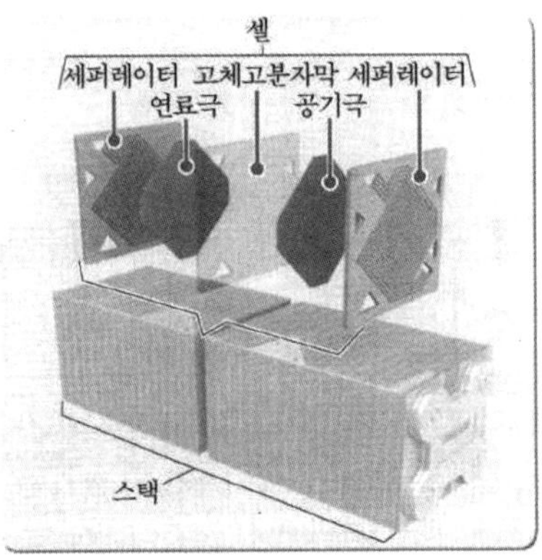

사진제공 : 에바라 발라드(주)

그림 5.5 PEFC(고체고분자형 연료전지)의 셀과 스택

5.2.2 고체고분자형 연료전지

고체고분자형 연료전지(PEFC : Polymer Electrolyte Fuel Cells)의 기본 구조를 그림 5.5로 나타낸다. 이것은 촉매를 담지[1]한 다공질 전극에 고분자막을 끼워 넣은 구조이다. 운전시에 셀 1매당 약 0.7 V의 실용 기전력이 발생하여, 이 셀을 스택하여 고전압을 발생하고 있다. 소전지(셀, cell)를 복수로 연결한 것을 조전지(배터리, battery)라 부르지만 연료전지의 경우는 스택(stack)이라 한다. 연료극에는 수소나 메탄올 등의 연료가 공급되고,

1) 위에 실어 유지하는 것.

$$수소 : H_2 \rightarrow 2H^+ + 2e^-$$

$$메탄올 : CH_3OH + H_2O \rightarrow CO_2 + 6H^+ + 6e^-$$

산화반응에 의해 프로톤(수소이온)과 전자로 분해된다. 연료극에서 생성된 프로톤은 전해질막(고체고분자막) 내를 공기극으로 이동한다. 공기극에서는 다음과 같이 전해질막에서 온 프로톤과 공기 중 산소의 환원반응에 의해 물이 생성된다.

$$4H^+ + O_2 + 4e^- \rightarrow H_2O$$

전해질막 안에서 프로톤은 수화되어(극성이 큰 물 분자와 결합하여, 함께) 이동하기 때문에 막 안의 수분은 연료극에서 공기극으로 이동하고, 연료극 측에서는 수분이 서서히 없어지기 때문에 연료중에 순수를 공급할 필요가 있다.

5.3 금속공기전지

금속공기전지는 부극 활물질로 비금속[2], 정극 활물질로 공기 중의 산소를 사용하는 금속 연료전지이다. 정극제를 전지 내에 가지고 있지 않아 방전시에는 공기극에 산소를 포함한 외기를 넣는다. 따라서 전지 내의 대부분을 부극 활물질로 할 수 있다(그림 5.6). 또한 산화력이 강한 산소를 정극에 사용하기 때문에 기전력이 높고 에너지 밀도는 다른 전지에 비하여 크다. 부극재료로는 아연, 알루미늄, 마그네슘, 리튬을 들 수 있고, 이 순서로 에너지 밀도가 높다. 덧붙여 말하면 아연공기전지(Zn/O_2) 반응의 이론에너지 밀도는, 실용기전력을 1.2 V로 하여 약 1 kWh/kg, 리튬공기전지(Li/O_2)는 3.0 V라고 하면 약 12 kWh/kg이다. 다른 화학전지가 접근할 수 없는 퍼텐셜을 갖는다.

공기전극에서의 반응은 공기의 공급으로 조절되기 때문에, 정극에 산화제를 사용하는 전지에 비하면 일반적으로 파워 밀도는 작다. 공기전극은 들어온 공기와 전자를 주고받는 전극, 반응 생성물이 이동하는 전해질로 구성된다. 기상/고상/액상에 걸친 복잡한 반응계로, 더욱이 전극반응의 과전압(전압강하)도 크기 때문에, 계속적으로 개량되고 있다. 기술적으로는 연료전지의 공기극과 공통점이 많고, 연료전지의 기술개발의 성과가 금속공기전지의 진보에 공헌하고 있다.

2) 산화되기 쉬운 금속. 귀금속의 반대어.

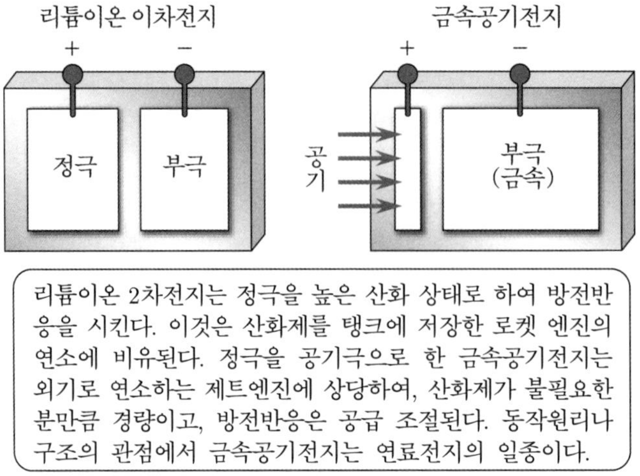

그림 5.6 리튬이온 2차전지와 금속공기전지

5.3.1 아연공기전지

아연은 전위가 낮은 데[3] 비하여 수소과전압이 높기(수소의 발생이 일어나기 어려운) 때문에 전해질용액에는 알칼리 수용액이 사용된다. 수산화 알칼리 수용액 등은 예전부터 알칼리 건전지에 사용되고 있어 안전성이 실증되어 있는 것이 강점이다.

아연공기전지의 방전반응은,

$$\text{정극반응}: O_2 + 2H_2O + 4e^- \rightarrow 4OH^-$$

$$\text{부극반응}: 2Zn + 4OH^- \rightarrow 2ZnO + 2H_2O + 4e^-$$

$$\text{전반응}: 2Zn + O_2 \rightarrow 2ZnO$$

이다. 아연공기전지는 2차전지로 사용할 수 있지만, 기술문제가 아직 남아 있기 때문에 1차전지로서의 실용화가 선행되어 보청기나 전기자동차, 무인정찰기 등에 사용되고 있다.

3) 전위가 낮은 것을 말한다. 전기화학에서는 절대치를 가지고 고전위, 저전위로 정의한다. 예를 들어 −10V와 +1V에서는, −10V가 고전위가 되고 +1V가 저전위가 된다.

5.3.2 리튬공기전지

리튬은 금속 중에 가장 이온이 되기 쉽고, 이것을 부극으로 이용하면 정극과의 전위차가 커진다. 또한 리튬은 경량이고 단위중량당 전기용량을 크게 할 수 있기 때문에 예전부터 '궁극의 전지'로 주목받아 왔다(단, 단위체적당 용량은 반드시 좋지는 않다). 그러나 수용액 중에서는 전위가 낮은 금속일수록 물을 분해하여 수소를 발생하기 때문에 유기 전해질을 사용할 필요가 있다. 또한 방전반응에 의해 고체의 산화리튬(Li_2O)을 생성하기 때문에, 공기극을 막히게 한다. 더욱이 생성물 산화리튬을 리튬으로 환원하는 사이클에도 문제가 있다.

이와 같은 모든 과제를 해결하기 위한 연구개발이 진행되고 있다. 그림 5.7에 나타낸 구조의 리튬공기전지에서는 부극에 금속 리튬 리본을 사용하고, 전해액으로 리튬염을 지지염으로 포함하는 유기 전해액을 사용한다. 또 정극의 공기극 측에는 수성전해액을 사용한다. 부극 측의 유기 전해액과 공기극 측의 수성전해액 사이에 리튬이온만을 통과하는 고체 전해질이 격벽으로 설치되어, 양 전해액의 혼합을 방지하는 것과 함께 전지반응을 촉진하고 있다. 이렇게 함으로써 방전반응에 의해 생성되는 것이 산화리튬이 아닌 수성전해액에 용해되기 쉬운 수산화리튬(LiOH)이므로 취급이 용이해진다.

방전반응은

$$\text{부극반응} : Li \rightarrow Li^{+} + e^{-}$$

이다. 리튬이온은 고체전해질을 통해 정극의 수성전해액으로 이동한다. 즉,

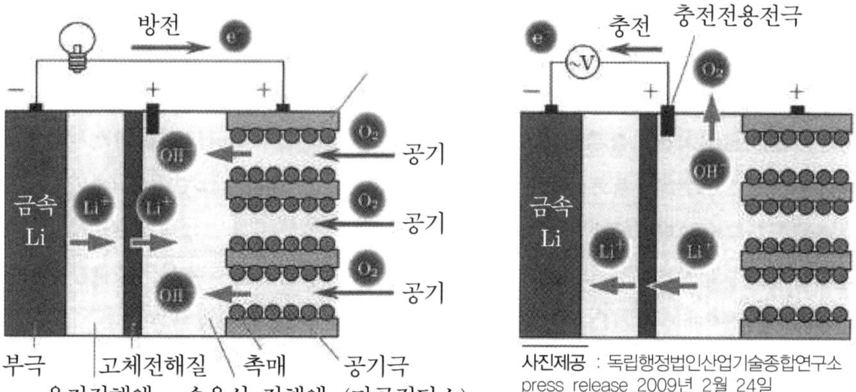

사진제공 : 독립행정법인산업기술종합연구소
press release 2009년 2월 24일

그림 5.7 고체전해질의 격벽을 설치한 리튬공기전지

$$\text{정극반응 : } O_2 + 2H_2O + 4e^- \rightarrow 4OH^-$$

가 성립한다. 리튬이온은 수성전해액과 만나 수용성 수산화리튬(LiOH)이 된다. 이러한 구조의 전지는 1차전지뿐 아니라 2차전지로도 사용될 수 있다. 여기에서는, 충전전용의 정극을 설치하여 충전시 공기극의 부식과 열화를 방지하고 있다.

5.4 전기화학 캐퍼시터

캐퍼시터는 전극의 표면적이 넓을수록, 전극간 거리가 짧을수록 대용량이 된다. 그러나 전극 사이에 절연물을 끼운 통상의(물리) 캐퍼시터는 가공할 수 있는 절연물 층의 두께나 전극 표면적의 한계가 있어 정전용량을 크게 할 수 없다. 절연물을 사용하는 통상의(물리) 캐퍼시터에 대하여, 전기화학반응을 이용한 캐퍼시터를 **전기화학 캐퍼시터**라 한다(그림 5.8).

전해질 중에 2개의 전극을 넣고 전압을 인가하면, 곧 전기분해가 일어난다. 그러나 전기

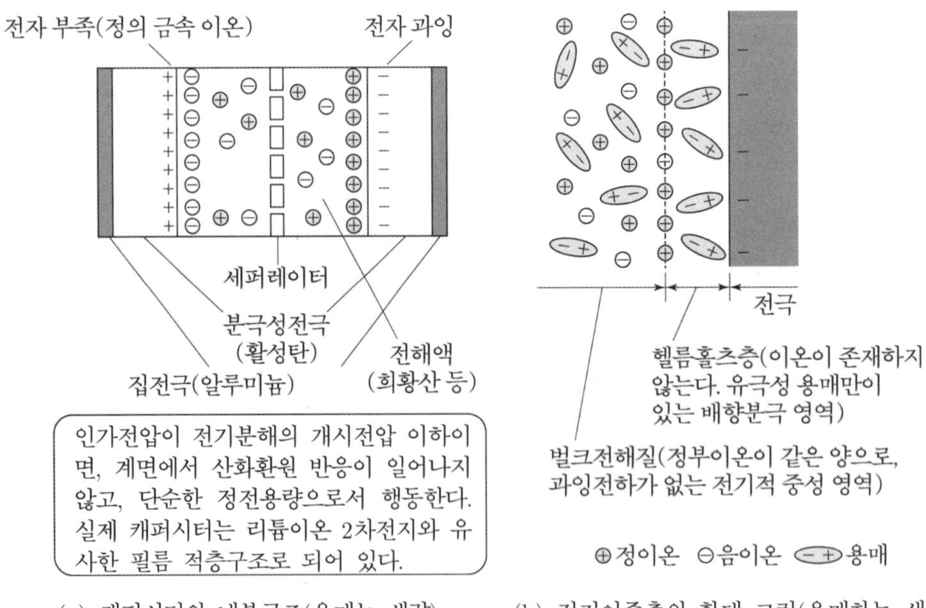

(a) 캐퍼시터의 내부구조(용매는 생략) (b) 전기이중층의 확대 그림(용매화는 생략)

그림 5.8 전기화학 캐퍼시터의 구조와 기본원리

분해가 개시되는 전압까지는 전류가 흐르지 않으며, 정부 각각 전극의 계면에는 정 또는 부 이온이 흡착된다. 전해질의 정부 이온과 전극상의 반대극성의 전하(전자의 과부족)가 극히 얇은 용매만의 **헬름홀츠층**을 사이에 두고 대향하기 때문에 전기이중층으로 부른다. 상세히 보면, 전해질 내의 전하는 어떤 분포를 가지고 넓혀져 있고 헬름홀츠층과 이 외측의 확산 이중층으로 이루어진 복잡한 구조가 된다. 전해질의 이온농도가 높은 경우에는 전하의 넓이는 작아지고 정부의 전하가 면상에 대향하고 있다고 생각하는 것이 좋다.

전기이중층의 두께는 3 nm(물 3분자) 정도로 극히 얇고, 단위면적당의 정전용량은 $20\,\mu\mathrm{F/cm^2}$ 정도가 된다. **전기이중층 캐퍼시터**는 이 현상을 이용한 전기화학 캐퍼시터이다. 그 원리를 그림 5.8에 나타낸다. 물리 캐퍼시터에 비하여 매우 큰 용량을 실현할 수 있다. 캐퍼시터의 역할을 하는 것은 전기이중층뿐으로, 이것 이외의 전해질 이온은 전하수송에 기여하지만, 유전분극하지 않는다. 따라서 그 등가회로는 그림 5.9와 같이 된다. $1000\,\mathrm{m^2/g}$ 이상의 표면적을 갖는 활성탄 전극과 희황산 등의 수소전해액을 조합시킨 것이 많다.

전기화학 캐퍼시터는 전극의 산화와 환원반응이 없기 때문에 2차전지보다 사이클 수명이 길다. 특히 수계전해액은 수소이온이나 수산화이온의 이동도가 매우 커서 파워 밀도가 높다. 단, 2차전지에 비하여 에너지 밀도가 작다는 단점이 있다.

전지의 대체를 목적으로 활성탄 대신에 그라파이트를 사용하고, 전기분해의 개시전압이 물의 약 2배인 어떤 유기계의 전해액과 조합시켜 에너지 밀도를 높인 캐퍼시터가 있다. 그라파이트의 표면적은 활성탄보다 작지만, 층상의 탄소원자 사이에 이온이 침투하기 때문에 실효적인 표면적이 비약적으로 넓어지고 에너지 밀도가 높아진다. 그러나 이 확산과정의 이온의 속도가 느리므로 내부저항이 증가하여 케퍼시터의 장점인 고파워 밀도가 희생된다. 이 외에도 고속 산화환원반응(의사용량)을 이용한 캐퍼시터도 있다.

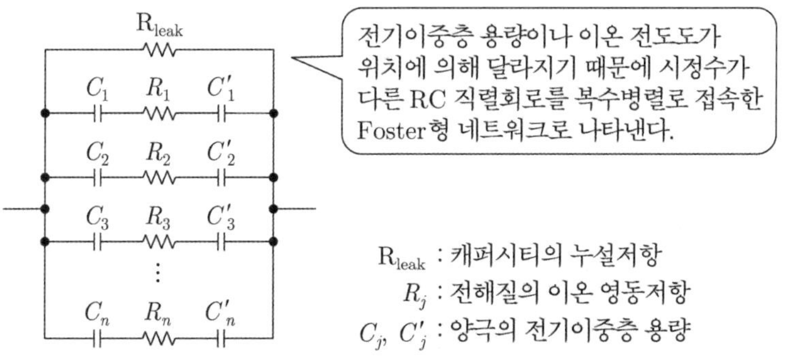

그림 5.9 전기이중층 캐퍼시터의 등가회로

5.5 2차전지

5.5.1 2차전지의 기본원리

방전반응의 생성물이 계면근방의 전기화학반응 영역에 잔류하여 역반응이 안정하게 일어나는 전지는 충전가능하다. 이것을 **2차전지**라고 한다. 이에 대하여 1차전지는 안정한 역반응이 일어나기 어려운 전지이다.

산화력(전자 e^-를 받는 능력)이 강하고 전위가 높아지는 전극이 정극, 환원력(전자 e^-를 방출하는 능력)이 강하고 전위가 낮은 전극이 부극이 된다. 전지를 방전하면, 외부회로로에서 정극에 전자가 공급되고, 정극 면에서 환원반응이 일어나고, 한편 부극에서 전자가 빠져나가 부극 면에서 산화반응이 일어난다. 충전에는 반대로 정극 면에서 산화반응, 부극 면에서 환원반응이 일어난다.

5.5.2 리저브형 2차전지

충방전에 의해서 전극이나 전해질의 화학결합구조가 변하는 전지를 리저브형 2차전지라 한다. 그림 5.10에 나타낸 납축전지가 리저브형 2차전지의 대표 격으로, 납(Pb)과 이산

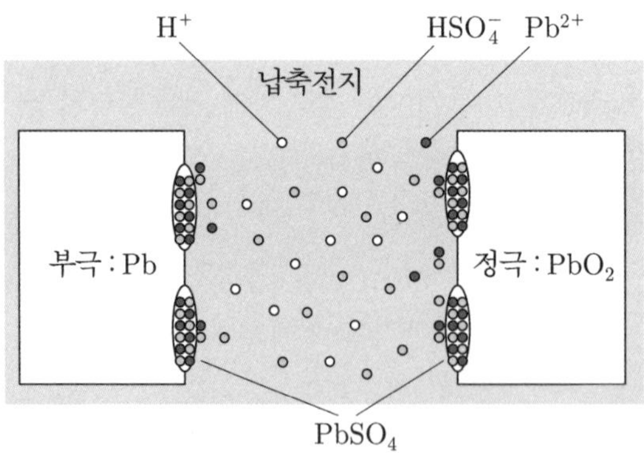

	충전		방전
정극반응 :	$PbO_2 + 3H^+ + HSO_4^- + 2e^-$	⇔	$PbSO_4 + 2H_2O$
부극반응 :	$Pb + HSO_4^-$	⇔	$PbSO_4 + H^+ + 2e^-$
전반응 :	$PbO_2 + Pb + 2H_2SO_4$	⇔	$2PbSO_4 + 2H_2O$

그림 5.10 리저브형 2차전지

화납(PbO_2)과의 사이에 존재하는 납의 산화수 차를 이용한 전지이다. Pb는 산화수 +2를 취하는 것이 가장 안정적이다. 따라서 산화수=+0의 부극 Pb와 +4의 정극 PbO_2는 Pb^{2+}로 변화하려는 경향이 있어, 황산수에 침입하면 황산납을 생성하여 약 2 V의 기전력이 발생한다. 이 전압은 물의 전기분해 개시전압 1.23 V를 넘어서지만 Pb의 수소과전압과 PbO_2의 산소과전압이 모두 크기 때문에, 전기분해의 속도가 지연되고 자기방전은 허용레벨이 된다.

방전반응에서 정극 PbO_2와 부극 Pb에 $PbSO_4$를 석출하여 황산수소이온 HSO_4^-을 소비할 수 있다. 충전시에는 이것과 역반응이 일어나 리저브된 황산납이 용해되어 HSO_4^- 이온 농도가 회복한다. 전해액은 완전 방전시에 비중 1.1, 황산농도 14.7 중량%, 완전 충전시에 비중 1.28, 황산농도는 37.4%로 변화되기 때문에 비중의 변화로부터 충전 상태를 알 수 있다. 각각의 화학반응식은 다음과 같다.

$$\text{정극반응 : } PbO_2 + 3H^+ + HSO_4^- + 2e^- \Leftrightarrow PbSO_4 + 2H_2O$$

$$\text{부극반응 : } Pb + HSO_4^- \Leftrightarrow PbSO_4 + H^+ + 2e^-$$

$$\text{전반응 : } PbO_2 + Pb + 2H_2SO_4 \Leftrightarrow 2PbSO_4 + 2H_2O$$

단, ⇒의 방향은 방전, ⇐의 방향이 충전에 대응한다.

5.5.3 로킹체어형 2차전지

고체 중에는 틈새가 많은 결정구조를 갖는 것이 많다. 전자 e^-를 주고받을 때에는, 등량의 정전하의 이온이 이 틈에 출입하면, 충방전에서 전극이나 전해질의 화학결합구조가 변하지 않는 2차전지가 된다. 이것이 **로킹체어형 2차전지**(시소형, 셔틀콕형이라고도 한다)로, 그림 5.11에 나타낸 것과 같은 층구조의 정부극이 되는 리튬이온 2차전지가 대표적인 예다. 전해질은 이온의 통로일 뿐, 전지의 용량과는 무관하다. 납 축전지에서는 전해질이 반응물질이기 때문에, 그 용량을 줄이지 못하지만, 로킹체어형 전지에서는 내부저항을 작게 하기 위해 전해질의 두께를 얇게 하여도 전지용량은 변하지 않는다. 결정구조가 변하지 않는 화학반응이기 때문에 일반적으로 전지의 수명이 길다. 단, 충방전에서 전극이 팽창 및 수축을 반복함에 따라 사이클 피로가 있고, 이것은 전극재료의 선정시에 중요한 평가 항목이 된다.

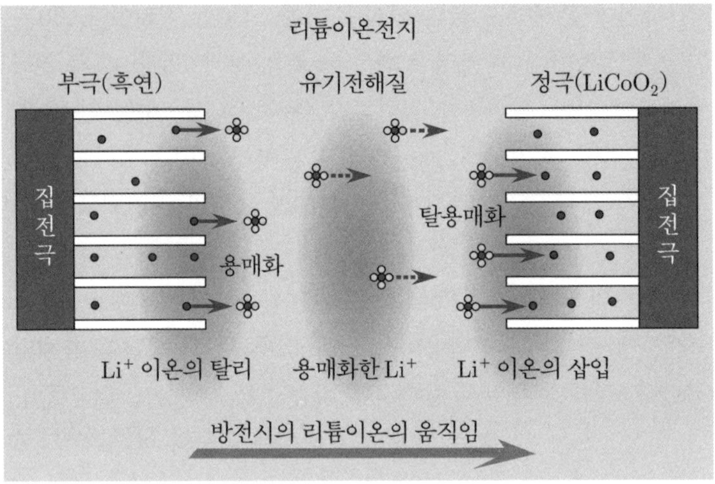

● intercalated Li^+(전극에 도핑된 리튬이온)
❀ solvated Li^+(용매화된 리튬이온)

	충전		방전
정극반응 :	$2Li_{0.5}3CoO_2+Li^++e^-$	⇔	$2LiCoO_2$
부극반응 :	C_6Li	⇔	C_6(흑연육원환)$+Li^++e^-$
전반응 :	$C_6Li+2Li_{0.5}CoO_2$	⇔	$C_6+2LiCoO_2$

그림 5.11 로킹체어형 2차전지

5.5.4 2차전지의 전기적 · 열적 성질

(a) 직류(정상) 전류 · 전압 특성

테브난의 정리에 의해, 전지는 개방전압 OCV의 전원과 내부저항 R_{int}의 직렬회로로 표현할 수 있다. 개방전압은 정극 및 부극과 전해질의 정적인 평형 메커니즘(화학평형론)에 의해 결정되고, 내부저항은 동적인 메커니즘(반응속도론)으로 결정된다. 전지에 전류를 흘렸을 때의 전압강하($= R_{\rm int}\,{\rm I}$)를 전기화학에서는 **과전압** 또는 **분극**이라고 한다.

개방전압 OCV는 정부전극 각각의 전위 ϕ^+와 ϕ^-의 차이다. 즉,

$$\mathrm{OCV} = \phi^+ - \phi^- \tag{5.3}$$

이다. 또한 방전반응이 단위 몰수만큼 진행했을 때의 깁스에너지의 변화를 $\Delta G\,(<0)$, z

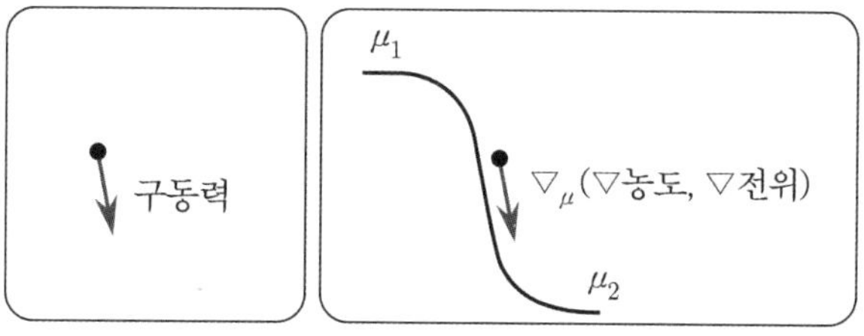

그림 5.12 구동력원은 전기화학 퍼텐셜구배 $\nabla\mu$

를 이온가(예를 들어, H이온이나 Li이온에서는 $z=1$)라 하면, 전하 zF가 전위 ϕ^-, 또는 전위 ϕ^+에 있을 때, 정전에너지의 차가 $-\Delta G$이므로,

$$\text{OCV} = -\frac{\Delta G}{zF} \tag{5.4}$$

가 성립한다. 여기서, F는 앞에서 설명했던 패러데이 상수이다.

자연대류나 교반으로 정부 이온을 포함한 물질이 이동하지만 전해질은 전기적으로 중성이므로 전류는 흐르지 않는다. 정지한 전해질에서 이온은 전위구배에 의한 정전력과 농도구배에 의한 확산으로 움직인다. 전위차와 농도차에 의해서 생기는 단위 몰당 깁스에너지의 고저를 전기화학 퍼텐셜 μ라 한다. 이온은 전기화학 퍼텐셜이 높은 곳에서 낮은 곳으로 이동한다. 지구 위로 사과가 떨어지는 것도, 전지 안에서 이온이 이동하는 것도 같은 원리이고, 구동력의 원천은 퍼텐셜구배이다(그림 5.12). 이것을 식으로 표현하면 다음과 같다.

(정상이온 전류)
= (전기화학퍼텐셜구배 $\nabla\mu$으로 구동된 이온 유속)
= (전위구배 $\nabla\phi$에 의한 영동 전류) + (농도구배 ∇N에 의한 확산 전류) (5.5)

평형시와 비평형시의 전지의 내부 상태를 아래에 정리해둔다.

❐ 평형시 : 외부회로가 오픈되어 전류가 제로일 때

균일한 전해질 내에는 전기적으로 중성으로 전위구배도 없다. 만일 전해질 내의 정부의 과리전하에 의한 전위구배가 있으면, **유전완화시간** τ_d 내에 반극성의 이온이 모여 전계를 없앤다. 집합한 반극성의 이온은 동시에 확산도 하기 때문에, 과리전하에 완전히 겹칠 수 없고, 확산과 정전력의 평형으로 결정된 미소한 영역(Debye Length L_D)에, 이온은 운상으로 분포한다. 데바이 길이는 유전완화시간 τ_d 내에 이온이 확산하여 넓혀진 거리이므로 확산계수가 D일 때, $L_D = \sqrt{D\tau_d}$가 된다. 예를 들어, 전해질의 저항률이 $\rho = 1\,[\Omega m]$, 비유전율 $\varepsilon_s = 60$, 확산정수 $D = 10^{-9}[\mathrm{m^2/s}]$일 때, $\tau_d = \rho\varepsilon_s\varepsilon_o \approx 0.5\,[\mathrm{ns}]$(단, $\varepsilon_o \approx 8.854\,[\mathrm{pF/m}]$: 진공의 유전율), $L_D \approx 0.7\,[\mathrm{nm}]$이 된다. 전해질 내를 데바이 길이의 수배보다 큰 스케일로 보면, 과잉전하의 영향은 거의 상쇄되어 **전기적 중성의 원리**가 성립하고 있다.

전극 표면에서 데바이 길이의 수배까지 영역의 전해질은 전기적 중성이 마이크로하게 무너지고, 매우 큰 농도구배와 전위구배가 편재한다(그림 5.13). 전기이중층에 강한 전계가 형성되면 전극반응(전자의 수)이 일어나서 아노드반응과 캐소드반응에 의한 전류가 서로 반대방향으로 흐른다. 회로가 개방되어 있을 때에는 양자의 전류의 차가 제로가 되어 동적인 평형이 보전되고 있다. 이 역방향에 흐르는 같은 양의 전류 I_o를, 교환 전류라 한다. 이상과 같이 전지작용으로서의 전기화학반응은 전해질 내에서는 없고 전극과 전해질의 계면이 좁은 영역, 즉 전기이중층 근방에서만 일어나고 있다.

❐ 비평형시 : 외부회로가 닫혀 있어 충방전 전류가 흐르고 있을 때

과전압 η을 인가하면, 동적 평형 상태가 붕괴된다. 그림 5.14와 같이 방전시에는 단자전압이 개방전압보다 낮고($\eta < 0$), 충전시에는 높다($\eta > 0$). 이온이나 전자가 에너지 장벽을 넘어 이동하거나 전해질 안에서 점성마찰을 거슬러 이동하거나 하는 과정이 전기에너지의 공급에 따라 진행하기 때문에 이것에 의해 전압강하가 일어난다.

그림 5.15를 이용하여, 전지내부의 반응과 그것에 따르는 전압강하를 상세히 보자.

(1) 전극면에서의 전극반응과정

전극 내의 전하 캐리어는 전자이고, 전해질 캐리어는 이온이다. 전극에서 가까운 반응성계면에는 [전도전자] ⇔ [산화환원반응에 관여하는 물질과의 전자의 수수] ⇔ [전해질의 전도이온]의 전하 릴레이(전하이동과정)가 일어난다. 전하를 바통 터치할 때 용매, 용질, 전극 중에 가장 반응하기 쉬운 물질이 전자를 수수한다. 이 산화환원반응에 의해 반응관여 물질에 농도구배가 생겨, 반응물질의 용매나 용질이 충합에서 반응영역으로 반입되고 반대로 반응 생성물은 충합으로 반출된다(**물질이동과정**). 이 영역의 소과정은 전지에 따라 다르다.

납축전지에서는 반응전자와 전해질의 전도이온인 프로톤 H^+과 황산수소이온 HSO_4^- 이외에, 전극에서 전리된 Pb^{2+}이 반응에 관여한다. 방전반응의 생성물의 하나인 $PbSO_4$는 반응 영역 밖으로 유출되지 않고 전극의 표면에 리저브되어, 역반응

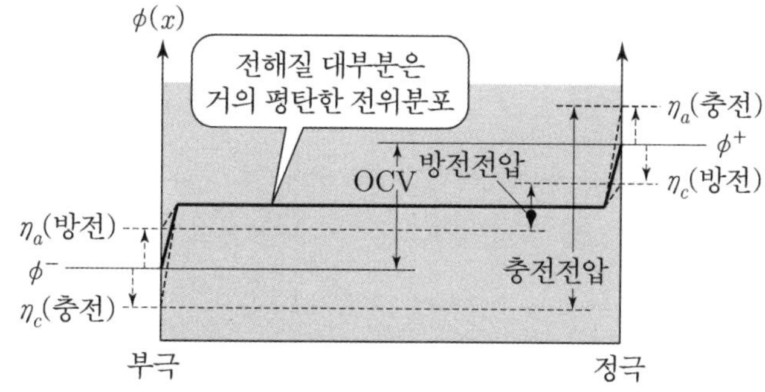

그림 5.13 전해질 내의 전위분포 $\phi(x)$

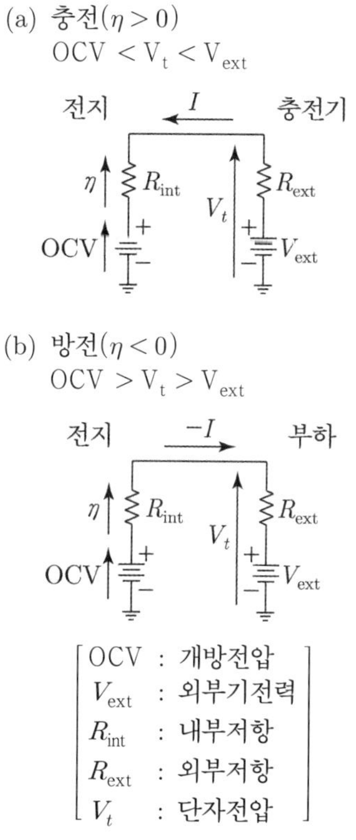

CCCV(Constant Current Constant Voltage) 충전(통상은 정전류, 충전의 말기에는 정전압 충전)의 예에서는, 모니터한 단자전압 V_t와 전류 I에서 V_{ext}와 R_{ext}를 조정하여, 정전류 충전 또는 정전압을 제어한다.

정전류 : $I = (V_{ext} - V_t)/R_{ext}$ = 일정

정단자 전압 : $V_t = V_{ext} - R_{ext} I$ = 일정

과전압 : $\eta = V_t - OCV = R_{int} I$

(1) 저항부하 ($V_{ext} = 0$) 때는 R_{ext}가 부하저항으로 방전 전류는

$$I = V_t/R_{ext} = (OCV - R_{int} I)/R_{ext}$$

가 된다.

(2) 모터 구동 때는 모터의 역기전력이 V_{ext}, 권선저항이 R_{ext}으로,

$$I = (V_t - V_{ext})/R_{ext} = (OCV - V_{ext})/(R_{int} + R_{ext})$$

그림 5.14 충방전시의 단자전압

(충전)을 가능하게 하고 있다. 그림 5.11에 나타낸 것과 같이 리튬이온전지에서는 용매화 리튬이온이 전도이온이고, 또한 반응관여 물질이다. 전극표면의 용매화/탈용매화 반응에 의한 농도차로 용매화 리튬이온의 물질이동이 근방 영역에서 일어나고 동시에 리튬이온 전극에 흡착/탈리한다. 정이온의 전극으로의 흡착/탈리에 따르는 전하의 과

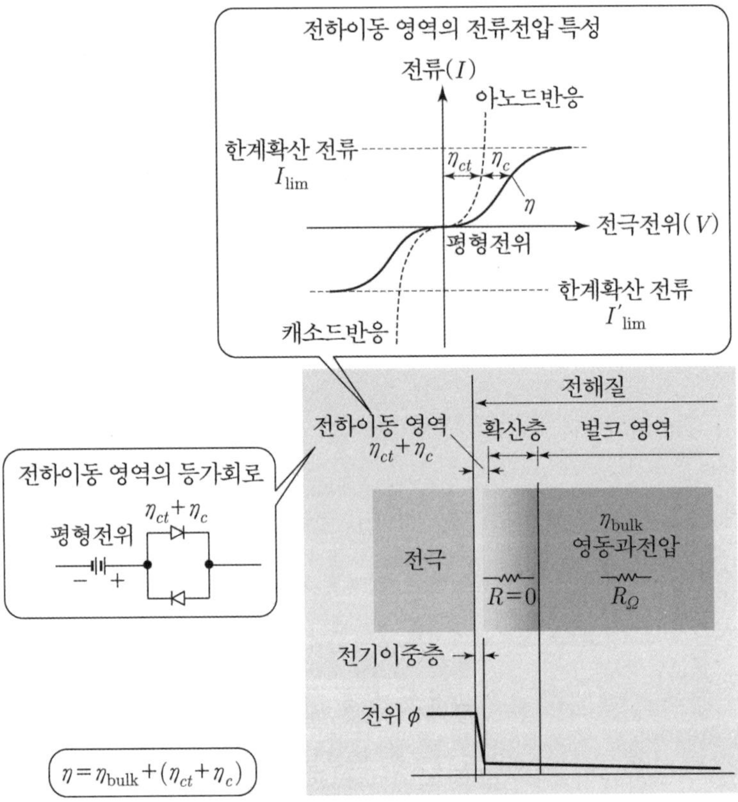

그림 5.15 전지 내부의 과전압 η

부족을 중화하기 위해서는 외부회로를 개입시켜 전자의 수수가 일어난다.

(2) 반응성계면에서의 전하이동과정

전하이동에 따르는 과전압은 주로 **활성화과전압** η_{ct}과 **농도과전압** η_c이고, 그것에 대해서는 아래에서 설명한다.

- **활성화과전압**(η_{ct})

전하이동 반응의 속도는, 표면농도와 반응속도정수의 곱으로, 반응속도정수의 온도의존성은 **볼츠만 인자** $e^{-E_a/RT}$(E_a : 활성화에너지, R : 기체정수 $= 8.3144\,[\mathrm{J/molK}]$, T : 절대 온도)로 표현된다. 전기화학반응이 통상 열화학반응과 다른 것은, 활성화에너지가 전극전압으로 변하는 것이다. 즉, 열에너지에 전기에너지를 가함으로써 아노드반응, 또는 캐소드반응을 활성화할 수 있다. 저온이 되면 반응의 활성도가 떨어지기 때문에 필요한 활성전위가 커진다. 전하계면에서의 반응에 의한 농도의 변화가 작은 범위 즉, 표면농도 C^*가 충합농도 C에 거의 같을 때의 전하이동전류 I와 활성화과전압 η_{ct}의 관계는 **버틀러·볼머(Butler-Volmer)**의 식

$$I = I_o\left[\exp\left(\frac{\alpha\eta_{ct}zF}{RT}\right) - \exp\left(-\frac{\beta\eta_{ct}zF}{RT}\right)\right] \tag{5.6}$$

에 따른다. 여기에서, α는 아노드반응의 이동계수이고 과전압이 활성화에너지의 변화에 기여하는 영향도를 나타낸다. $\beta = 1 - \alpha$는 캐소드반응의 이동계수이다. I_o는 교환전류로 이것이 활성화에너지와 이온의 표면농도로 결정되지만 I_o에는 볼츠만 인자가 포함되어 있어, 온도가 상승하면 급증한다. 전극과 전해질에 의해 I_o는 대단히 크게 변한다. 교환전류 I_o가 크면 전하이동을 활성화시키기 위한 과전압 η_{ct}은 작아지고, 반대로 I_o가 작으면 η_{ct}는 커진다. $\alpha \approx 0.5$이므로 전류대 전압 특성은 정부가 거의 대칭이 되고, 이상계수 $n = 2$의 다이오드를 역방향으로 병렬 접속시킨 회로의 전압 전류 특성에 거의 같아진다.

• **농도과전압 또는 확산분극**(η_c)

전하이동 반응이 확산 반응속도를 넘은 확산율속 상태에서는, 전극의 표면농도 C^*가 충합농도 C와 다르기 때문에 $C^* = C$를 가정한 버틀러·볼머 식은 성립하지 않는다. 전하이동반응의 속도는 표면농도와 반응속도정수의 곱이기 때문에 정 또는 부의 전극표면에서 이온농도가 영에 가까워지면, 같은 전류를 유지하기 위해서는 활성화과전압을 급증시켜, 반응속도정수를 높여야 한다. 표면농도의 감소에 의한 활성화과전압의 증분이 농도과전압 η_c이다[4]. 전류 I를 이용하면 η_c은,

$$\eta_c = -\frac{RT}{\alpha zF}\log\left(1 - \frac{I}{I_{\lim}}\right) \tag{5.7}$$

로 주어진다. 여기에서 $I_{\lim}$은 **한계확산 전류**이다.

(3) 반응성계면에 인접한 영역에서의 물질이동과정

전하이동과정에 의해 전극표면과 전해질상 사이에는 반응관여물질(반응물과 생성물)의 농도 차가 생겨 물질이 이동하는데, 이 영역을 **확산층**이라 한다. 전위구배에서가

4) 확산층의 전위구배와는 다른 것에 주의한다.

아니라 농도구배에서 물질이 이동하기 때문에 확산층에서는 과전압이 생기지 않는다. 앞에서 설명한 것과 같이 농도구배에는 최대치가 있기 때문에 확산층을 흐르는 전류에는 상한이 있다(**확산율속**).

(4) 충합(농도가 거의 균일한 영역)에서의 영동과정

물질이동과정에서 움직이는 전류에 걸맞은 전하가 전해질 이온에 따라 영동하여 움직인다. 이온(용질)이 전해질(용매) 중에 있으면 용질·용매간의 상호작용으로 결합하여 분자군(용매화)이 되어 영동하기 때문에 이온반경보다도 외관의 반경(**스톡스반경**)이 커져 이동에 방해가 된다. 이 점성(비탄성충돌)에 의한 운동량의 감소를 보정하기 위해서는, 전위구배(전계)에 의한 가속이 필요하고 그 때문에 전압강하(**저항과전압**)를 일으킨다. 이 물리과정에 의한 저항R_{Ω}는 선형으로, 전류와 전압의 관계는 오음의 법칙을 따른다.

(b) 교류임피던스(미소진폭과정) 특성

전지의 내부진단이나 부하의 변동에 대한 과도응답 파형을 예측하기에는 교류신호의 임피던스 해석(주파수 응답해석)이 유용하다. **복소 임피던스 궤적**(벡터 궤적, 또는 나이퀴스트 선도(Nyquist plot))이나 **보드선도**(Bode diagram)를 off board 실험으로 구하여, 미리 상정한 등가회로의 저항이나 정전용량 정수를, 회로 시뮬레이터나 Parameter Identity S/W를 사용하여 결정하는 방법이 일반적이다(그림 5.16). 정현파 신호에 대하여 많은 주파수 성분을 포함하는 스텝함수나 M계열의 신호와 같은 의사백색신호를 입력하여 시간응답에서 등가회로를 구하는 방법도 있다.

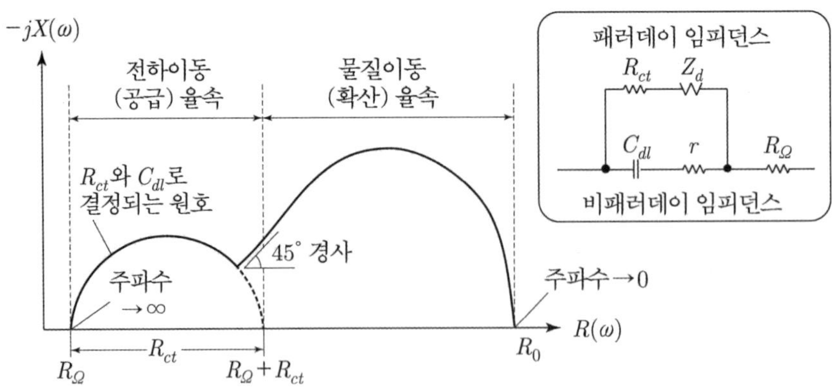

그림 5.16 2차전지의 기본적인 복소 임피던스 궤적

이 교류등가회로에서 다음의 점에 주의한다.

(1) 임피던스는 전류의 미소변동에 대한 전압변동의 비이다. 전지의 전기화학반응은 비선형이기 때문에, 소신호가 아니면 독립성이나 가산성이 없다. 또한 소신호에 대한 저항은 전류대 전압 특성곡선의 미분저항이 되어, 직류저항과 다르다.
(2) 교류 전압과 전류 사이에는 위상차가 있어 임피던스는 복소수가 된다.
(3) 계면 임피던스에는 산화환원반응에 기인하는 **패러데이 임피던스**와 그것 이외의 전기화학반응을 수반하지 않는 물리과정의 **비패러데이 임피던스**가 있다.

그림 5.17은 계면 및 전해질 각부의 임피던스를 나타낸 것이다. 여기서 전극 자체의 저항은 생략하고 있다.

각 부의 임피던스를 순서대로 설명하고자 한다.

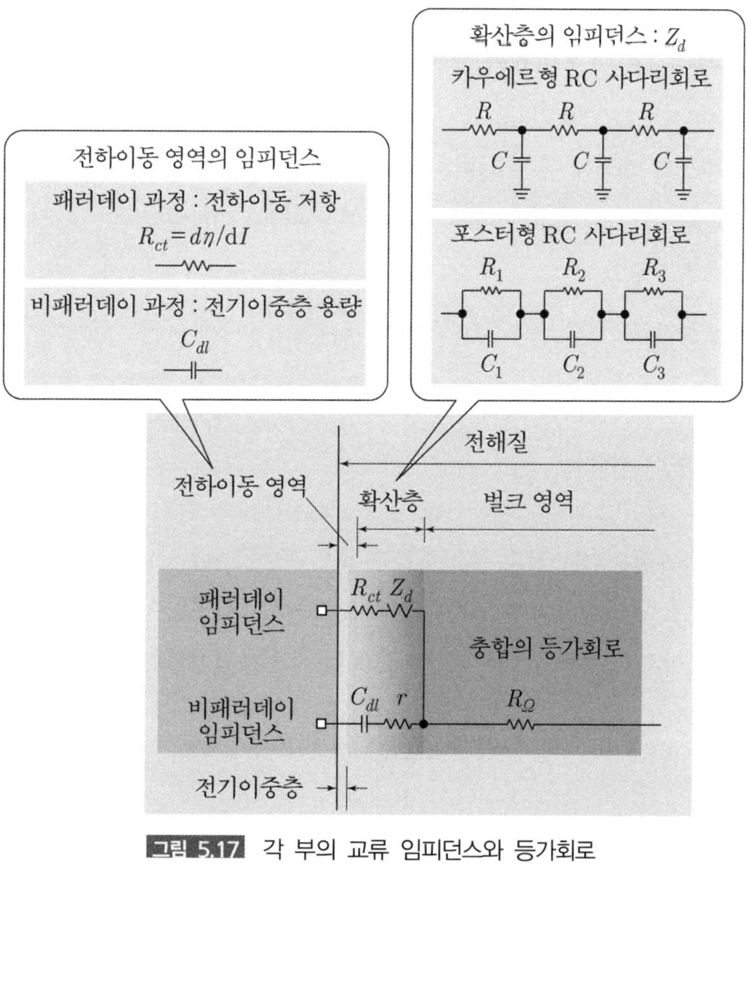

그림 5.17 각 부의 교류 임피던스와 등가회로

(1) 전극과 전해질과의 계면 임피던스

계면을 통과하는 전류에는 패러데이 과정의 전하이동 전류와 비패러데이 과정의 변위 전류가 있다. 전류연속의 식(전하보존법칙)에 의해 양자의 전류의 합이 전지의 전 전류와 같아진다. 계면의 패러데이 임피던스가 전하이동 저항 R_{ct}이고, 이것은 분극 η_{ct}의 전류미분 $d\eta_{ct}/dI$이다. 식 (5.6)을 미분하면 명백하듯이, 과전압 η_{ct}이 극히 작은 영역에서는 $R_{ct} = RT/zFI_o$가 된다. 과전압이 큰 영역에서의 미분저항 R_{ct}은 충방전 전류 I_{dc}에 의해 크게 변한다. 한편, 전기이중층의 정전용량(정식으로는 미분용량) C_{dl}에 비패러데이 과정의 변위 전류가 흐른다. 2차전지의 정전용량 C_{dl}은 작아서 단자전압 V_t가 변화된 순간에 작은 변위 전류 $C_{dl}dV_t/dt$가 흐른다.

(2) 확산층의 패러데이 임피던스

확산층에는 반응관여물질의 농도구배가 크고 확산에 의해 전류가 흐르고 있다. 여기에 교류전압을 중첩하면 확산 전류가 변조된다. 이 전압과 전류의 비가 확산층 임피던스 Z_d이다. 확산에는 응답지연시간이 있기 때문에 Z_d는 허수부가 마이너스 복소수가 된다. Z_d는 주파수가 무한대일 때 위상각 $-45°$에서 0으로 접근하고, 주파수 0에서 실수 R_d가 된다.

확산현상의 해석에 유용한 이론 임피던스로서, 두께 δ를 일정으로 한 네른스트 확산층 근사의 유한장 바르부르크 임피던스(Warburg impedance) Z_ω가 있고,

$$Z_\omega = R_d \frac{\tanh(\sqrt{j\tau_d\omega})}{\sqrt{j\tau_d\omega}} \tag{5.8}$$

으로 주어진다. 여기에서, ω는 각 주파수, R_d는 $\omega \to 0$에서의 확산저항, $\tau_d = \delta^2/D$ (D는 확산정수)이다.

Z_ω는 같은 확산방정식에 따른 RC 분포 정수 선로의 응답특성과 등가이다. 일반적으로, 확산과정을 집중정수 등가회로로 나타내면, 그림 5.17의 Cauer형 RC 사다리회로가 된다. 수치해석의 용도에는 문제가 없지만, 임피던스 Z_d는 관련 부분 수식이 되어 파악하기 어렵다. 응답시간의 견적이나 이론계산에는 부분분수식

$$Z_d = \sum_i \frac{1}{R_i^{-1} + j\omega C_i}$$

로 표현할 수 있는 Foster형 RC 사다리회로가 자주 사용된다. 등가회로 각 부의 응

답과 실제의 확산현상과의 대응관계는 잃고 있지만, 응답특성을 파악하기 쉽고 실용상 사용하기 쉬운 모델이다.

(3) 계면에서 떨어진 충합에서, 농도가 거의 일정한 전해질의 임피던스

전해질부의 등가회로는 유전체로서의 정전용량 C_E와 이온 영동저항 R_Ω의 병렬회로가 된다. 지지염(supporting salt)을 용해한 전해질의 도전율 κ는 크고, 전계가 정상이 되기까지의 유전완화시간 $\tau_D = C_E R_\Omega$이 극히 짧아서, 통상 C_E는 무시할 수 있다.

(4) 외부접속회로의 임피던스

전류회로의 임피던스 등에서 과도과전압(서지)이나 전자 노이즈와 같은 매우 높은 고주파수 성분을 취급할 때에는 고려해야 한다.

(c) 발열과 에너지 효율

2차전지의 충방전 에너지 효율에 대하여 생각해보자. 평형 상태에 있는 진지에 외부에서 충방전 전류가 흐르면 전지는 그림 5.18처럼 새로운 평형 상태로 이동한다. 이때, 전류가 무한히 작고 무한대의 시간이 가해지면 준정적인 전기화학반응이 진행한다. 이 가역전지의 효율은 100%이다. 그러나 실용적인 전류를 흘리고자 하면, 전기화학반응을 가속하기 때문에 여분의 에너지가 필요하게 되어 반응이 비가역이 되고 효율이 저하된다.

방전시의 반응을 보다 상세히 고찰해보자. 열역학에 의하면 방전시에 전지 중에 물질의

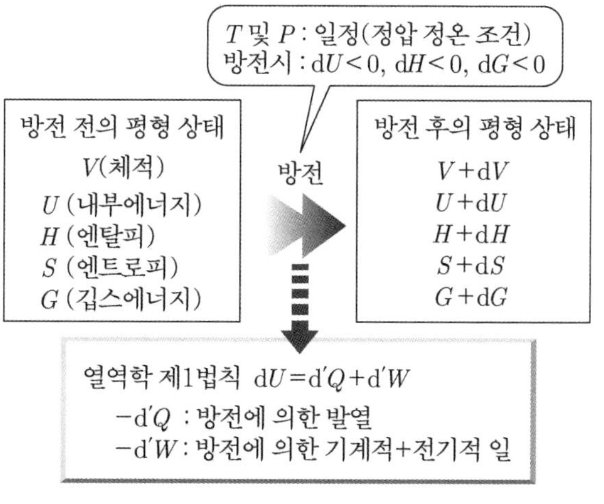

그림 5.18 방전 전후의 평형 상태와 일·열의 관계

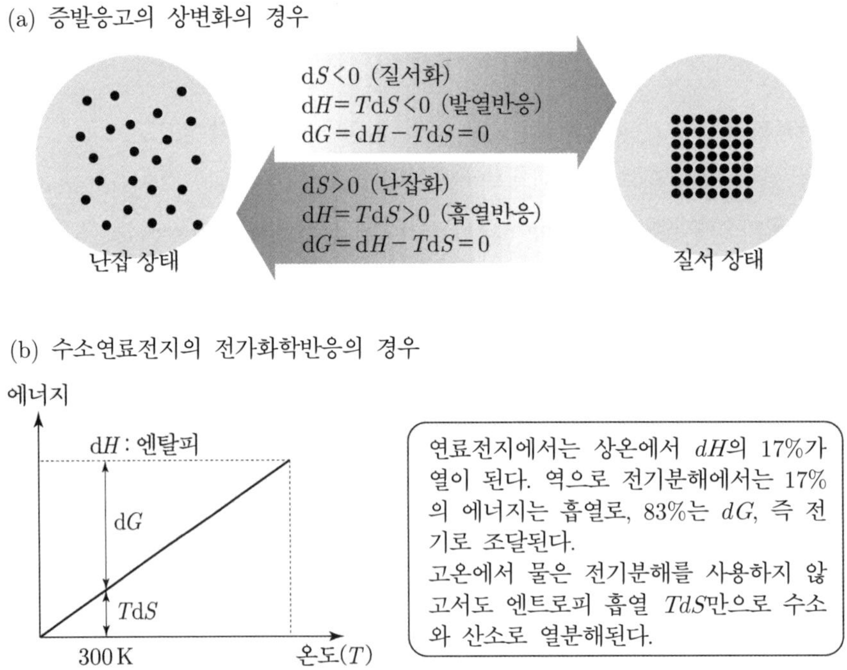

그림 5.19 엔트로피 항의 흡발열

결합의 변형으로 생기는 에너지 생성, 즉 엔탈피 H의 감소분 $(-dH>0)$은 깁스에너지 G의 감소 $(-dG>0)$와 엔트로피 항 $-TdS$에 분배된다.

$$-dH = -dG - TdS \tag{5.9}$$

여기에서, 엔트로피 항 $-TdS$는, 방전 후 새로운 평형 상태로 이동할 때 계의 재구축(질서 상태의 변화)에 사용된다(그림 5.19). 이것은 자유롭게 사용할 수 없는 속박에너지이다. 엔트로피 항은 증발이나 응고 등의 상전이에 있어서 잠열에 해당한다. 응고와 같은 질서의 증대시 $(dS<0)$에는 발열$(-Tds>0)$이, 증발과 같은 질서의 감소시에는 흡열반응$(-Tds<0)$이 일어난다. 충방전 사이클에서 일어나는 발열, 흡열반응은 증발·응고반응과 같이 가역적이다.

생성에너지에서 엔트로피 항을 뺀 깁스에너지 감소 $-dG$의 모두를 전기적 일로서 외부에 이용할 수 없다. 내부에서 소비되는 전기에너지가 있기 때문이다. $-dG$는 외부에 자유롭게 꺼낼 수 있는 전기에너지$(-d'W_e)$의 최대치로, 비가역반응에서 항상 $-dG > -d'W_e\ (>0)$이다. 여기서, d의 상첨자 $'$는 반응경로(방전 방식)에서 전기적 일이 변하는 것을 의미하기 때문에 불안전 미분기호이다.

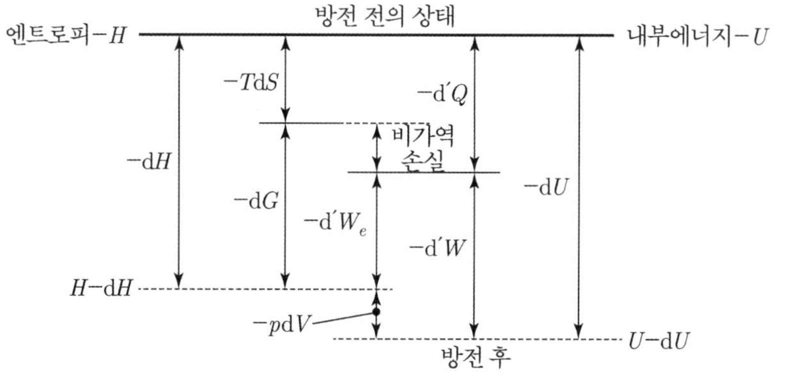

열역학 제1법칙 :
$-dU$(내부에너지 감소) $=$전체 일$+$발열 $= -d'W - d'Q$
전체 일 $=$전기적 일$+$기계적 일: $-d'W = -d'W_e - pdV$

열역학 제2법칙 :
$dS \geq d'Q/T\,(d'Q \leq TdS)$(등호는 가역반응일 때)

열역학 관련 함수 :
$-dH = dU - pdV,\ -dH = -dG - TdS$

그림 5.20 방전 전후의 열역학 관련 함수의 변화와 일·열의 관계

부하저항이 크고 전류가 작을 때에는 일로서 꺼낼 수 있는 전기에너지는 깁스에너지에 가까워진다. 반대로 부하저항이 제로에 가까워지면(전지의 단락 등) 깁스에너지는 전지내부의 비가역반응에서 열로서 거의 소비되고, 외부에서의 전기적 일은 제로가 된다. 이와 같이 2차전지의 에너지 변환효율은 운전조건에서 크게 좌우된다.

그림 5.20에 표시된 것과 같이, 열역학 제1법칙과 열역학 제2법칙에서 $-dG \geq -d'W_e$ 즉, $-dG$보다 작은 $-d'W_e$밖에 꺼낼 수 없는 것을 설명할 수 있다.

이상을 정리하면 방전시의 열류량 Q(단위 W)는 주울 손실($=$전압$\times$전류) Q_p[W]과 엔트로피 열 Q_s[W]의 합이다. 즉,

$$Q = Q_p + Q_s \tag{5.10}$$

이 성립한다.

(1) Q_p(실용 전류 I를 흘리기 위해 과전압 η을 가함으로써 발생하는 열류량) :

$$Q_p = \eta I = R_{\text{int}}\,\mathrm{I}^2 > 0 \tag{5.11}$$

여기에서, 충방전 전류 I의 방향은 충전시를 정으로 한다. η는 충방전에 따르지 않는 I와 같은 부호이므로 과전압에 의한 열은 항상 정(발열)이다.

(2) Q_s(전기화학반응 전후의 질서변화에 따른 엔트로피 열류량) :
단위시간당의 방전 ($I < 0$) 반응 몰수는 $(-I)/(zF)$이므로, $Q_s = TdSI/(zF)$ 또는 $-dG = zF \cdot \mathrm{OCV}$에 따라,

$$dS = -\frac{\partial dG}{\partial T} = zF\frac{\partial \mathrm{OCV}}{\partial T}$$

이므로,

$$Q_s = -\frac{TdSI}{zF} = T\frac{\partial \mathrm{OCV}}{\partial T}\mathrm{I} \tag{5.12}$$

이 된다. 엔트로피 열 Q_s의 정부나 크기는 전극재료나 전해질, 충전 상태에 의존한다. 일반적으로 탄소 코발트산 리튬계의 리튬이온전지에서는 $Q_s < 0$(흡열), 방전시에 $Q_s > 0$(발열)이 되는 것이 많다.

(d) 에너지/파워 특성

파워 특성이나 에너지 특성을 표기하는 방법으로서 Peukert plot과 Ragone plot 방법이 있다.

Peukert plot법은 정전류 방전 실험에서 방전전류 I와 완전방전까지의 시간 τ의 관계를 양 대수 그래프 위에 표시한 것이다. 방전 총전하량 $Q = I^k\tau$의 관계가 경험적으로 성립한다. 여기에서, Q [Ah]는 정격용량, $k \geq 1$는 perkert 지수로 등호는 무손실을 나타낸다.

Ragone plot법은 정전력 방전 실험에서 방전전력 P와 방전에너지 $E(=P\tau)$의 관계를 단위중량당으로 환산하여 양 대수 그래프 위에 표기하는 법이다(그림 5.21). 어느 쪽도 전지의 능력을 단적으로 표현하는 특성도이다.

5.5.5 2차전지의 등가회로 모델

그림 5.22에 정상 전류의 등가회로, 미소 과도 전류의 등가회로, 정상 열류의 등가회로의 예를 각각 나타낸다.

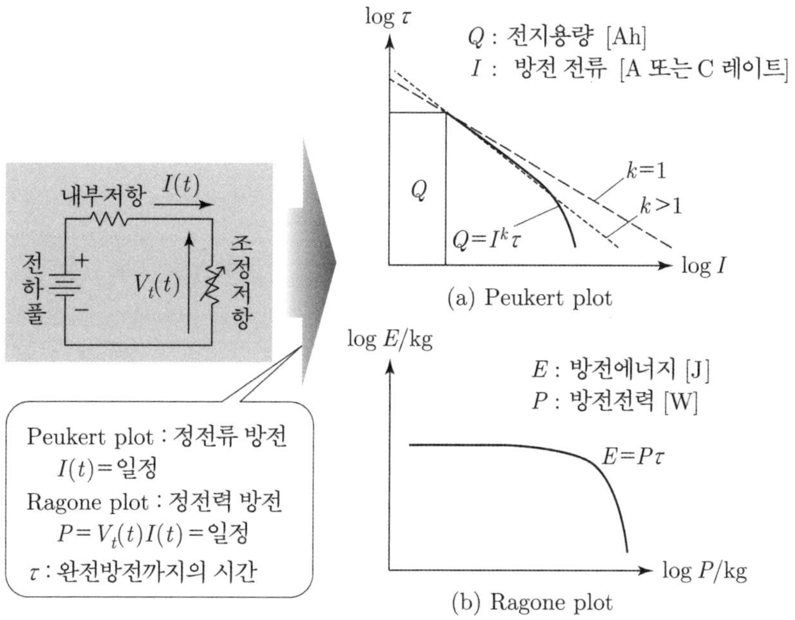

그림 5.21 출력 특성의 계측 및 표기법

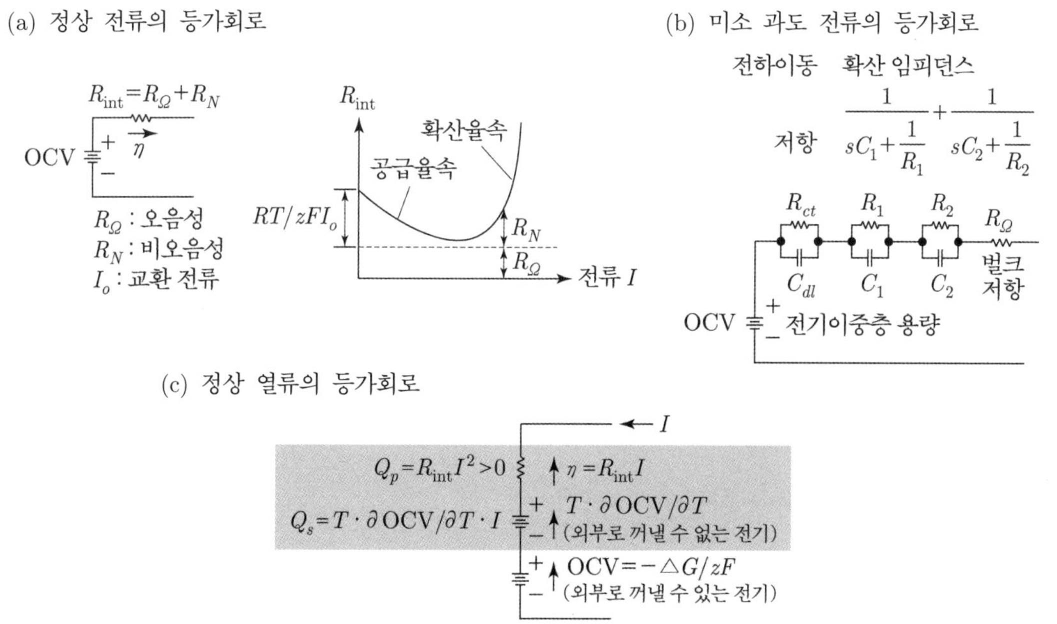

그림 5.22 각종 전지 모델

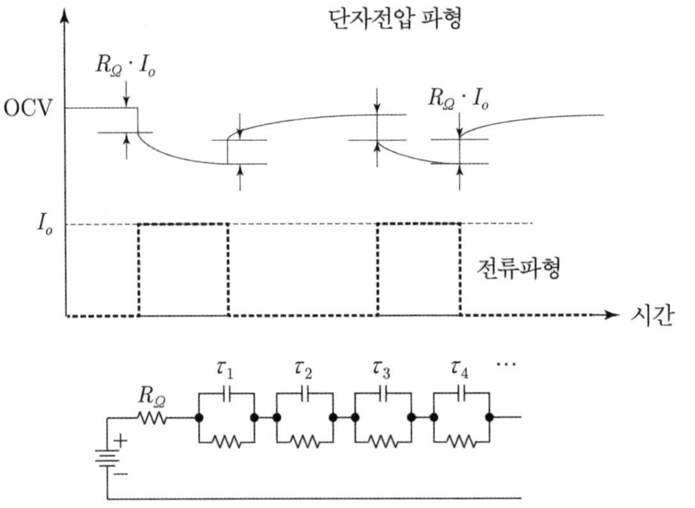

그림 5.23 대진폭 과도응답과 등가회로

한편, 실사용 상태의 충방전 전류는 큰 진폭으로 변동한다. 그림 5.23에 방형파 전류에 대한 단자전압의 응답파형을 나타낸다. 전류가 급증하면 내부의 직류저항의 전압강하에 의해 단자전압은 계단상으로 급감한다. 단계적인 변화가 계속되고 다양한 전기화학반응의 지연에 의한 느릿한 완화현상이 일어난다. 전류가 급감할 때에는 이것과 반대현상이 된다. 미소 과도 신호의 등가회로와 같이, 적절한 시정수를 짜 넣으면 등가회로를 만들 수 있을 것으로 생각할 수 있지만, 대진폭의 전기화학반응은 히스테리시스 등도 포함한 비선형현상이라 일반적인 모델을 만들기는 어렵다. 전지의 종류나 충방전 전류의 진폭 범위, 주파수 범위(구하고자 하는 시간응답 범위), 온도 범위, 냉각조건 등을 근거로 하여 목적이나 요구 정밀도에 의해 등가회로를 설정한다. 전지의 등가회로 정수는 충방전에 의해 변화하고, 또한 경시변동도 크기 때문에 제어장치에 짜 넣어서 사용하는 등가회로는 적응 필터형으로 하고, 파라메타를 순차적으로 변경할 필요가 있다.

5.5.6 니켈 금속수소화물 2차전지

정극을 니켈카드뮴전지와 같이 수산화니켈, 부극을 카드뮴으로 바꿔 금속수소화물(수소흡장합금)로 하고, 전해질로서 수산화칼륨(KOH) 수용액을 이용한 2차전지이고, 공칭전압은 약 1.2V이다(통칭 니켈수소전지. 그림 5.24).

충전시에는, 정전극은 H^+이온을 외견상 전해액 중에 방출하고, 옥시수산화니켈(NiOOH)

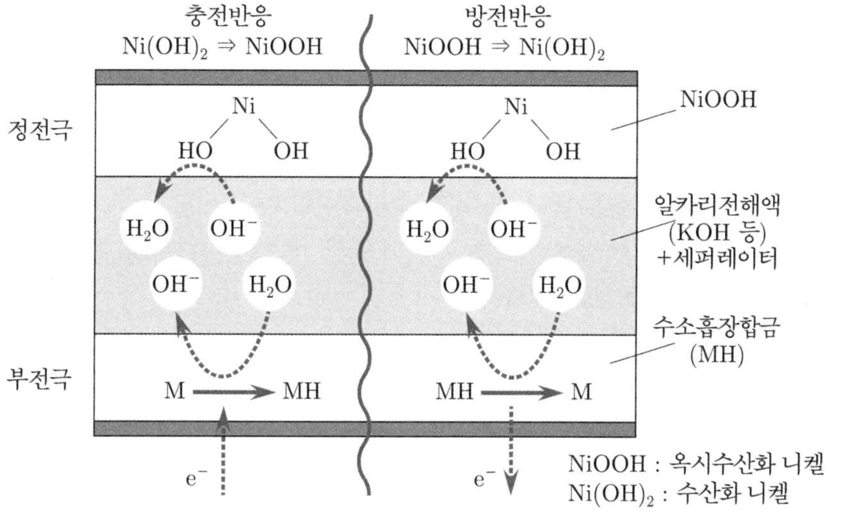

그림 5.24 니켈수소전지의 충방전 반응

이 된다. 부선극 M에서는 H^+이온이 환원되어 금속수소화물(MH : Metal Hydride)이 된다. 방전시에는 MH의 표면에서 수소원자가 H^+이온이 되어 전해액 중에 방출된다. 정전극은 H^+이온에 환원되어, 수산화니켈($Ni(OH)_2$)이 된다.

$$\text{정극반응} : NiOOH + H_2O + e^- \Leftrightarrow Ni(OH)_2 + OH^-$$

$$\text{부극반응} : MH + OH^- \Leftrightarrow M + H_2O + e^-$$

$$\text{전반응} : MH + NiOOH \Leftrightarrow M + Ni(OH)_2$$

단, ⇒의 방향은 방전, ⇐의 방향은 충전을 표시한다.

MH은 수소의 흡장 방출 프로세스가 상온상압에서 일어나는 것과 같이, 수소를 흡장하기 쉬운 금속과 수소를 흡장하기 어려운 금속을 적절히 조합시켜서 결합에너지를 조정한다. 희토류 원소와 니켈을 기본 재료로 한 것이 많다. 즉 수소흡장합금 MH은 액체수소 이상의 체적 밀도로 수소를 저장하는 능력이 있다.

5.5.7 리튬이온 2차전지

리튬이온 2차전지는 리튬이온의 록킹체어 기구를 사용한 2차전지이다(그림 2.14). 정극과 부극, 집전극, 전해질, 세퍼레이터 등으로 구성되어 있다. 정극에 천이금속산화물인 코발트산리튬($LiCoO_2$), 부극에 흑연을 사용한 경우, 개방전압은 약 4 V이다. 도전성을 향상시키기 위하여 유기용매의 전해질에는 리튬염 등의 지지염을 용해시키고 있다.

충방전에서 이온은 정극부극의 층상의 틈새(반데르바알스층)에 흡착 탈리한다. 이온의 출입에 따라서 전극은 팽창수축한다. 충전시에는 흑연의 층 사이를 넓히는 형태로 이온이 침입하여 부극은 팽창한다. 한편 정극층 사이에 있는 이온이 탈리하여 틈이 생기지만 코발트산의 강한 정전척력에 의해 팽창한다. 양자를 조합시킨 정부전극의 경우는 충전 때에 꽤 큰 팽창을 하게 된다.

부극, 정극 재료는 리튬이온이 이동할 수 있는 통로와 이온을 축척하는 틈새나 나노공공이 있고, 더욱이 전기화학 포텐셜의 차가 크면 좋기 때문에 상당히 많은 구성을 취할 수 있는 전지이다. 안전성 및 코발트 자원의 가격 상승을 배경으로, 코발트계를 대신하여 망간계나 철계의 천이금속산화물의 정극활물질을 이용한 리튬이온전지가 휴대기기나 대전력의 전기자동차용으로 개발되고 있다.

리튬이온 2차전지는 그 형상으로 원통형, 각형, 라미네이트형으로 분류할 수 있다. 원통형은 저 코스트로 외형의 치수가 안정하다. 단, 다수의 셀을 조합시키면 틈새가 생겨 체적효율이 나빠진다. 각형은 체적효율이나 방열효율은 양호하나 둘러매지 않기 때문에 충방전시에 현저하게 팽창수축을 한다. 라미네이트형은 금속캔 대신에 라미네이트 필름을 사용한 것이기 때문에, 각형과 같이 충방전 사이클에 따라 두께가 변한다.

리튬이온전지는 다른 저전압 전지에 비하여 정극 및 부극이 충전시에 극히 강한 산화와 환원 상태에 놓이기 때문에 재료가 불안정화하기 쉽다. 충전에서는 수십 mV 범위 내의 극히 고정밀도의 전압제어가 필요하게 된다. 과충전하면 정극측에는 전해질의 산화나 결정구조의 파괴에 의한 발열현상이 일어나고, 부극측은 금속리튬이 석출되어 최악의 경우는 정부전극을 단락시켜 과전류가 흐르고 파괴나 발화의 위험이 있다.

전지를 보호하기 위해서는 충방전의 제어나 온도보호의 기능을 배터리 제어기에 짜 넣을 필요가 있다. 또한 팩 내에 안전밸브, 정온도계수(PTC : Positive Temperature Coefficient) 소자, Shutdown Separator, 온도 휴즈 등의 보호 디바이스를 내장시킨다. 안전밸브는 과도 이상 발열이나 과충전에 의해서 빌생한 가스의 안전한 방출을 가능하게 한다. PTC에 과대한 전류가 흐르면, PTC 저항이 급격히 증가하여 전류 폭주를 방지한다. Shutdown Separator는 어느 온도, 예를 들어 130° 전후에 달하면 세퍼레이터의 세공이 용융하여 막혀, 전류를 차단한다.

그라파이트 부극에는 방전 초기에서 방전 말기 직전까지 완만하게 평탄에 가까운 전압

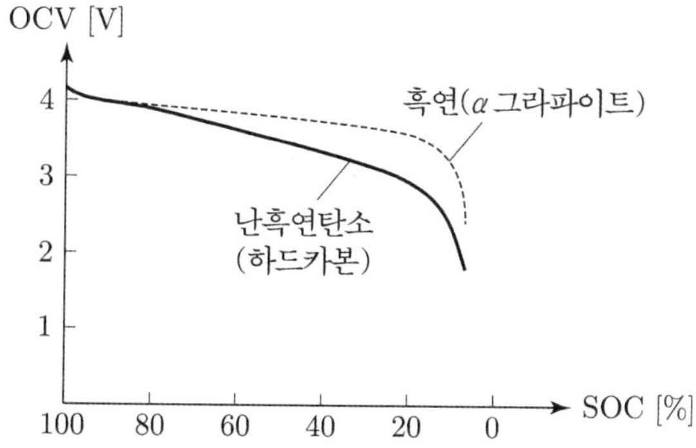

그림 5.25 리튬이온전지 OCV 대 SOC 특성

을 유지하여 방전 말기에 급격히 전압을 강하시킨다. 하드카본의 부극에는 1000회가 넘는 사이클 특성을 갖지만 방전종료전압까지 서서히 전압이 떨어지기 때문에 통상은 사용하기 어렵다. 그러나 이것을 역이용하여 개방전압에서 잔류용량을 정확히 알 수 있고, 수명도 길기 때문에 전기자동차 등으로의 응용에 적합하다고 볼 수 있다(그림 5.25).

그라파이트, 하드 카본을 대신하는 차세대 부극재료로서 리튬합금부극이 있다. 탄소와 달리 주석이나 실리콘은 충방전으로 합금화/탈합금화 반응하여 그라파이트의 수배부터 수십배의 용량이 가능인 것으로 알려져 있다. 체적변화가 크기 때문에 수명이 짧다는 것이 문제이다.

이 외에 금속산화물의 결정구조 중에, 리튬이온이 흡착 탈리하는 산화물 부극이 있다. 이것은 정극재료의 반응과 같지만, 반응전위가 낮아서 부극으로서 사용할 수 있다. 티탄산 리튬 $Li[Li_{1/3}Ti_{5/3}]O_4 \Leftrightarrow Li_2[Li_{1/3}Ti_{5/3}]O_4$ 는 전위가 1.55 V(대 Li/Li^+ 전극 전위)이고, 0.1 V 정도의 흑연에 비하여 에너지 밀도에서는 불리하지만, 팽창과 수축이 적고 열적으로도 안정하다.

정극활물질에는 층상암염형 구조의 Ni계, Co계, NiCo계, NiMn계, 스피넬형 구조의 망간산리튬($LiMn_2O_4$), 올리핀형 구조의 리튬인산철($LiFePO_4$) 등이 개발되고 있다. 에너지 밀도와 동시에, 열적으로도 안정한 재료가 요구되고 있다. 에너지 밀도를 비약적으로 향상시키기 위해서 천이금속산화물 이외의 공기전극이나 유황계전극 등이 연구되고 있지만 사이클 수명이나 안정성 등 과제가 많다.

한편, 리튬폴리머 전지는 리튬이온 전지에서 전해질이 액체가 아닌 젤 상태의 중합체(폴리머)로 만든 전지이다. 젤 상태의 전해질은 성능은 동일하나 안정성이 높은 것으로서 단락시 부풀어 오를 뿐 파열하지 않는다. 제조비용이 다소 비싸며 음극과 양극은 전해질과 혼합해서 굳힘으로써 리튬이온의 이동성과 전도성을 높이는 제조공법을 취한다.

전고체 전지는 고체 전해질을 사용하는 전지로써 전해질의 재료는 비가연성 무기물질(산화물계, 황화물계, 질화물계)이다. 전고체 전지의 장점은 안전성, 내열성, 저온 및 고온 사용성, 긴수명, 소형경량화, 묶음전지 및 급속충전이고 내부저항이 커서 이온전도성이 문제가 되나 세라믹유리의 발견 등 이를 해결하려는 다각적인 연구가 진행되고 있다.

5.6 배터리 매니지먼트

5.6.1 개요

장기에 걸쳐 신뢰성을 확보하기 위해서는 소전지(cell)와 이것을 직병렬한 조전지(battery)의 전기적, 열적인 매니지먼트가 필수이다. 배터리 제어기의 주요기능을 정리하면 다음과 같다(그림 5.26).

- 셀당 혹은 복수의 셀 온도, 전압, 전류 모니터
- 상태변수 SOC 추정과 플랜트 파라미터 SOH 동정(Identification)
- 수수 가능한 파워(SOP : State of Power)의 추정과 충방전 최적제어
- 배터리 진단과 셀 밸런스 제어(각 셀 전압이 불균형하고, 특정 셀의 열화가 진행되어,

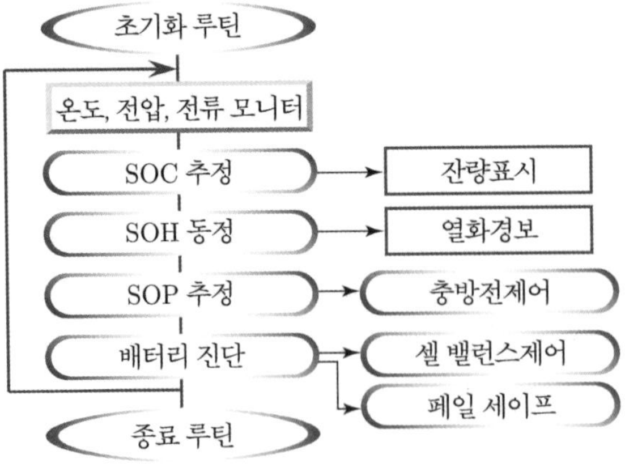

그림 5.26 배터리 매니지먼트의 기본 루틴

조전지 전체의 수명이 단축된다. 균일화하기 위해서는 예를 들어 평균보다 높은 전압의 셀을 방전하여 균형을 잡는다.)

- 고장 판정과 이에 따른 Failsafe나 시스템 정지모드로의 상태 천이

등이 있다.

조전지에서는 일반적으로 전지를 직렬로 하여 고전압화하고 있기 때문에 배터리 제어기에 고전압회로를 사용하지만 옵터커플러(opto-coupler)나 스위치드 캐패시터(switched capacitor로 Floating, 절연분리)하여 저내압의 전자회로를 동작시킬 필요가 있다.

5.6.2 2차전지의 열화

2차전지에는 다음과 같은 2개의 열화모드가 있다.

(1) 사이클 수명

충방전시 전기화학적, 물리적 변화에 기인하는 열화모드이다. 주전원으로서 반복 충방전되는 전지가 이에 해당되며, 일정 조건에서 충방전을 반복한 사이클 수와 전지의 만충전 용량과의 관계를 플롯(사이클 수명)하여 평가한다. 방전심도가 크면 수명이 짧아지므로 하이브리드 자동차나 전기자동차와 같이 긴 수명이 필요한 용도에는 최대충방전 범위를 제한시켜 사용하는 것이 많다. 쿨롱효율(=방전전하/충전전하)을 β라 하면 1회의 풀 충전당 $(1-\beta)$의 비율로 건전도(SOH)가 없어지기 때문에 N사이클 후의 건전도는,

$$\mathrm{SOH} \approx \frac{1}{1+\mathrm{N}(1-\beta)} \tag{5.13}$$

로 근사화할 수 있다. 리튬이온 2차전지에서 $\beta \approx 0.9995$라 하면 $N=500$ 사이클에서 SOH는 80%가 된다. 열화의 온도의존성은 아레니우스 모델로 근사할 수 있다. 이때 활성화에너지 E_a는 $40\ [\mathrm{kJ/mol}]$ 정도이다.

(2) 칼렌다 수명

전지를 장기보존했을 때 전기화학적 반응으로 열화하는 모드이다. 정전대책용 전지와 같이 평상시는 부하에서 분리된 상태로 유지충전(trickle 충전)되는 사용형태나

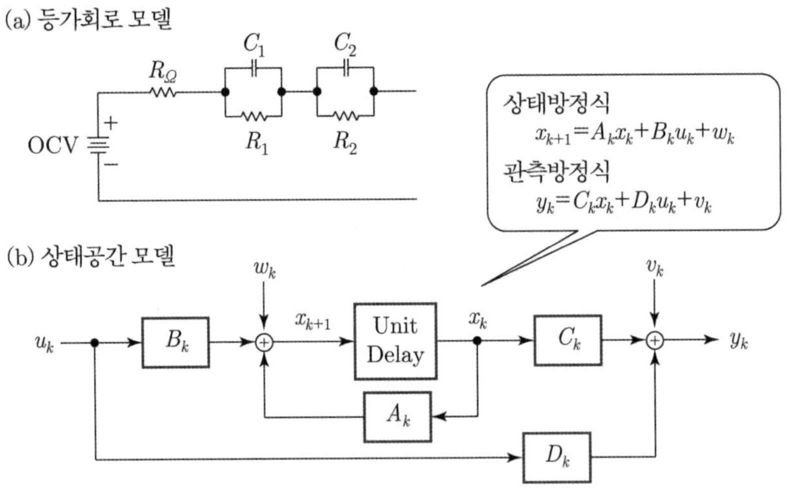

그림 5.27 배터리의 등가회로 모델과 상태공간 모델

부하접촉 상태로 부동충전(float 충전)되는 사용형태도 광의의 보존 형태이다. 장기간에 걸쳐서 판매점이나 운송선 내에서 재고되거나, 자택이나 사무실 주차장에 정차 또는 방치되거나 하는 전동차에서는 칼렌다 수명이 중요하다.

5.6.3 2차전지 모델

2차전지 모델에는 제2장에서 설명한 연료탱크 모델(그림 2.15)이나 그림 5.27에 나타낸 전기적인 등가회로 모델, 상태공간 모델 등이 있다. 완전방전시험을 수행하여 전류를 적산하면 전지의 중요한 파라메타인 SOC나 SOH를 구할 수 있지만, 운전중에는 이러한 계측법은 일반적으로 불가능하여서 무엇인가의 추정수단이 필요하다.

5.6.4 리튬이온전지의 내부 상태 추정

(a) 축차상태기록법에 의한 SOC, SOH, SOP의 추정

축차상태기록(bookkeeping)법이란, 실전지의 전압이나 전류 등의 시계열 데이터의 출입을 모두 기록하여, 그것에서 전지의 내부 상태를 추정하는 방법이다(그림 5.28).

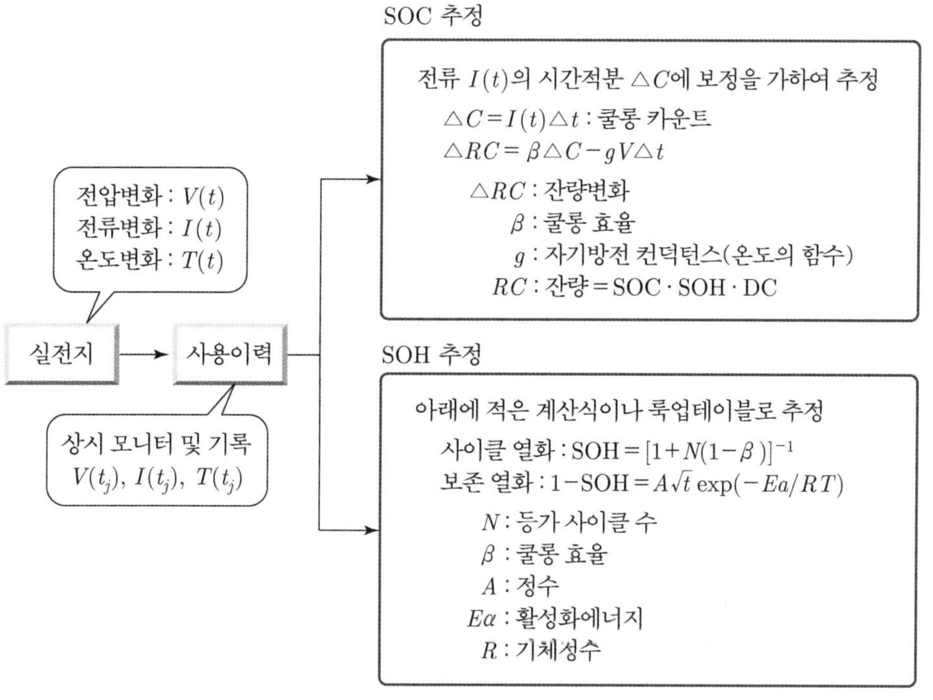

그림 5.28 축차상태기록법에 따른 SOC/SOH의 추정

충방전 전류 $I(t)$를 적분하면 전지(연료탱크)에 출입한 전하량 $Q(t)$는

$$Q(t) = \int I(t)\,dt \tag{5.14}$$

에 의해 계산할 수 있다. 전지에 충전된 전하의 초기치 $Q(0)$, 만충전용량 FCC를 이미 알고 있다면,

$$\mathrm{SOC} = \frac{\mathrm{Q(0)+Q(t)}}{\mathrm{FCC}} \tag{5.15}$$

에 의해 SOC를 구할 수 있다.

이와 같이 전류의 시간적분으로 전하를 구하는 방법을 쿨롱카운터(Coulomb count)법이라 한다. 실용을 위해서는 것은 충전 효율(쿨롱 효율 β)이나 자연방전을 보정하는 수식이나 데이터가 필요하다.

SOH 추정은 전지의 사용이력, 즉 충방전 전류이력, 온도이력, 경과시간이력 등과 SOH

관계를 미리 실험으로 구하여, 계산식이나 데이터 테이블(Data table)에서 얻는다.

SOP는 전지의 SOC나 SOH, 온도 등에 의존한다. 테이블에 미리 실험 데이터를 수납해 두고, 그것을 참조하여 충방전 전류의 최대허용치를 결정하는 것이 통례이다.

축차상태기록법은 간단하여 사용하기 쉽지만,

- 전지의 상태를 상시 모니터할 필요가 있다.
- 한번 SOC나 SOH의 추정이 빗나가면, 오차가 집적되어 원래대로 돌아가는 것이 어렵다.
- 사전에 다수의 실험 데이터를 취득할 필요가 있다.

등의 단점이 있다.

(b) 상태 추정기를 사용한 전지의 SOC, SOH의 추정

전지의 등가회로나 상태공간 모델을 작성하고, 상태 추정기를 사용하여 전지의 내부 상태를 추정하는 방법이다(그림 5.29). 전지 상태는 사용 환경이나 사용 이력으로 변화한다. 적응칼만필터 등을 사용하여 모델의 파라미터를 축차 갱신한다. 수렴성이 보증되어 있으면 모델은 실전지에 추종한다. 축차적 방법이므로 축차상태기록법과 비교하여 입력데이터의 메모리용량은 적게 끝나지만 수치 계산량이 팽대해진다. 마이크로프로세스나 디지털프로세서(DSP) 등의 연산능력이 증대되었기 때문에 실용화가 가능해졌다.

적응칼만필터에 의한 추정에서는 전지 모델의 입력에 실전지와 동일한 입력 U_k(온도나 전류)를 입력한다. 다음에 실전지의 출력 y_k(단자전압 V_t)와 모델의 출력 y_k(단자전압의 추정치 $\widehat{V_t}$)를 비교하여, 양자에 차이가 있으면 어떤 궤환 이득(feedback gain)을 그것에 곱하여 되돌리고, 오차가 최소화되도록 모델을 수정한다. 이것을 반복하여 상태량 $\widehat{x_k}$를 축차로 구하여, 실제 내부 상태량 x_k, 예를 들어 OCV를 추정한다.

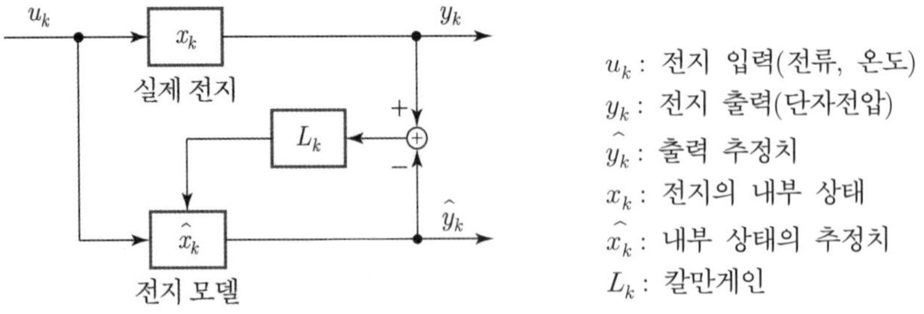

그림 5.29 칼만필터에 의한 전지의 내부 상태의 축차 추정

SOC의 추정에는 OCV와 SOC의 관계가 SOH에 의존하지 않는 것을 이용한다. 축차상태기록법에 의한 SOC 추정과 달리, 상시 관측 데이터가 불필요하여 오차를 집적하지 않는다. 단, SOC의 변화에 대한 OCV의 변동은 작기 때문에, 단시간의 SOC의 변동량의 추정에는 쿨롱 카운트법이 원리적으로 우수하다. 이 때문에 양자의 장점을 조합한 방법도 있다.

SOH는 내부저항의 변화 등에서 추정하지만 저항의 온도의존성이 크기 때문에 오차를 적게 하는 연구가 있다. 충방전으로 급격히 변동하는 SOC와는 다르게 시스템 파라메타의 SOH는 완만하게 단조 감소하는 변수이기 때문에 추론에는 시간적인 여유가 있다. SOH를 추정할 때에는, 과거의 추정치에 망각계수 $\lambda(<1)$로 가중치를 붙여, 지수 가중 이동평균화하는 방법 등이 있다.

제6장

주행용 모터와 그 제어

6.1 전동모터의 기본 특성

모빌 파워 일렉트로닉스의 주요한 액추에이터는 전동모터(이하 모터라 한다)이다. 이동체에 탑재된, 제한된 에너지원인 배터리의 용량을 가능한 한 효율적으로 이용하기 위해서는 모터에 다음과 같은 사항이 요구된다.

- 제한된 공간에 모터를 탑재할 필요가 있고, 모터 자체의 무게 증가는 에너지 소비 증대로 이어지기 때문에 **소형, 경량화**가 간절히 요구된다.
- 이동체의 운동 성능을 확보하기 위하여 **고토크**나 **고파워**가 요구된다.

이와 같이, 이동체에 사용되는 모터구동시스템에서는 상반되는 요구에 대하여 고도의 trade-off를 취할 필요가 있다.

제2장에서 살짝 접했지만, 모터에 발생하는 힘은 플레밍의 왼손 법칙으로 설명되어, 에어 갭에서 발생하는 전자력은 자속 밀도와 전류의 곱에 비례한다. 자속 밀도는 모터에 사용된 철심의 포화 자속 밀도에 제한되고, 전류는 도체 내에서 발생하는 손실에 의한 온도 상승에 의해 제한된다. 이 때문에 모터가 발생 가능한 전자력의 최대치는 대략적이지만 에어 갭 부분의 면적에 비례한다고 생각할 수 있다.

모터 회전자의 모식도를 그림 6.1에 나타낸다. 그림에 의해 모터의 회전자는 원통형에 근사할 수 있기 때문에 에어 갭 면적 S_g는

$$S_g = 2\pi r l \tag{6.1}$$

이 된다. 이 전자력은 회전자의 회전중심에 대하여 반경 r의 위치에서 발생하고 있기 때문에 모터의 최대 발생 토크 τ_m은 에어 갭 면적에 r을 곱한 양에 비례한다. 즉,

$$\tau_m \propto S_g r = 2\pi r^2 l \tag{6.2}$$

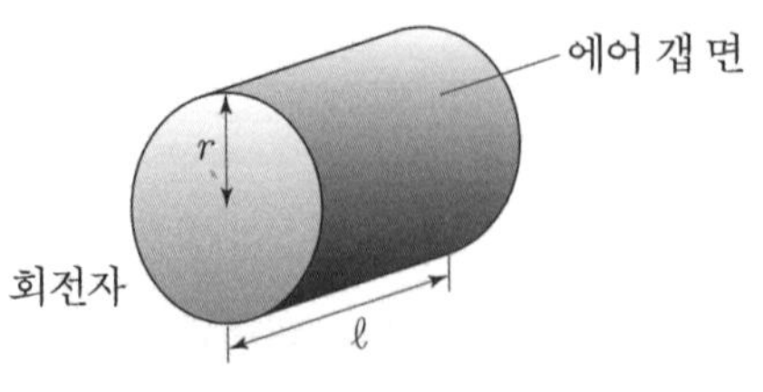

그림 6.1 모터의 회전자

이다. 식 (6.2)에 의해 모터의 최대 토크는 회전자의 체적

$$V_r = \pi r^2 l \tag{6.3}$$

에 의해 결정된다. 이것은 모터의 **토크 밀도**(단위 체적 또는 단위 중량당 최대 토크)에는 한계가 있다는 것을 의미한다. 자성재료적인 한계가 있기 때문에 에어 갭 면의 자속 밀도의 향상은 어렵다. 따라서 토크 밀도를 증가시키기 위해서는 최대 전류의 증가가 유효하다. 이를 위해서는 권선저항에 의한 발열에 대한 방열 기술이 중요한 역할을 한다.

한편, 모터가 발생하는 기계적 파워 P는,

$$P = \tau\omega \tag{6.4}$$

으로 주어진다. 여기에서 τ는 토크, ω는 회전각속도이다. 따라서 모터가 발생할 수 있는 최대 파워 또는 **파워 밀도**(단위 체적당 또는 단위 중량당 파워)를 향상시키기 위해서는 최대 토크 또는 토크 밀도를 증가시킴과 함께 최대회전수를 상승시키는 것이 유효하다. 단, 최대회전수를 상승시키기 위해서는 베어링, 회전자의 기계적 강도, 모터 주파수 상승에 의한 변환기의 응답성 등의 기술적 과제를 해결할 필요가 있다.

6.2 교류모터 구동시스템의 구성과 기본 특성

이동체에서의 사용을 상정한 교류모터 구동시스템의 구성을 그림 6.2에 나타낸다. 이동체의 에너지원으로 배터리(직류전원)가 사용된다. 인버터의 전원으로서 배터리를 직접 접속하는 것이 일반적이지만, 필요에 따라 인버터와 배터리 사이에 DC/DC 컨버터를 사용하는 것도 있다. DC/DC 컨버터를 추가하는 것은 효율, 부품수, 체적에서는 불리하나, 인버터의 입력전압을 가변함에 의해, 모터의 제어 범위를 확대시킬 수 있을 뿐 아니라 모터나 인버터의 스위칭 손실도 포함한 시스템 전체의 손실 저감에 기여할 수 있다.

인버터의 입력전압 검출은 DC/DC에 의한 입력전압 제어 때문에 꼭 필요하지만 DC/DC 컨버터를 사용하지 않는 경우에도 배터리의 이상검출이나 고부하시의 배터리 전압강하의 영향을 보상하기 위하여 쓰인다. 그림 6.2의 PWM(Pulse Width Modulation, 펄스폭 변조) **인버터**에서는, 입력의 직류전력을 교류전력으로 변환하여 교류모터를 구동한

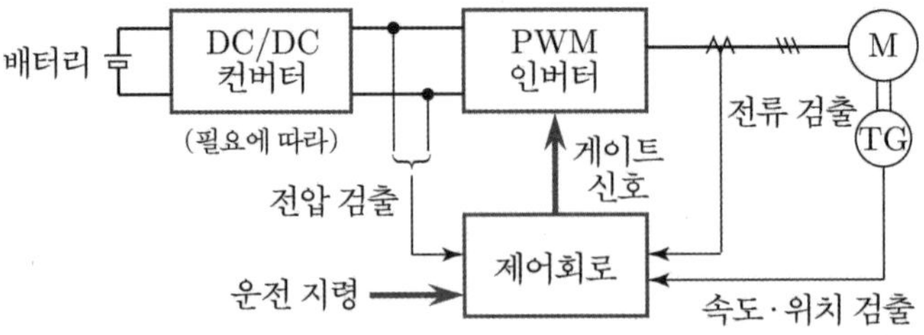

그림 6.2 교류모터 구동시스템

다. PWM 인버터는 제어회로에 실장된 벡터제어 등의 모터제어법에 기초하여, 임의의 진폭과 위상의 출력 전압을 교류모터에 인가할 수 있다. 단, 출력전압의 최대치는 직류입력 전압으로 제한된다.

그림 6.2는 제어회로 내에 속도제어계를 구성하여, 교류모터의 회전속도를 제어하는 것을 상정하여 묘사하고 있지만, 용도에 따라서는 위치제어 또는 토크제어를 하는 경우도 있다. 교류모터의 위치/속도를 고속으로 제어하기 위해서는, 교류모터의 순시토크를 제어해야 한다. 이 순시토크는 교류모터의 권선에 쇄교하는 자속과 모터 전류의 상호작용에 의해 발생한다. 이 때문에 모터 전류를 검출하여 전류 마이너 루프(minor loop)를 구성하여 모터 전류를 제어하는 것이 일반적이다. 제어회로에서는 상위 시스템에서의 운전 지령이나, 각종 센서에서 얻어진 전압/전류/속도 등의 정보를 토대로 모터 제어 연산이나 보호처리를 수행한 결과로서, PWM 인버터의 게이트 신호를 결정한다.

교류모터 구동시스템의 기본 특성을 그림 6.3에 나타낸다. 간단히 하기 위해

- 모터 내부의 자속의 크기 Φ는 자유롭게 조정할 수 있을 것
- 모터의 토크 전류 I는 자유롭게 제어할 수 있을 것
- 토크 전류 I와 모터전압 V의 최대치는 PWM 인버터의 정격전압으로 제한될 것

을 가정한다.

모터의 출력 토크 T는,

$$T \propto \Phi I \tag{6.5}$$

를 만족한다. 단, Φ는 자속의 크기, I는 토크 전류이다. 이것에 의해 고토크를 얻기 위해서는 자기포화의 허용 범위 내에서 자속 Φ를 최대로 유지하는 것이 유리하다. 자속 Φ를 일정하게 유지했을 때, 토크 전류 I의 최대치는 인버터의 정격 전류에 의해 제한되기 때문에 모터가 출력 가능한 최대 토크 T도 역시 제한된다. 이 때문에 자속 Φ를 일정하게

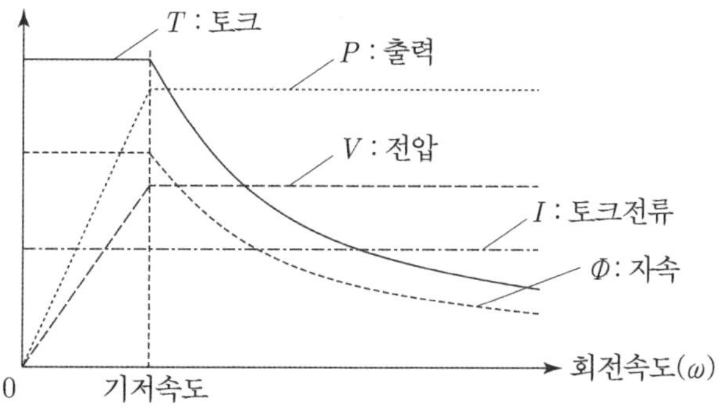

그림 6.3 교류모터 구동시스템의 기본 특성

유지하고 있는 기저속도 이하의 저속 영역에서는 모터의 최대토크는 회전속도 ω에 관계없이 일정하다. 이때, 모터의 출력파워 P는,

$$P = T\omega \tag{6.6}$$

를 만족하기 때문에 보너의 최대 출력은 ω에 비례하여 증가한다.

한편, 모터 권선에 발생하는 유기기전력의 크기는 Φ과 ω의 곱에 비례한다. 간단히 하기 위해, 권선임피던스에 의한 전압강하가 유기기전력에 비하여 충분히 작아 무시할 수 있고 모터의 단자전압 V가 유기기전력과 같다고 가정하면

$$V \propto \Phi\omega \tag{6.7}$$

를 얻는다. 기저속도 이하의 저속 영역에서는 Φ가 일정하므로 V는 ω에 비례하여 증가한다. ω가 너무 높아지면 PWM 인버터는 최대출력전압보다 큰 전압을 출력할 수 없기 때문에 충분한 모터 전류를 흘릴 수 없고 그것 이상의 회전수에서 모터를 구동할 수 없다.

이 문제를 해결하여 모터의 운전 가능한 속도 범위를 확대하는 것이 **약계자 제어**이다. 식 (6.7)을 고려하면, 기저속도 이상의 중/고속 영역에서, 자속 Φ를 회전 속도 ω에 대하여 반비례하도록 제어하면, 모터전압 V를 회전속도 ω에 관계없이 일정하게 유지할 수 있어 모터를 적절히 구동할 수 있다. 이 약계자 제어를 수행하는 속도 범위에서는 모터의 출력가능한 토크 T는 회전속도 ω에 반비례하여 감소하고 출력 P은 일정해진다. 이 때문에 기저속도 이상의 운전 범위는 **정출력 영역**, 기저속도 이하는 **정토크 영역**이라 한다.

실제로 모터 운전이 가능한 최고속도는 회전자 구조나 베어링 등의 기계적강도, PWM 캐리어 주파수나 제어지연 등에서 결정하는 인버터 출력 주파수의 상한 등, 각종 요인으로 결정된다. 또한 설명을 간략하게 하기 위해 몇 가지 가정을 주었지만, 예를 들어 모터

권선 임피던스의 전압강하는 실제에서는 무시할 수 없다. 그 때문에 자속을 회전속도에 대하여 반비례하도록 제어하여도, 모터의 단자전압은 상승하여 운전 가능한 최고속도를 제한하게 된다. 이 최대속도의 기저속도에 대한 비를 **가변속비**라 부른다. 이동체용 드라이브에서는 비교적 큰 가변속비가 요구된다.

그림 6.4에 모터의 출력 토크(횡축)와 회전속도(종축)의 관계를 나타낸다. 예를 들어, 전기자동차나 하이브리드 자동차의 구동용 모터를 고려하면, 전진가속하는 경우에는 속도도 토크도 정방향이고, 모터에서는 전기에너지를 기계에너지로 변환하여 가속한다. 이 상태는 그림 6.4에서 1상한에 해당한다. 전진감속의 경우에는 2상한에 해당하며, 모터는 발전기가 되어 기계에너지를 전기에너지로 변환한다. 이때 모터를 구동하고 있는 PWM 인버터는 PWM 정류기로 동작하게 된다. 후진가속/감속은 3/4상한에 각각 해당하며, 역행 운전과 회생운전이 된다. 이와 같이 모터의 회전속도와 출력 토크의 양쪽이 양극성이 되는 운전을 **4상한 운전**이라 하며, 이동체에서는 4상한 운전이 필요해지는 용도가 많다.

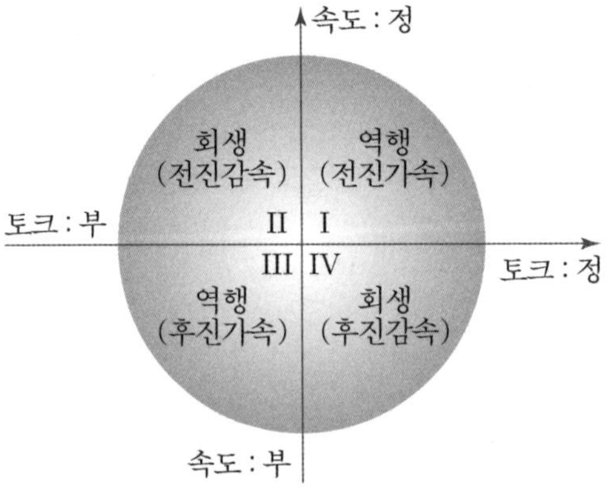

그림 6.4 4상한 운전

6.3 이동체 시스템에 사용되는 모터

6.3.1 모터의 종류와 분류

표 6.1에 이동체에서 사용되는 전동모터의 종류를, 그림 6.5에 각종 모터의 회전자 구조를 나타낸다. 이동체의 전원은 거의 배터리 등 직류전원이기 때문에, 예로부터 DC 모터가 사용되어 왔다. DC모터는 제어가 용이하고 취급이 쉬운 모터이지만 기계적인 브러시와 정류자를 가지고 있어 체적, 중량 면에서 불리할 뿐만 아니라, 기계적 마모에 의해 정기적인 보수가 필요하다. 그것에 대해, 교류모터는 브러시리스 구조(권선형 유도모터나 자계 권선을 갖는 동기모터 등, 브러시나 슬립링을 갖는 것은 제외)이기 때문에 정기적인 보수는 필요하지 않다.

이동체에는 유도모터, 영구자석(PM : Permanent Magnet) 동기모터, 싱크로너스릴럭턴스(SyR : Synchronous Reluctance)모터, 스위치드릴럭턴스(SR : Switched Reluctance)모터 등의 교류모터가 이용된다. 이들 교류모터에 대해서,

(1) 회전자 권선의 유무
(2) 여자를 영구자석으로 하는가, 또는 외부에서 공급된 여자전류로 하는가
(3) 회전자계인가, 이동자계인가

표 6.1 이동체에 사용되는 모터

종류	회전자 권선	여자	회전자계	장점	단점
DC모터(DCM)	있음	영구자석 또는 계자전류	-	제어 간단	기계적 브러시, 정류자 보수 필요
유도모터(IM)	있음	여자전류	회전자계	견실, 저가, 약계자 제어 용이	효율, 회전자 발열
영구자석 동기모터(PMSM)	없음	영구자석	회전자계	고효율, 회전자 구조 간단	자석 고가, 열감자
싱트로너스 릴럭턴스모터(SyRM)	없음	여자전류	회전자계	회전자 구조 간단	효율
스위치드 릴럭턴스모터(SRM)	없음	여자전류	이동자계	회전자 구조 간단	효율

표 6.2 각 모터의 토크 발생 원리

	전자기 토크		릴럭턴스 [자기저항] 토크	고정자 자계	비고
	전자석 인력/척력	플레밍 왼손법칙 [로렌츠의 힘]			
DC모터		0		-	
유도모터		0		회전	속도차 [미끄럼] 발생 필요
표면부착형 영구자석 동기모터	0			회전	
매립형 영구자석 동기모터	0	0		회전	
동기 릴럭턴스모터			0	회전	
스위치드 릴럭턴스모터			0	이동	

라는 관점에서 분류한다.

한편으로 각 모터의 토크 발생 원리는 전자기적인 토크와 릴럭턴스토크로 구분할 수 있으며, 여기서 전자기적 토크는 전자석의 인력과 척력에 의한 토크와 플레밍의 왼손법칙에 의한 로렌츠의 힘에 의한 토크로 세분할 수 있다. 표 6.2는 각 모터의 토크를 발생시키는 원리를 나타낸다.

(1)의 회전자 권선의 유무는 회전자 권선의 발열에 의한 회전자의 냉각이 어렵다는 문제와 고속 회전시 원심력에 의한 권선의 기계적 강도를 어떻게 확보할 것인가 하는 문제에 관계된다. 회전자 권선이 없는 쪽이, 방열 면에서도 기계적 강도 면에서도 유리하다.

(2)에 대해서는, 여자를 영구자석에 의하지 않는 경우, 모터 외부에서 여자전류를 공급하여 모터 내의 계자를 확립할 필요가 있고, 여자전류를 흘리기 위한 손실 발생으로 이어진다. 이 때문에, 영구자석으로 여자하는 모터가 효율 면에서 유리하다. 그러나 영구자석의 자속은 조정할 수 없기 때문에, 약계자 제어를 하기에는 여자전류를 외부에서 공급하는 쪽이 유리하다.

(3)은, 모터 내부의 자속이 회전자계인가, 이동자계인가에 의한 분류로, 표 6.1의 모터 중에 스위치드릴럭턴스모터(SRM)만이 이동자계로 분류된다. 이동자계의 경우에는 여자

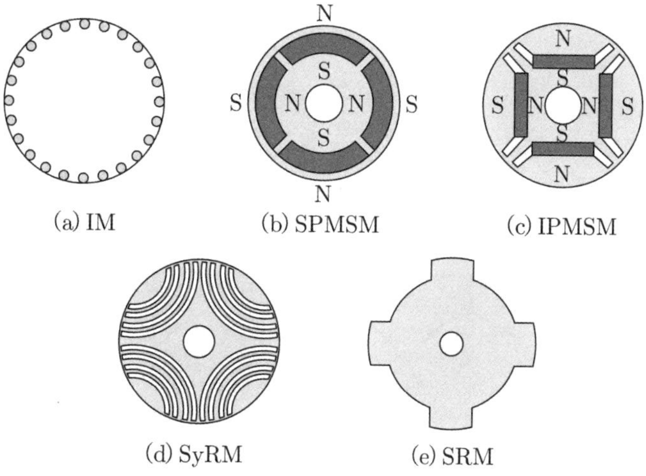

그림 6.5 각종 모터의 회전자 구조

상에 축적된 자기에너지를 다음의 여자상으로 이동시킬 필요가 있기 때문에 전력변환기의 부담이 커지는 경향이 있다. 여기에서 이동자계인 것과 고정자 권선이 집중권인 것과는 다르므로 주의해야 한다.

3상 교류 전류와 회전자계의 관계를 그림 6.6에 나타낸다. 고정자 권선은 3상 4극권을 상정하고 있다. 각 권선의 기호는 전류의 상과 방향을 표시하고 있다. 예를 들어 U상 전류 i_u가 +일 때 +U 권선에는 지면의 안에서 바깥 방향으로 전류가 흐른다. 그림 6.6 왼쪽 위에, U상 전류가 최대인 시각에서 각 권선의 전류와 발생하는 자극을 나타낸다. 전류의 크기는 원의 크기로 방향은 '×'와 '•'로 나타내고 있다. 자극의 위치와 방향은 화살표로 나타내고, 3상 권선에 의해 고정자 원주상에 4개의 자극이 발생하고 있다.

그림 6.6 왼쪽 위에서부터 순번으로, 전류위상이 60°마다 전류와 자극을 표시하고 있다. 자극의 강도는 전류위상에 관계없이 일정하고 전류위상이 60°마다 자극이 반시계방향으로 30°씩 회전하는 4극의 회전자계로 되어 있다. 검은 화살표는 1주기에 1/2 회전하고 있고, 4극기의 경우의 기계각은 전기각의 1/2이 되는 것을 알 수 있다. 그림 6.5 (a)~(d)의 모터의 경우에는 그림 6.6과 같은 고정자에 회전자가 삽입되어 있다. 각 모터는 기본적으로 이 회전자계의 회전속도(동기속도)로 회전한다. 유도모터(IM : Induction Motor)의 경우에는 미끄러진 만큼 지연되어 회전한다.

SRM의 동작원리를 그림 6.7에 나타낸다. SRM의 경우에는 각 권선에 단일 방향의 전류를 흘리고, 각상의 전류를 절환한다. 각 권선의 기호는 전류의 상과 방향을 나타내고 있

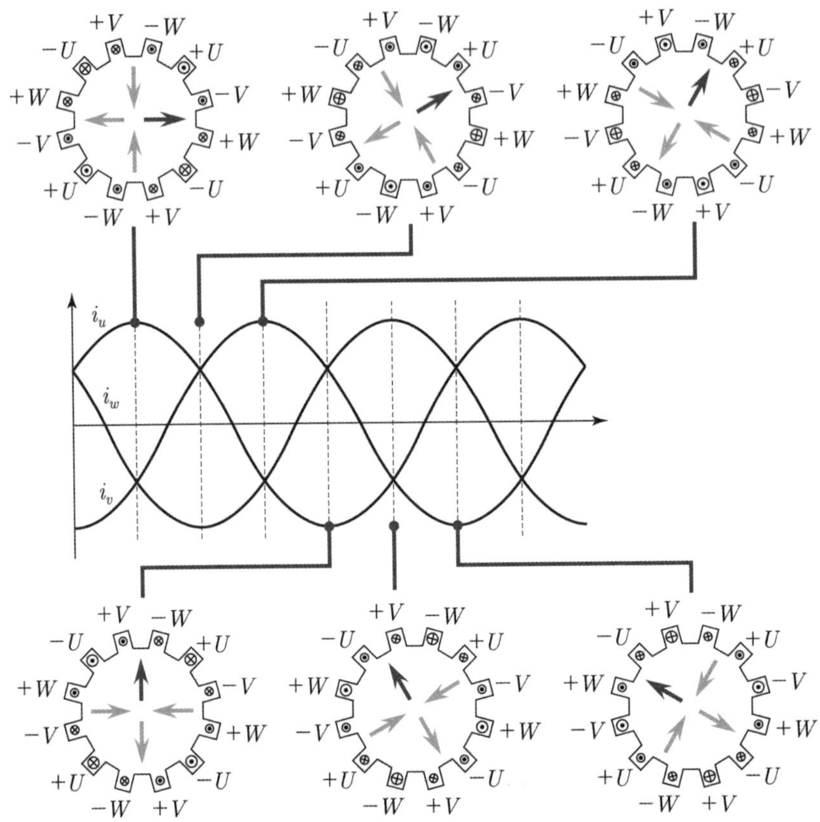

그림 6.6 3상 교류와 회전자계

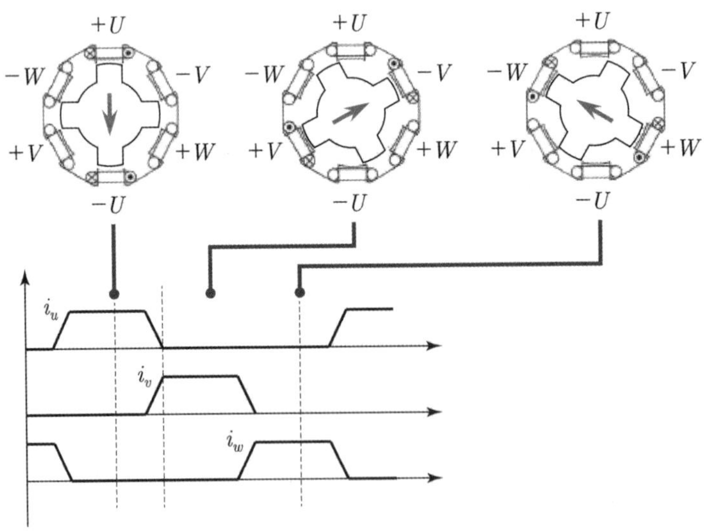

그림 6.7 스위치드릴럭턴스모터(SRM)의 동작원리

다. 예를 들어, +U 권선은 고정자에서 회전자의 방향으로 자계를 발생한다. 그림 6.7 왼쪽 위의 U상 권선에 전류를 흘린 경우 회전자 내에는 화살표 방향으로 자속이 발생하여, 그림의 위치에 회전자가 모이도록 토크가 발생한다. 다음으로 V상 권선에 전류를 절환하면, 회전자 내의 자속의 방향은 반시계방향으로 120°만큼 변하지만, 매끄럽게 회전하지 못하고 단순히 자극의 위치가 이동할 뿐이다. 이때 회전자는 시계방향으로 30° 회전한 방향으로 모이려고 한다. 결과적으로, 전류의 1주기로 자극은 반시계방향으로 120°씩 이동하여 1회전(360°)하고, 회전자는 시계방향으로 90° 회전한다. 이와 같이 SRM의 전류파형이나 동작원리는 회전자계를 이용하는 모터와 크게 다르다.

그런데 6.1절에서 잠깐 설명했지만, 이동체에서 사용되는 모터는 일반 산업용 모터와 달리 다음과 같은 사항이 요구된다.

우선, 공간이 제한된 이동체에 사용되기 위해서 모터는 **소형·고출력**일 필요가 있다. 다음에 전기자동차(EV)나 하이브리드 자동차(HEV) 등의 구동계에 사용되는 모터는 정지시부터 고속 주행시까지 **광범위한 가변속 운전**이 요구된다. 한편 배터리라는 한정된 에너지로 가능한 한 큰일을 할 수 있는 **고효율 운전**도 요구된다. 또 이동체의 경우에는 모터가 탑승자 가까이에 배치되는 경우가 많으므로 **저소음·저진동**일 필요가 있다. 더욱이 매서운 추위부터 불볕더위까지 과혹한 온도환경에서도 동작할 필요가 있다.

최근 영구자석 동기모터가 소형, 고출력으로 고효율이란 점에서는 영구자석 동기모터가 가장 우수하여, 최근 그 이용이 증가하고 있다. 그러나 모터 내부의 자속을 조정하는 것이 어려워 약계자 제어(영구자석 동기모터의 경우 약자속제어로도 불린다)의 가변속비를 크게 두는 것이 어렵고, 또 약계자 제어시 효율이 저하하기 쉽다. 또한 사용하는 영구자석은 고가이고, 고온환경에서는 열감자[1]되기 쉽다.

유도모터의 효율은 영구자석 동기모터만큼 높지 않으나, 견고하고 저가이며 약계자 제어도 쉽다. 또한 영구자석을 사용하지 않기 때문에 사용 환경 온도나 자원 문제도 적다.

회전자 권선 없이 영구자석을 사용하지 않는 SyRM와 SRM에 대해서도 최근 연구되고 있다. 이들 모터의 회전자는 철심만의 구조이기 때문에 견고하고 저렴한 이동체용 모터로 기대되고 있다.

영구자석을 회전자 철심 내부에 설치하여 마그네틱 토크와 릴럭턴스 토크 양쪽을 이용

---

1) 네오디움 자석 등의 고성능 자석은 온도 상승에 수반하여 보자력이 저하하는 특성을 가지고 있다. 이 때문에 상온에서는 문제없는 감자 방향의 자계에 있어서도, 온도 상승한 때에는 불가역 감자를 발생하는 경우가 있다. 이와 같이 온도 상승 때에 자석의 자화가 감소하거나 또는 자화를 잃어버리는 현상을 열감자라 한다.

하고 있는 모터로 내부 영구자석(IPM : Interior Permanent Magnet)모터와 영구자석 릴럭턴스모터(PRM : Permanent Magnet Reluctance Motor)가 있다. 이 2종류 모터의 다른 점은 IPM이 마그네틱토크를 주로 하는 것에 반하여, PRM은 릴럭턴스 토크를 주로하고 있다는 점이다. 이 2종류의 토크를 이용하면 약계자 제어가 용이해지고 고효율이라는 이동체에 적합한 특성을 실현할 수 있다. IPM은 하이브리드 자동차의 구동용 모터로 이미 실용화되고 있다.

실제 전동모터 사용에 있어서 그 용도나 사용조건에 의해 적절한 모터가 선택된다. 주구동원의 모터로는, 발진/정지가 빈번한 교통 환경하에 사용되는 전기자동차에서는 에너지 효율을 고려하여 영구자석을 사용한 모터, 즉 표면 영구자석 동기모터(SPMSM : Surface Permanent Magnet Synchronous Motor)나 내부 영구자석 동기모터(IPMSM : Interior Permanent Magnet Synchronous Motor) 등의 영구자석 동기모터가 일반적으로 사용된다. 그러나 고속열차와 같이 고속주행모드가 주가 되는 경우에는 유도모터가 사용되는 경우가 있다. 저가격화에 고속회전시에 쓸모없이 전류를 흘려 약계자 제어로 기전력을 억제할 필요가 없기 때문이다.

사용조건이나 실장조건에 따라 모터 권선법으로써 분포권 또는 집중권이 선택된다. 하이브리드 자동차에서 엔진, 변속기와 동축으로 실장하는 경우는 전체 길이가 짧고 편평한 집중권이 선택되고, 실장 공간이 있을 때는 분포권이 선택된다. 하지만 기술의 진보에 의해 선택의 자유도가 증가하고 있다.

6.3.2 각종 모터의 수학적 모델

각종 모터의 수학적 모델을 구축하는 것에 의해 모터의 해석이나 제어를 모델베이스로 계통적으로 할 수 있다. 모터 모델링의 기초는 **좌표변환**과 **공간벡터이론**이다. 여기서 구축하는 수학적 모델의 기본적인 가정은 다음과 같다.

- 좌표변환과 공간벡터이론에서 모든 변수는 순시 값으로 취급되고, 도출된 수학적 모델은 과도 특성을 포함하는 특성해석에 사용할 수 있다.
- 권선의 기자력 분포나 자속 분포는 정현파인 것을 가정해두고, 일반적으로 공간 고조파 등의 영향은 해석할 수 없다.
- 수학적 모델에서 권선저항은 포함되고 있지만 철손에 상당하는 손실은 포함되어 있지 않다.

- 교류기에서 모터 내부의 자속은 전원 주파수로 결정되는 동기속도로 회전하고 있기 때문에 수학적 모델에서는 자속을 기준으로 한 좌표계를 채용하는 것이 일반적으로 이해하기 쉽다. 자속을 기준으로 한 좌표계에서 관측한 전압, 전류, 자속 등의 물리량은 정상 상태에서는 일정한 직류량이 되기 때문이다.

Point 6.1 공간벡터의 정의

3상 교류회로에서 3상 물리량(전압, 전류 자속)의 순시 합이 zero인 경우 복소평면에서 3상 변수 모두를 하나의 복소수 형태의 벡터 f_{abc}로 표시가능하다.

$$f_{abc} = 2/3(f_a + af_b + a^2 f_c,\ a = e^{j2/3\pi},\ a^2 = e^{j4/3\pi})$$

공간벡터는 3상 물리량의 동작 주파수 ω_e의 각속도로 복소수 공간에서 회전하며 그 크기는 3상 교류의 최대치가 됨(3상 교류 전압의 경우 $V_{abc} = V_m e^{jwet}$)

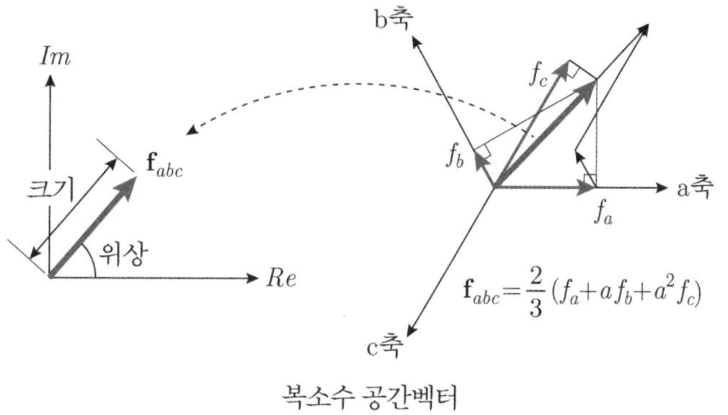

복소수 공간벡터

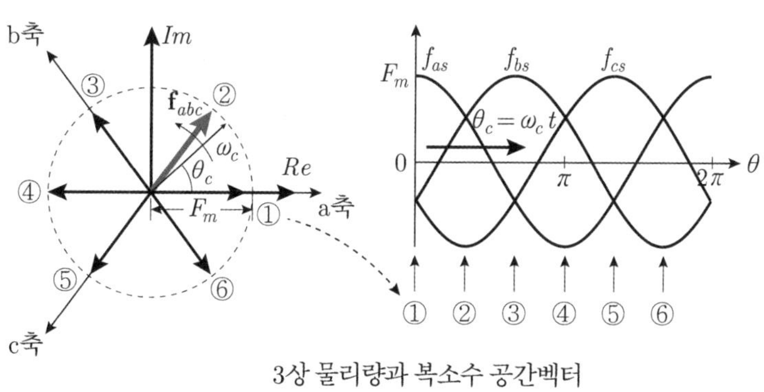

3상 물리량과 복소수 공간벡터

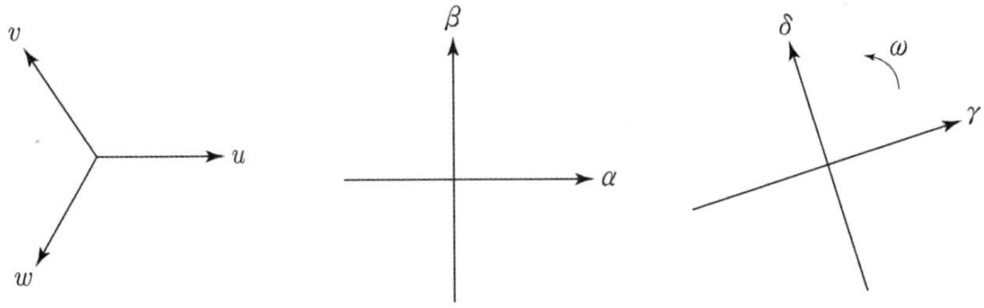

(a) 3상 고정자 좌표 (b) 2상 고정자 좌표 (c) 2상 자속 좌표

그림 6.8 좌표변환과 좌표계

좌표변환과 좌표계의 관계를 그림 6.8에 나타낸다. 예를 들면 다음 식과 같은 고정자 권선에 흐르는 3상 교류 전류를 생각한다.

$$\begin{aligned} i_u &= \sqrt{2}\,I\cos(wt+\theta) \\ i_v &= \sqrt{2}\,I\cos\left(wt+\theta+\frac{2}{3}\pi\right) \\ i_w &= \sqrt{2}\,I\cos\left(wt+\theta-\frac{2}{3}\pi\right) \end{aligned} \tag{6.8}$$

이것은 실효치가 I이고 위상이 θ인 3상 교류 전류이다. 각상의 전류는 각각 120° 위상이 다르기 때문에 그림 6.8 (a)와 같은 좌표축으로 표현된다. 그러나 3상 3선식의 경우, 3상 전류의 총합은 항상 제로가 되어 3상 전류의 자유도는 3이 아니라 2이기 때문에 다음 식의 3상/2상 변환에 의해 등가인 2상 직교좌표계인 (b) 2상 고정자 좌표로 변환한다.

$$\begin{bmatrix} i_\alpha \\ i_\beta \end{bmatrix} = \sqrt{\frac{2}{3}} \begin{bmatrix} 1 & -1/2 & -1/2 \\ 0 & \sqrt{3}/2 & -\sqrt{3}/2 \end{bmatrix} \begin{bmatrix} i_u \\ i_v \\ i_w \end{bmatrix} = \begin{bmatrix} \sqrt{3}\,Icos(wt+\theta) \\ \sqrt{3}\,Isin(wt+\theta) \end{bmatrix} \tag{6.9}$$

이 경우에 전류벡터는 2상 고정자 좌표에서 반경이 $\sqrt{3}\,I$로 회전각속도가 ω의 원 궤적을 그린다. 더욱이 다음 식을 이용하여 회전좌표 변환하면 전류벡터는 정지한 벡터로 변환할 수 있다.

$$\begin{bmatrix} i_\gamma \\ i_\delta \end{bmatrix} = \begin{bmatrix} \cos\omega t & \sin\omega t \\ -\sin\omega t & \cos\omega t \end{bmatrix} \begin{bmatrix} i_\alpha \\ i_\beta \end{bmatrix} = \begin{bmatrix} \sqrt{3}\,Icos(\theta) \\ \sqrt{3}\,Isin(\theta) \end{bmatrix} \tag{6.10}$$

이하, 몇 가지 모터에 대한 수학적 모델을 소개한다.

(a) 유도모터

자속좌표계로 표시된 유도기의 전압전류방정식과 토크방정식은,

$$\begin{bmatrix} \boldsymbol{v}_1 \\ \boldsymbol{0} \end{bmatrix} = \begin{bmatrix} r_1 & 0 \\ 0 & r_2 \end{bmatrix} \begin{bmatrix} \boldsymbol{i}_1 \\ \boldsymbol{i}_2 \end{bmatrix} + \begin{bmatrix} \dfrac{d}{dt} + \boldsymbol{J}\omega & 0 \\ 0 & \dfrac{d}{dt} + \boldsymbol{J}\omega_s \end{bmatrix} \begin{bmatrix} \boldsymbol{\phi}_1 \\ \boldsymbol{\phi}_2 \end{bmatrix} \tag{6.11}$$

$$\begin{bmatrix} \boldsymbol{\phi}_1 \\ \boldsymbol{\phi}_2 \end{bmatrix} = \begin{bmatrix} L_1 & M \\ M & L_2 \end{bmatrix} \begin{bmatrix} \boldsymbol{i}_1 \\ \boldsymbol{i}_2 \end{bmatrix} \tag{6.12}$$

$$\tau = pM\boldsymbol{i}_1^T\boldsymbol{J}\boldsymbol{i}_2 = p\boldsymbol{\phi}_2^T\boldsymbol{J}\boldsymbol{i}_2 = -p\boldsymbol{\phi}_1^T\boldsymbol{J}\boldsymbol{i}_1 \tag{6.13}$$

으로 주어진다. 여기에서 1차전압벡터 $\boldsymbol{v}_1$, 1차전류벡터 $\boldsymbol{i}_1$, 2차전류벡터 $\boldsymbol{i}_2$, 1차쇄교자속벡터 $\boldsymbol{\phi}_1$, 2차자속벡터 $\boldsymbol{\phi}_2$ 그리고 제로벡터 $\boldsymbol{0}$은,

$$\boldsymbol{v}_1 = \begin{bmatrix} v_{\gamma 1} \\ v_{\delta 1} \end{bmatrix},\ \boldsymbol{i}_1 = \begin{bmatrix} i_{\gamma 1} \\ i_{\delta 1} \end{bmatrix},\ \boldsymbol{i}_2 = \begin{bmatrix} i_{\gamma 2} \\ i_{\delta 2} \end{bmatrix},$$

$$\boldsymbol{\phi}_1 = \begin{bmatrix} \phi_{\gamma 1} \\ \phi_{\delta 1} \end{bmatrix},\ \boldsymbol{\phi}_2 = \begin{bmatrix} \phi_{\gamma 2} \\ \phi_{\delta 2} \end{bmatrix},\ \boldsymbol{0} = \begin{bmatrix} 0 \\ 0 \end{bmatrix}$$

로 주어진다. 각 열벡터는 각각 $\gamma\delta$ 직교좌표계의 각 성분으로 표시된다. $\gamma\delta$ 좌표계는 고정자 좌표에 대하여 2차쇄교자속벡터 ϕ_2와 같은 회전각속도 ω로 회전하는 회전 좌표계로, 여기서는 γ축의 방향과 2차쇄교자속벡터의 방향이 일치하고 있다. 즉 $\phi_{2\gamma} = 0$이라고 생각하기 쉽다. 또한 $\boldsymbol{J}$는

$$\boldsymbol{J} = \begin{bmatrix} 0 & -1 \\ 1 & 0 \end{bmatrix} \tag{6.14}$$

로 주어진 90° 회전행렬이다. 즉 이 행렬에 의해 어떤 열벡터를 1차 변환하면, 원래 벡터에 대하여 90° 반시계방향으로 회전시키는 효과가 있다. 이것은 교류이론의 $j\omega$의 j가 벡터(또는 위상[2])를 90° 앞서게 하는 연산과 상사라고 생각된다. 교류이론은 일정 진폭, 일정 주파수를 가정한 이론이기 때문에 과도현상을 취급하지 않는다. 그러나 좌표변환이나

---

2) 단상정현파 $\sqrt{2}I\sin(\omega t + \theta)$를 진폭과 위상을 이용하여 $\dot{I} = Ie^{j\theta}$와 같이 복소수로 표현하는 표시방법을 위상(phasor)표시라 말한다. 위상의 크기는 최대치를 이용하는 경우와 실효치를 이용하는 경우가 있고, 정현파도 sin을 준비하여 위상을 정의하는 경우와 cos을 준비로 하는 경우가 있다. 이것은 전기회로의 교류이론으로 사용된다. 교류이론에서는 일정 진폭, 일정 주파수의 정상상태만을 취급하고 있다.

공간벡터이론에서는 이와 같은 가정이 부과되지 않기 때문에 여기에서 보이는 전압전류방정식이나 토크방정식은 과도상태에 있어도 성립하는 것에 주의한다.

식 (6.11)은 1차권선과 2차권선의 전압과 쇄교자속의 관계를 나타내고 있다. 즉 권선의 전압은 권선의 쇄교자속의 시간적 변화와 권선저항에 의한 전압강하의 총합이다. 실제 권선에서 존재하는 좌표계의 회전각속도와 관측하고 있는 좌표계의 회전각속도가 일치하는 경우에는 이 관계를 그대로 수식으로 표현하면 좋다. 그러나 양자의 회전각속도가 일치하지 않는 경우에는 그 상대속도에 크기가 비례하는 **속도기전력의 항**이라 불리는 항이 회전좌표변환 전후의 등가성을 보전하기 위하여 필요하다. 고정자 권선의 경우는, 권선의 속도가 제로이고 좌표계의 속도가 ω이기 때문에, ω에 비례하는 속도기전력의 항이 나타나고 있다. 회전자 권선의 경우에는 권선의 속도는 회전자각속도(전기각)가 $p\omega_m$, 좌표계의 속도가 ω이므로 그 상대속도인

$$\omega_s = \omega - p\omega_m \tag{6.15}$$

에 비례하는 속도기전력의 항이 나타난다. 여기에서 p는 모터의 극대수를 나타낸다. 또한 ω_s은 **미끄럼각주파수**라 불리고 있다. 더욱이 식 (6.11)에서 2차전압벡터가 제로벡터인 것은 2차권선이 단락되어 있음을 의미한다.

식 (6.12)는 쇄교자속벡터와 전류벡터의 관계를, 자기 인덕턴스 및 상호 인덕턴스와 전류벡터의 곱으로 나타낸다. 식 (6.13)은 유도기에 발생 토크를 나타내고 있다. 벡터 또는 행렬의 상첨자 T는 행렬의 전치를 나타내고 있고, 열벡터의 전치를 오른쪽에서 다른 열벡터로 곱하는 조작은 2개의 벡터의 내적(결과는 스칼라)을 연산하는 것과 등가이다. 또한, 식 (6.13)과 같이 J행렬을 곱한 다른 벡터를 열벡터 전치의 오른쪽에서 곱하는 조작은 마치 벡터의 외적(결과는 벡터)의 크기를 연산하는 것과 등가이다. 식 (6.13)의 최초의 식은 유도기는 1차전류벡터와 2차전류벡터의 상호작용으로 발생하는 것을 나타내고 있다.

한편, 두 번째 이후의 식은, 1차권선에서 발생하는 토크와 2차권선에서 발생하는 토크가 정확히 작용/반작용의 관계가 있음을 나타내고 있다. 왜냐하면 2차쇄교자속벡터와 2차전류벡터로 계산된 토크와, 1차쇄교자속벡터와 1차전류벡터로 계산된 토크는 크기가 같고 부호가 반대이기 때문이다.

자속좌표상의 벡터로 표현된 유도기의 모델을 그림 6.9에 나타낸다. 이 모델에서는 전압형 인버터로 구동된 것을 상정하여, 입력을 1차전압벡터, 출력을 순시 토크로 하고 있다. 따라서 주어진 전압벡터에 대하여 어떻게 전류벡터 또는 쇄교자속벡터가 형성되고 어떻게 토크가 발생하는가를 이 모델을 이용하여 해석 또는 시뮬레이션할 수 있다. 그림 안

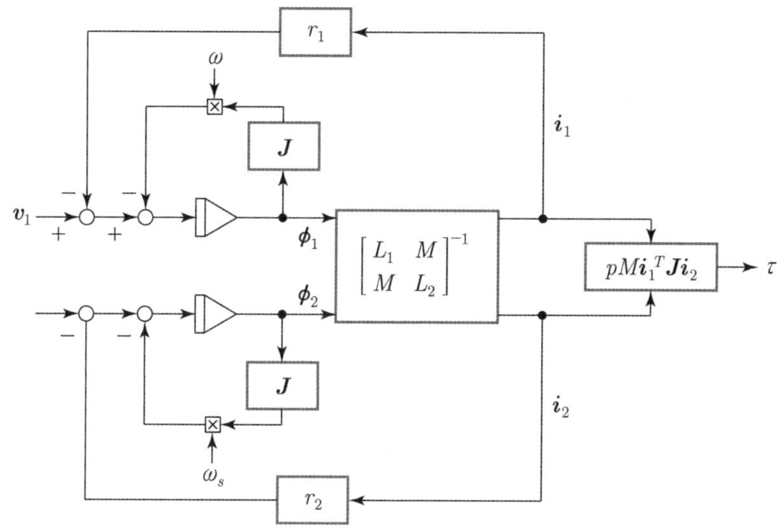

그림 6.9 자속좌표계로 표현된 유도기의 모델

의 ω는 인버터의 출력 주파수에 해당하고, ω_s는 ω에서 회전자 속도 $p\omega_m$를 뺀 미끄럼각 주파수이다. 회전자 속도는 기계계의 운동방정식의 결과로 얻어지지만, 그림 6.9의 모델에 운동방정식은 포함하고 있지 않다.

(b) 원통형 영구자석 동기모터

회전자 좌표로 표시된 원통형 영구자석 동기모터의 전압전류방정식과 토크방정식은,

$$v = ri + \frac{d}{dt}\phi + J\omega_m\phi \tag{6.16}$$

$$\phi = Li + \phi_{mag} \tag{6.17}$$

$$\tau = p i^T J\phi = p i_q \phi_{mag} \tag{6.18}$$

로 주어진다. 여기에서 p는 극대수이고, 전기자 전압벡터 v, 전기자 전류벡터 i, 전기자 쇄교자속 벡터 ϕ, 그리고 영구자석에 의한 전기자 쇄교자속 벡터 ϕ_{mag}는,

$$v = \begin{bmatrix} v_d \\ v_q \end{bmatrix},\ i = \begin{bmatrix} i_d \\ i_q \end{bmatrix},\ \phi = \begin{bmatrix} \phi_d \\ \phi_q \end{bmatrix},\ \phi_{mag} = \begin{bmatrix} \phi_{mag} \\ 0 \end{bmatrix} \tag{6.19}$$

로 주어진다. 각 열벡터는 각각 dq 직교좌표계의 각 성분으로 나타내고 있다. dq좌표계는

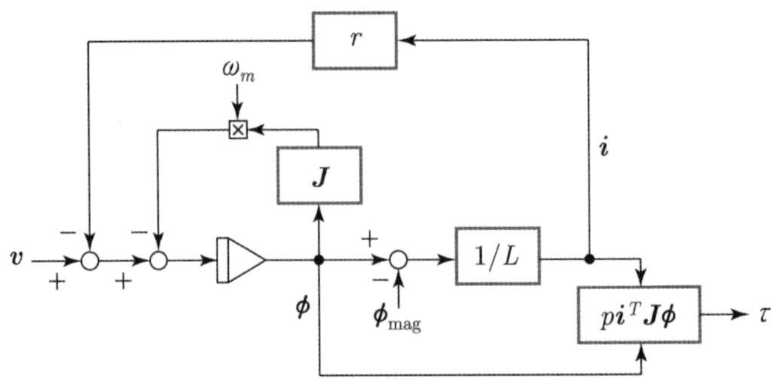

그림 6.10 원통형 영구자석 동기모터의 회전자 좌표 모델

회전자상에서 정의된 좌표계이고, 고정자 좌표에 대하여 회전자각속도 ω_m으로 회전하고 있다. 영구자석 방향에 d축을, 그 직교방향에 q축을 정의하는 것이 일반적이다.

식 (6.16)은 전기자 전압벡터가 권선저항에 의한 전압강하와 전기자 쇄교자속의 시간 변화에 의해 발생하는 유도기전력으로 표현되는 것을 나타내고 있다. 그러나 전기자권선은 멈추고 있는 것에 대하여, 관측하고 있는 좌표계가 회전자각속도 ω_m으로 회전하고 있기 때문에 ω_m에 비례한 속도기전력의 항이 표현되고 있다. 식 (6.17)은 전기자 쇄교자속 벡터가 영구자석에 의한 자속과 전기자 전류에 의한 자속의 합인 것을 나타내고 있다. 이와 같은 현상을 전기자 반작용이라 부른다. 원통형 영구자석 동기모터의 경우, 방향에 대하여 동기 인덕턴스는 변하지 않기 때문에, L을 스칼라량으로써 취급하고 있다. 식 (6.18)의 토크방정식에서, 토크는 전기자 쇄교자속 벡터와 전기자 전류벡터의 상호작용으로 발생하는 것을 나타내고 있다. 그러나 전기자 전류에 의한 자속은 토크 발생에 기여하지 않기 때문에, 토크는 영구자석에 의한 자속 ϕ_{mag}과 q축 전류 i_q의 곱으로 결정한다. 이것은 토크에 기여하지 않는 d축 전류를 흘리면 효율이 저하하는 것을 의미한다.

원통형 영구자석 동기모터의 회전자 좌표 모델을 그림 6.10에 나타낸다. 기본적으로는 유도기와 같은 순서로 모델을 구축하고 있지만, 회전자에 권선이 없기 때문에, 유도기에 비하여 매우 간단한 구성을 하고 있다.

(c) 내부 영구자석(IPM) 동기모터

그림 6.5 (c)에 나타낸 내부 영구자석 동기모터(IPMSM)의 회전자 구조를 보면, 영구자석이 회전자 내부에 설치되어 있다. 영구자석이 만드는 자속의 방향이 d축, 이것에 대하여 전기각으로 90°(그림의 회전자는 4극이므로 기계각으로 45°)의 방향이 q축이다. 영구

자석의 외부기전력에 대한 투자율은 거의 공기와 다르지 않기 때문에, 외부기전력에 대하여 영구자석은 에어 갭과 등가이다. 그 때문에 d축 방향에 기자력을 줘도 그것에 의하여 생기는 자속은 작고, 결과적으로 d축 인덕턴스는 작아진다. 한편, q축 방향에 기자력을 주는 경우, 그것에 의하여 발생하는 자속은 영구자석을 통과하지 않기 때문에 d축에 비하여 자속이 통과하기 쉽다. 그 결과, 내부 영구자석 동기모터는 $L_d < L_q$의 돌극성을 갖게 된다. 이와 같은 돌극성은 $L_d > L_q$의 돌극성을 갖는 일반적인 동기기와는 반대이기 때문에 **역돌극성**이라 불리기도 한다.

회전자 좌표로 표현된 내부 영구자석 동기모터의 전압전류방정식과 토크방정식은,

$$v = ri + \frac{d}{dt}\phi + J\omega\phi \tag{6.20}$$

$$\phi = Li + \phi_{mag} \tag{6.21}$$

$$\tau = p i^T J\phi = p\{i_q\phi_{mag} + (L_d - L_q)i_d i_q\} \tag{6.22}$$

로 주어진다. 여기에서 p는 극대수이고, 전기자 전압벡터 v, 전기자 전류벡터 i, 전기자 쇄교자속 벡터 ϕ이다. 또한 영구자석에 의한 전기자 쇄교자속 벡터 ϕ_{mag}는 원통형의 경우와 같다. 그러나 식 (6.21)의 L은 스칼라가 아니라,

$$L = \begin{bmatrix} L_d & 0 \\ 0 & L_q \end{bmatrix} \tag{6.23}$$

으로 주어지는 인덕턴스 행렬이다. 이 때문에 내부 영구자석 동기모터는 영구자석과 전기자 전류의 상호작용으로 발생하는 **마그넷 토크**와 돌극성에 기인하여 발생하는 **릴럭턴스 토크** 양쪽을 발생한다. 식 (6.22)의 토크방정식에서는 우변 제1항이 마그넷 토크를 나타내고, 제2항이 릴럭턴스 토크를 나타내고 있다. 이 2종류의 토크 특성을 고려하기 때문에 전기자 전류벡터를

$$i = \begin{bmatrix} i_d \\ i_q \end{bmatrix} = I\begin{bmatrix} -\sin\varphi \\ \cos\varphi \end{bmatrix} \tag{6.24}$$

와 같이 표시하여, 전류벡터의 크기 I와 q축을 기준으로 하여 앞선 방향을 정으로 하는 위상각 φ로 표현한다. 이것을 식 (6.22)의 토크방정식에 대입하면,

$$\tau = p\left\{\phi_{mag} I\cos\varphi - \frac{(L_d - L_q)}{2} I^2 \sin 2\varphi\right\} \tag{6.25}$$

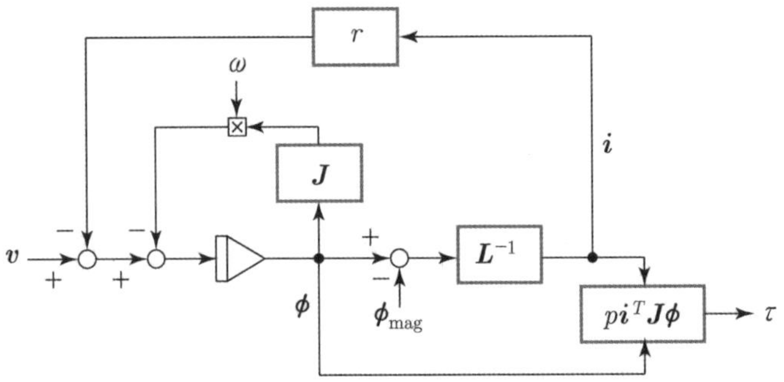

그림 6.11 내부 영구자석 동기모터의 회전자 좌표 모델

이 얻어진다. 우변 제1항이 마그넷 토크를, 제2항이 릴럭턴스 토크를 나타내고 있다. 여기에서 $L_d < L_q$인 것에 주의한다. 마그넷 토크는 전류진폭 I에 비례하고, 위상 φ가 제로일 때 최대가 된다.

한편, 릴럭턴스 토크는 전류 진폭의 2승에 비례하고, 위상 φ가 45°에서 최대가 된다. 이것은 전류 진폭의 증가에 따라 전류위상을 앞서게 하는 것에 의해 2종류의 토크를 유효하게 이용하여 효율 개선을 할 수 있는 것을 나타내고 있다.

내부 영구자석 동기모터의 회전자 좌표 모델을 그림 6.11에 나타낸다. 기본적으로는 원통형 영구자석 동기모터의 모델과 같은 형이지만, 인덕턴스 부분이 스칼라의 역수에서 인덕턴스 행렬의 역행렬이 된다. 이 모델을 이용하여, 어떤 전압벡터 입력에 대하여 어떻게 전류벡터 또는 쇄교자속이 형성되고, 어떻게 토크가 발생하는가를 해석 또는 시뮬레이션할 수 있다.

6.4 교류모터의 고성능 제어

벡터제어가 실용화되기 이전에는 직류기가 제어성이 좋은 모터로서 넓게 사용되었다. 한편, 상용전원에 접속하여 사용하는 유도기 등의 교류기는 단순히 일정속도로 회전하는 동력원으로서 사용되어 왔다. 그러나 직류기에는 브러시/정류자의 마모에 따른 보수 점검이 필요하고, 정류에 기인하여 제작용량의 한계가 있는 등 문제점이 있었다. 1980년대 후반부터 시작된 벡터제어의 실용화에 의해서 교류기, 특히 농형 유도기와 영구자석 동기기는 완전 브러시리스 구조로 유지 보수가 필요하지 않을 뿐만 아니라 제어성이 좋은 모터로서 이동체를 포함한 다양한 분야로 넓게 보급되었다.

이 배경에는 (1) 좌표변환이나 공간벡터이론 등의 침투에 의해 벡터제어의 이론적 이해가 깊어진 것, (2) 파워 트랜지스터나 IGBT 등의 파워 반도체 디바이스의 특성 개선에 수반한, PWM 인버터의 소형/고성능화가 진행된 것, (3) 마이크로 프로세스나 DSP 등의 성능 향상/가격 저하에 의해 제어성능이 향상된 것 등의 요인과 관련 있다. 다음에는 농형 유도모터와 영구자석 동기모터의 벡터제어에 대해서 설명한다.

6.4.1 벡터제어의 원리

직류기의 원리도를 그림 6.12에 나타낸다. 고정자에 감긴 계자 권선에는 직류의 계자 전류 i_f가, 회전자의 전기자 권선에는 브러시와 정류자를 끼워 전기자 전류 i_a가 각각 공급되고 있다. 개개의 전기자 권선에는 회전수로 결정되는 주파수의 교류 전류가 흐르고 있지만 브러시와 정류자의 정류작용에 의해 전기자 권선 전체에서 만들어지는 기전력은 계자 자속에 대하여 항상 일정한 방향으로 향하고 있다. 즉 계자 전류가 만드는 자속 ϕ_f와 전기자 전류의 각도와는 정류작용에 의해 90°로 고정되어 있다. 이 때문에, 직류기가 발생하는 순시 토크는 다음 식으로 나타낸다.

$$\tau = pMi_f \cdot i_a \tag{6.26}$$

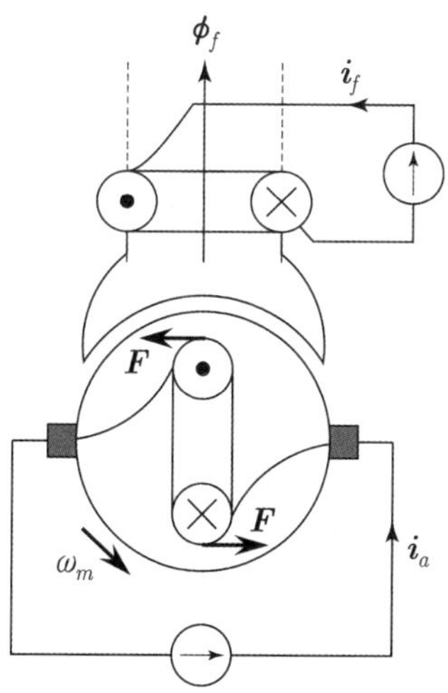

그림 6.12 직류기의 원리

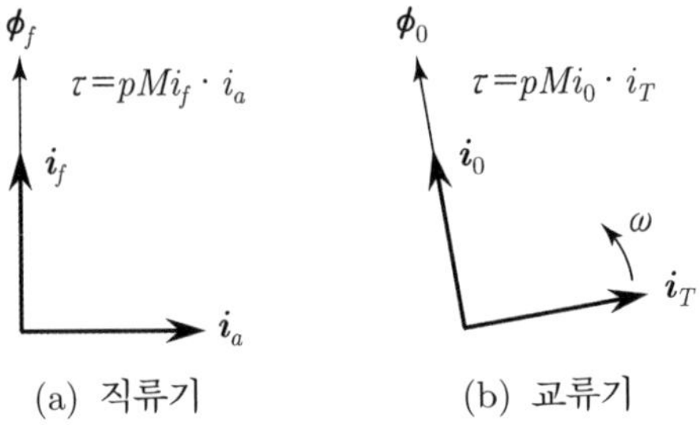

그림 6.13 벡터제어의 원리

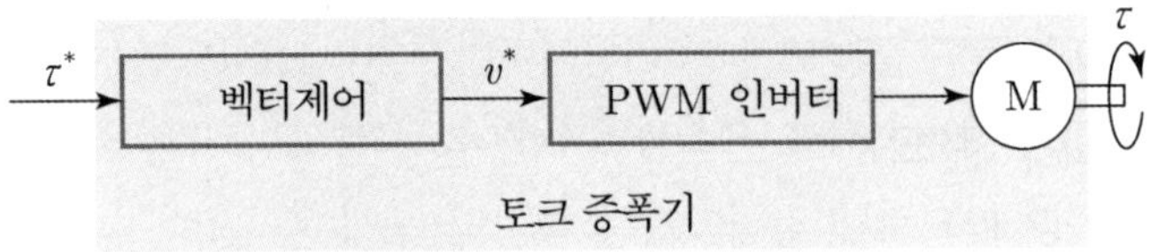

그림 6.14 벡터제어 교류모터

여기에서 p는 극대수, M은 구조에 의해 정해지는 정수이다. 토크의 방향은 플레밍의 왼손 법칙에서 반시계방향이 된다. 식 (6.26)에 의해 계자 전류를 일정하게 유지하고, 전기자 전류의 순시 값을 제어함으로써 순시 토크를 시간 지연 없이 제어할 수 있다. 이것이 직류기의 제어성이 좋은 이유이다.

직류기에서는, 계자 전류 i_f에 의해 전기자에 쇄교하는 자속 ϕ_f을 제어하는 것과 함께 그것에 직교하여 토크를 발생하는 전기자 전류 i_a를 직접 제어하여 순시 토크의 제어를 할 수 있다. 교류기에 대해서도, 권선에 쇄교하는 자속과 그것에 직교하는 토크분 전류를 독립적으로 제어할 수 있으면, 순시 토크의 제어가 가능해진다. 이것을 실현한 것이 교류기의 벡터제어이다.

직류기와 교류기에서의 벡터도를 그림 6.13에 나타낸다. (a)의 직류기의 경우에는 계자 전류 i_f와 그것에 의해 발생하는 계자자속 ϕ_f의 벡터는 고정자 좌표 상에서 정지하여 있고, 게다가 브러시와 정류자의 작용에 의해 전기자 전류 i_a는 항상 직교관계가 유지되고 있다. 이 때문에, 직류기의 순시 토크 τ는 식 (6.26)으로 간단히 나타낼 수 있다. (b)의 교류기의 경우에는 고정자 전류벡터는 그 각 주파수 ω로 회전하고 있지만 그 회전좌표 상에서 직류기와 같은 관계가 되듯이 여자전류 i_0와 토크분 전류 i_T를 제어하면, 순시 토크는 직류기와 동일하게 제어 가능하다.

벡터제어된 교류모터를 그림 6.14에 나타낸다. 벡터제어회로에서는, 주어진 토크 지령에 따라 순시 토크를 출력할 수 있도록, PWM 인버터의 전압 지령을 조작하여 모터의 쇄교자속과 토크분 전류를 제어한다. 따라서 벡터제어된 교류모터는 일종의 토크 증폭기라고 생각할 수 있다. 실제로, 이 외측에 속도제어계나 위치제어계를 구성하여 이용하는 경우가 많다. 다음에는 교류기 벡터제어의 대표 격으로서 농형 유도모터와 영구자석 동기모터의 제어에 대하여 설명한다.

6.4.2 유도모터의 벡터제어

식 (6.11) ~ (6.13)의 $\gamma\delta$ 좌표계로 표현된 유도모터에 대하여 다시 생각하자.

(a) 2차자속 일정의 벡터제어

식 (6.11)에 의해 2차 측의 전압전류방정식만을 추출하면,

$$0 = r_2 \boldsymbol{i}_2 + \frac{d}{dt}\boldsymbol{\phi}_2 + \boldsymbol{J}\omega_s \boldsymbol{\phi}_2 \tag{6.27}$$

이 된다. $\gamma\delta$ 좌표는 2차쇄교자속벡터 $\boldsymbol{\phi}_2$와 같은 회전각속도 ω_2로 회전하고 있기 때문에 $\gamma\delta$ 좌표에서 관측된 2차쇄교자속벡터 $\boldsymbol{\phi}_2$는 멈춰 보인다. 여기서 2차쇄교자속벡터의 진폭은 일정하게 유지되고 있다고 가정하면, 식 (6.27)의 우변 제2항은 제로가 되므로,

$$r_2 \boldsymbol{i}_2 = -\boldsymbol{J}\omega_s \boldsymbol{\phi}_2 \tag{6.28}$$

을 얻는다. 이 식은 2차쇄교자속벡터 $\boldsymbol{\phi}_2$와 2차전류벡터 $\boldsymbol{i}_2$가 항상 직교관계에 있다는 것을 나타내고 있다. 한편 순시 토크는 식 (6.13)에 나타낸 것과 같이 2차쇄교자속벡터 $\boldsymbol{\phi}_2$와 2차전류벡터 $\boldsymbol{i}_2$의 외적이고, 2차쇄교자속벡터의 진폭은 일정하게 유지되고 있기 때문에 2차전류의 진폭을 제어하면 유도모터의 순시 토크를 제어가능하다. 그러나 농형 유도모터의 경우에는 2차쇄교자속벡터와 2차전류벡터를 직접 검출하여 제어할 수 없기 때문에 1차전류제어에 의해 이것을 달성한다.

1차전류벡터를 γ축 성분과 δ축 성분의 2개로 분리한다.

$$\boldsymbol{i}_1 = \boldsymbol{i}_{\gamma 1} + \boldsymbol{i}_{\delta 1} \tag{6.29}$$

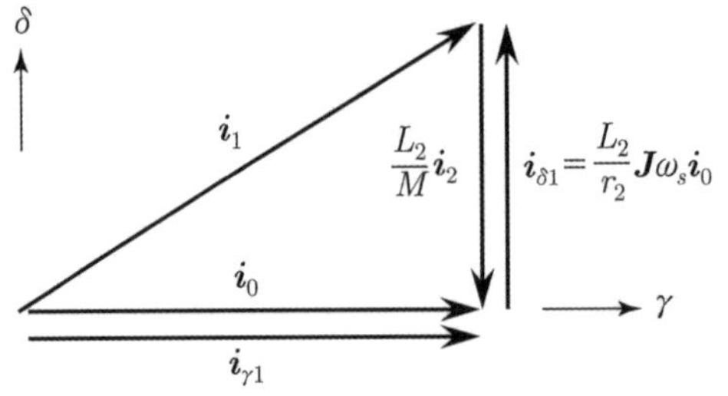

그림 6.15 1차전류벡터

γ축 전류를 2차쇄교자속을 부여하는 여자전류라 하면, 자속과 전류의 관계에 의해

$$\phi_2 = M\boldsymbol{i}_1 + L_2\boldsymbol{i}_2 = M\boldsymbol{i}_{\gamma 1} = M\boldsymbol{i}_0 \tag{6.30}$$

을 얻는다. 게다가 이 식과 식 (6.29)를 비교하는 것에 의해, δ축 전류는

$$\boldsymbol{i}_{\delta 1} = -\frac{L_2}{M}\boldsymbol{i}_2 \tag{6.31}$$

이 된다. 식 (6.29)와 식 (6.30)을 토크방정식 (6.13)에 대입하면,

$$\tau = p\frac{M^2}{L_2}\boldsymbol{i}_{\delta 1}^T\boldsymbol{J}\boldsymbol{i}_0 = p\frac{M^2}{L_2} \cdot i_0 \cdot i_{\delta 1} \tag{6.32}$$

가 되기 때문에, 1차전류의 여자분 전류 i_0를 일정하게 유지하고, 토크분 전류 $i_{\delta 1}$의 진폭을 제어하는 것에 의해 순시토크를 제어할 수 있다. 그림 6.15에 1차전류벡터 $\boldsymbol{i}_1$, 여자분 전류 $\boldsymbol{i}_{\gamma 1}$, 그리고 토크분 전류 $\boldsymbol{i}_{\delta 1}$의 관계를 나타냈다.

실제 1차전류는 고정자 좌표에서만 검출할 수 있는 물리량이기 때문에 회전좌표 변환을 위해, 고정자 좌표에 대한 2차자속벡터의 각도 θ_2를 구할 필요가 있다. 2차쇄교자속벡터의 고정자 좌표에 대한 회전각속도 ω_2는 회전자각속도(전기각) $p\omega_m$과 미끄럼각 주파수 ω_s의 합이다. 즉,

$$\omega_2 = \omega_s + p\omega_m \tag{6.33}$$

이다. 한편 미끄럼각 주파수 ω_s는 식 (6.28)의 관계에 의해 다음 식으로 구할 수 있다.

$$\omega_s = \frac{r_2}{L_2 i_{\gamma 1}} i_{\delta 1} \tag{6.34}$$

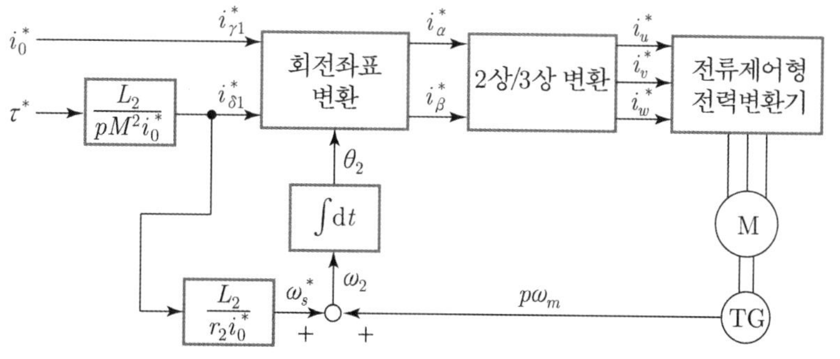

그림 6.16 2차자속 일정 벡터제어시스템

이에 의해, 미끄럼각 주파수 ω_s는 토크분 전류 $i_{\delta 1}$에 비례한다. 식 (6.34)에서 미끄럼각 주파수 ω_s를 연산하고, 속도 센서에서 회전자각속도 ω_m을 검출하면, 이것들의 합에서 2차쇄교자속벡터의 회전각속도 ω_2가 구해진다. 게다가 그 적분이 고정자 좌표에 대한 2차 자속벡터의 각도 θ_2가 된다.

$$\theta_2 = \int \omega_2 \, dt \tag{6.35}$$

이 각도를 얻음으로써 고정자좌표($\alpha\beta$좌표)와 자속좌표($\gamma\delta$좌표)와의 회전좌표 변환이 가능하다.

2차자속 일정의 벡터제어시스템의 블록선도를 그림 6.16에 나타낸다. 이 시스템에서 자속분 전류는 일정하다고 가정하여 지령치 $i_{\gamma 1}^*$으로 주었다. 식 (6.32)에 의해 순시 토크는 토크분 전류에 비례하기 때문에 토크 지령 τ^*에 대하여 토크분 전류 지령 $i_{\delta 1}^*$을 연산한다. 2차자속 좌표상의 자속분과 토크분 전류 지령치는 회전좌표 변환에 의해 고정자 좌표상의 2상 전류 지령치 i_α^*, i_β^*로 변환되고, 더욱이 2상/3상 변환에 의해 3상 전류 지령치 i_u^*, i_v^*, i_w^*로 변환된다. 전류제어형 전력 변환기에서, 제어회로에 의해 주어진 전류 지령치와 동일한 전류를 모터의 1차권선에 흘리도록 제어한다.

한편, 식 (6.33), (6.34)에 의해 토크분 전류 지령 $i_{\delta 1}^*$에서 미끄럼각 주파수 지령 ω_s^*를 연산하고, 더욱이 모터 회전축에 부착된 속도 검출기에 의해 검출된 회전자각속도 $p\omega_m$를 더하여, 2차쇄교자속벡터의 회전각 주파수를 연산한다. 이것을 적분함으로써 2차쇄교자속 벡터의 고정자 좌표에 대한 각도를 연산하여 회전 좌표 변환에 사용한다.

그림 6.17에 전류제어형 전력 변환기의 구성을 나타낸다. 전력 변환기로는 전압형 인버

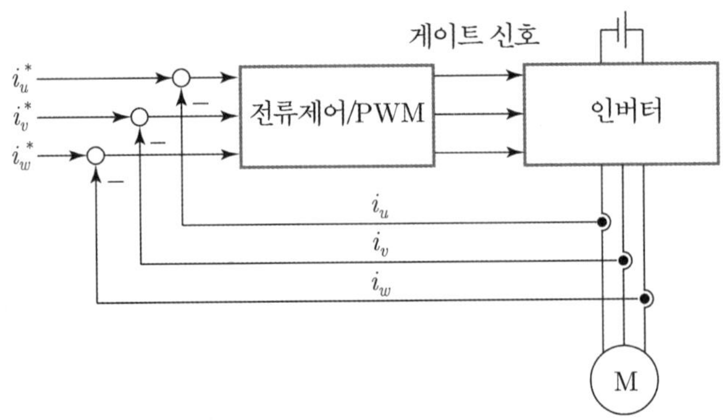

그림 6.17 전류제어형 전력변환기

터를 이용하는 것이 일반적이다. 전류제어형 전력변환기에서 주어진 각상의 전류 지령치에 대하여 실제 출력 전류를 검출하고, 그것을 피드백하여 그 오차가 제로가 되도록 인버터의 스위칭을 제어한다. 전류제어 방법에는 순시값 비교에 의해 스위칭을 결정하여 PWM제어하는 방법(히스테리시스 컴퍼레이터 방식 등)과 캐리어 주기마다 스위칭을 결정하는 방법(삼각파 정현파 비교 방식이나 공간벡터변조 등)이 있다. 전자는 전류제어의 응답성이 높지만 스위칭 주파수가 운전 상태에 의해 변화한다는 단점이 있다. 한편 후자는 스위칭 주파수는 일정하고 마이크로 프로세서를 이용한 제어에 적합한 반면, 전류의 응답은 전류제어의 제어법이나 제어 게인 등에 크게 의존한다. 인버터의 출력 전류는 교류이기 때문에, 제어지연은 전류진폭의 오차나 위상지연이 되어 나타나고 주파수의 증가에 따른 위상지연은 출력 토크의 정상적인 저하의 원인이 된다.

전류제어의 정상특성을 개선하는 전류제어법을 그림 6.18에 나타낸다. 여기에서는 삼각

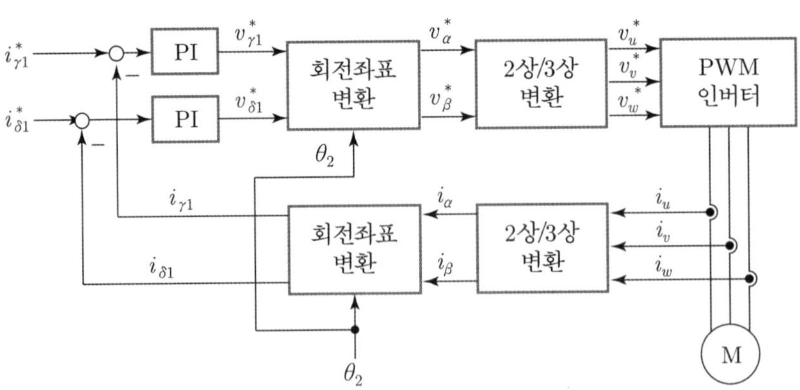

그림 6.18 전류제어에 있어서 정상특성의 개선

파 정현파 비교형이나 공간벡터 변조 등의 전압 지령을 입력하는 PWM제어법을 가정했다. 정상 상태에서는 인버터 출력 전류의 주파수는 인버터의 출력 주파수와 일치한다. 이 때문에 인버터의 출력 전류벡터를 검출하고 인버터의 각 주파수와 같은 각속도로 회전하는 회전좌표 상에서 관측하면, 전류벡터는 정지한 것으로 보이고 그 각 성분은 직류량이 된다. 이로써 회전 좌표 상에서 지령치와 피드백 값을 비교하여 비례적분(PI) 제어하면, 적분동작에 의해 정상편차는 없게 되므로 그 결과로서 인버터의 출력 전류의 진폭오차와 위상오차를 없앨 수 있다.

또한 속도기전력의 항은 전류제어계에서는 외란이 된다. 이 때문에, 속도기전력을 모터 정수와 전류 지령치를 이용하여 미리 계산하고, 피드포워드 보상하여 전류제어의 응답성을 개선하는 방법도 이용되고 있다.\

(b) 2차자속 가변 벡터제어

식 (6.11)에서, 2차측의 전압전류방정식만을 추출하면,

$$0 = r_2 \boldsymbol{i}_2 + \frac{d}{dt}\boldsymbol{\phi}_2 + \boldsymbol{J}\omega_s \boldsymbol{\phi}_2 \tag{6.36}$$

이 된다. 이 전압전류방정식의 관계를 그림 6.19에 나타낸다. γ축은 항상 2차쇄교자속벡터 $\boldsymbol{\phi}_2$의 방향과 일치하므로, 식 (6.36)의 우변 제2항의 미분 벡터도 역시 γ축으로 향하고 있다. 한편 제3항은 벡터를 반시계방향으로 90° 회전시킨 행렬 $\boldsymbol{J}$를 왼쪽에서 곱하고 있기 때문에 δ축 방향을 향하고 있다. 따라서 식 (6.36)의 우변 3항의 총합이 제로가 됨으로써 전압전류방정식의 각항은 그림 6.19에 나타낸 것과 같이 직각삼각형의 관계가 된다.

식 (6.13)에 의해 순시 토크는

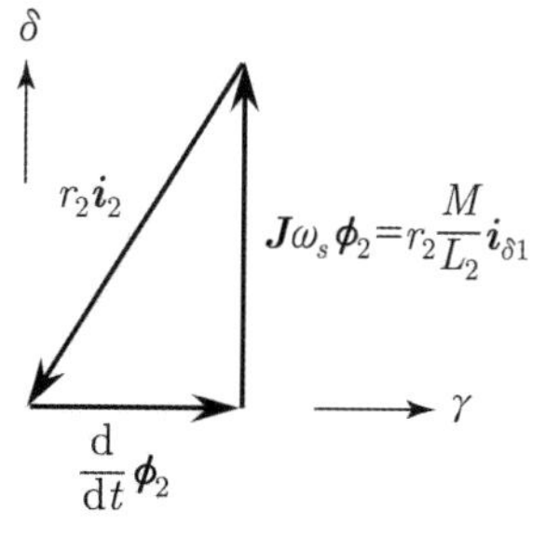

그림 6.19 2차전압

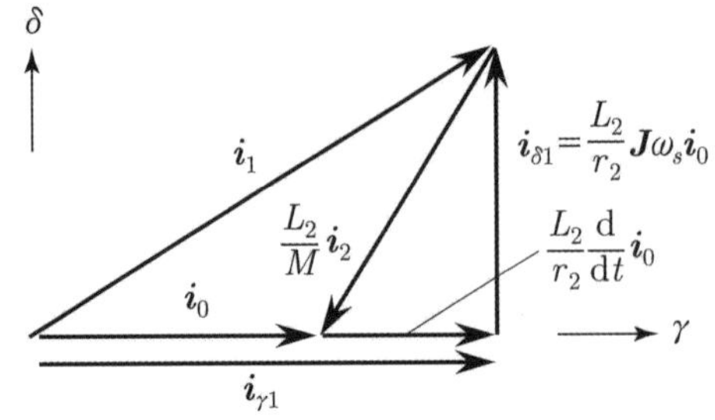

그림 6.20 1차전류

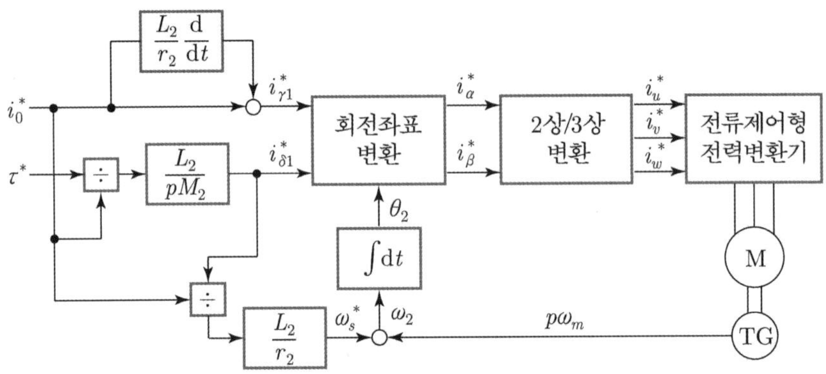

그림 6.21 2차자속 가변 벡터제어시스템

$$\tau = p\boldsymbol{\phi}_2^T \boldsymbol{J}\boldsymbol{i}_2 = p\frac{M^2}{L_2}\boldsymbol{i}_{\delta 1}^T \boldsymbol{J}\boldsymbol{i}_0 = p\frac{M^2}{L_2}i_{\delta 1}i_0 \tag{6.37}$$

이 된다. 여기에서

$$\boldsymbol{\phi}_2 = M\boldsymbol{i}_0 \tag{6.38}$$

이고, 여자전류 $\boldsymbol{i}_0$에 대하여 δ축의 1차전류를 제어함으로써 순시 토크가 제어가능하다.

자속가변의 경우 1차전류벡터의 관계를 그림 6.20에 나타낸다. 우측의 직각삼각형은 그림 6.19의 직각삼각형과 서로 닮아 있다. 이 관계에 의해, 자속가변 벡터제어시스템을 구성한다. 2차자속 가변 벡터제어시스템을 그림 6.21에 나타낸다. 기본적으로 그림 6.16의 2차자속 일정의 벡터제어와 비슷하지만, γ축 전류의 연산 부분에 미분 연산이 추가된 것과, i_0^*가 정수이지 않고 변수로서 취급되고 있는 것이 다르다.

2차자속의 변경은 약계자 제어를 위해 한다. 모터 단자 전압은 2차자속의 크기와 회전수의 곱에 비례하기 때문에 2차자속 일정의 상태에서 모터 단자 전압이 인버터의 전압 상

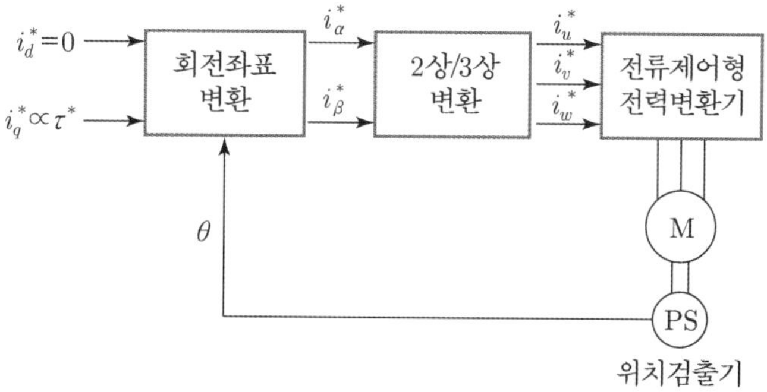

그림 6.22 원통형 영구자석 동기모터의 벡터제어시스템

한에 달하는 기저속도 이상의 회전수에서는 회전수에 반비례하여 여자전류를 변화시켜, 모터 단자 전압을 인버터의 최대전압의 범위 내로 억제한다.

6.4.3 원통형 영구자석 동기모터의 벡터제어

식 (6.16) ~ (6.18)의 회전자 좌표계에서 표현된 원통형 영구자석 동기모터에 대하여 다시 생각한다. 식 (6.18)의 토크방정식은, 토크는 영구자석에 의한 자속 ϕ_{mag}와 q축 전류 i_q의 곱으로 결정되는 것을 나타내고 있다. 즉, 토크에 기여하지 않는 d축 전류를 흘리는 것은 동손을 증가시킬 뿐, 효율을 저하시킨다. 이 때문에 원통형 영구자석 동기모터의 순시 토크를 제어하기 위해서는 d축 전류를 제로로 하고 q축 전류를 제어하면 좋다.

원통형 영구자석 동기모터의 벡터제어시스템을 그림 6.22에 나타낸다. d축 전류 지령 i_d^*은 항상 제로로 하고, 토크 지령 τ^*에 비례하는 q축 전류 지령 i_q^*을 주고 있다. 이 2개의 전류 지령은 회전좌표상의 전류 지령이므로, 회전축에 부착된 위치 검출기에서 검출한 회전자 위치를 이용하여 회전좌표 변환함으로써, 고정자 좌표상의 전류 지령 i_α^*, i_β^*으로 변환한다. 게다가 2상/3상 변환에 의해 3상 전류 지령 i_u^*, i_v^*, i_w^*로 변환하여 전류제어형 전력변환기에 의해 모터 전류를 제어한다. 이 결과로 원통형 영구자석 동기모터의 순시 토크를 제어할 수 있다.

원통형 영구자석 동기모터의 벡터제어는 유도모터의 벡터제어에 비하여 매우 간단하다. 이것은 유도모터의 자속이 1차권선의 여자전류에 의해 공급되고 있는 것에 비해 영구자석은 자속을 공급하여 전기자 권선에 여자전류를 흘릴 필요가 없는 것에 기인한다. 또한 d축 전류를 제로로 하고, q축 전류를 DC모터의 전기자 전류와 관련지으면 원통형 영구자석 동기모터와 영구자석 계자의 DC모터와의 전압, 전류, 자속, 토크 관계는 똑같아진다. 이로써 DC모터의 브러시·정류자는 기계적인 접촉과 정류자편 사이의 정류작용을 이용해, 각 전기자 권선에 흐르고 있는 교류 전류를 회전좌표 변환하고 있다고 생각할 수 있다. 역으로 동기모터의 벡터제어에서 회전좌표변환과 인버터는 DC모터의 기계적인 브러시·정류자의 역할을 전기적으로 하고 있다고 생각할 수 있다.

6.4.4 내부 영구자석 동기모터의 벡터제어

식 (6.20) ~ (6.22)의 회전자 좌표계에서 표현된 원통형 영구자석 동기모터에 대하여 다시 생각한다. 6.3.2항 (c)에서 설명한 바와 같이 내부 영구자석 동기모터에는 마그넷 토크뿐 아니라 릴럭턴스 토크를 이용할 수 있기 때문에, 토크 지령에 응하여 적절하게 d축 전류를 흘림으로써, 모터 효율의 개선이 가능하다. 이때 같은 진폭의 전류로 최대의 토크가 발생하기 때문에 이와 같은 제어를 **최대 토크제어**라 부르고 있다.

(a) 최대 토크제어

전류벡터의 크기 I와 전류 진행각 φ를 이용하여 토크방정식을 표현하면,

$$\tau = p\,(\phi_{mag} I \cos\varphi - L_1 I^2 \sin 2\varphi) \tag{6.39}$$

가 얻어진다. 여기에서

$$L_1 = \frac{L_d - L_q}{2}$$

이다. 진폭 일정의 전류, 즉 동손 일정의 조건에서 최대 토크를 발생하는 최적 전류 진행각 φ_{opt}는

$$\varphi_{opt} = \sin^{-1} \frac{\phi_{mag} - \sqrt{{\phi_{mag}}^2 + 32\, L_1^2 I^2}}{8 L_1 I} \tag{6.40}$$

로 주어진다. 게다가 식 (6.39)와 식 (6.40)는 각각 다음과 같이 간략화할 수 있다.

$$\overline{\tau} = \overline{I}\cos\varphi + \overline{I}^{\,2}\sin 2\varphi \tag{6.41}$$

$$\varphi_{opt} = \sin^{-1} \frac{\sqrt{1+32\overline{I}^2} - 1}{8\overline{I}} \tag{6.42}$$

여기에서 내부 영구자석 동기모터에서는 L_1은 음의 값(역 돌극성)을 가지므로, $\overline{I}$와 $\overline{\tau}$를

$$\overline{I} = -\frac{L_1 I}{\phi_{mag}} \tag{6.43}$$

$$\overline{\tau} = -\frac{L_1}{{\phi_{mag}}^2} \frac{\tau}{p} \tag{6.44}$$

으로 정의한다. $\overline{I}$와 $\overline{\tau}$는 무차원수이고, $\overline{I}$는 릴럭턴스 성분의 인덕턴스 L_1이 자석계자와 같은 자속을 만드는 전류를 기준으로 규격화한 것이다. 따라서 일반 단위법과는 다르고, $\overline{I} = 1$은 정격 전류를 의미하지 않는 것에 유의한다. 이와 같이 규격화하는 것에 의해, 다양한 용량, 정수의 내부 영구자석 동기모터의 특성 계산을 식 (6.41), (6.42)를 이용하여 수행한다.

식 (6.41)을 다시 한번 $\overline{I}$로 나누면,

$$\frac{\overline{\tau}}{\overline{I}} = \cos\varphi_{opt} + \overline{I}\sin 2\varphi_{opt} \tag{6.45}$$

이 된다. 여기에서 $\overline{\tau}/\overline{I}$는 $\varphi = 0$, 즉 $i_d = 0$에서 같은 크기의 전류를 흘렸을 때에 발생하는 마그넷 토크에 대한 최대 토크의 비를 나타내고 있다.

내부 영구자석 동기모터를 최대 토크제어한 경우의 특성을 그림 6.23에 나타낸다. 횡축은 규격화한 전류 $\overline{I}$이다. 전류와 $\overline{I}$의 관계는 식 (6.43)에 의해 모터 정수 L_1과 ϕ_{mag}에

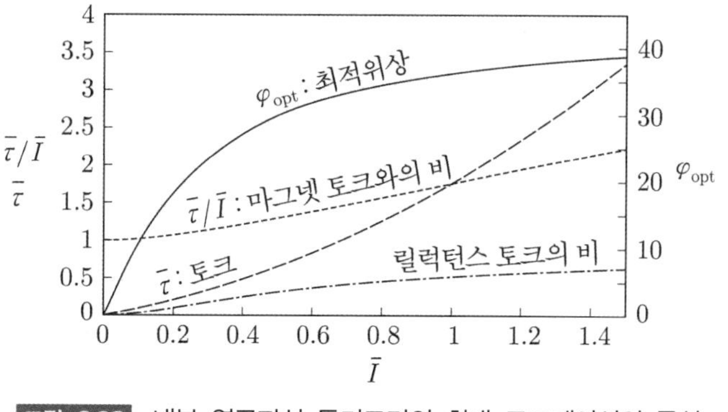

그림 6.23 내부 영구자석 동기모터의 최대 토크제어시의 특성

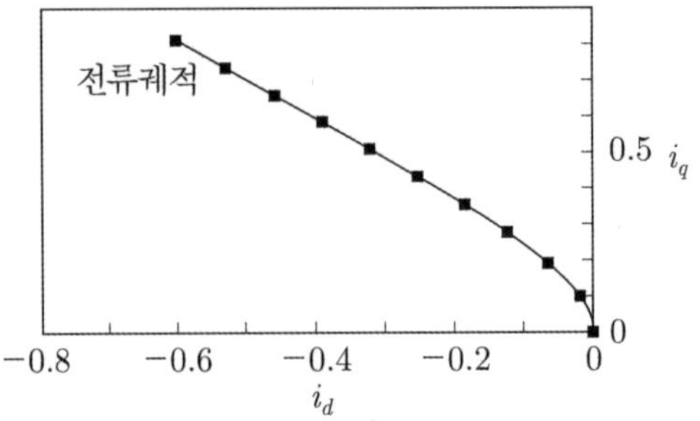

그림 6.24 최대 토크제어시의 전류궤적

의해서 결정된다. 전류가 같아도 돌극비(L_q/L_d)가 커짐에 따라 $\overline{I}$도 커진다. $\overline{I}=0.5$일 때는 $\varphi_{opt}=30°$가 되고, 마그넷 토크만의 경우보다도 약 30% 토크가 증가한다. 또한 $\overline{I}=0.9$ 일 때는 $\varphi_{opt}=35.6°$가 되고, 마그넷 토크만의 경우보다도 약 66% 토크가 증가한다. $\overline{I}$가 0.9보다도 커지면 전체의 토크에 대한 릴럭턴스 토크의 비율이 50%를 넘어서고, 마그넷 토크보다도 릴럭턴스 토크가 지배적이 된다.

최대 토크제어를 한 경우의 전류벡터의 궤적을 그림 6.24에 나타낸다. 최대 토크 제어를 하기 위해서는, 토크 지령 τ^*에 대하여 지령치와 같은 크기의 토크 출력이 가능하고, 또한 효율이 최대가 되는 전류 진폭 지령 I^*과 위상 지령 φ^* 또는 dq축 전류 지령 i_d^*, i_q^*를 연산하여 전류제어를 수행하면 좋다. 전류 지령의 연산에는 L_d, L_q, ϕ_{mag} 등의 모터 정수가 필요하다.

(b) 약계자 제어

모터 유도기전력은 회전수에 비례하기 때문에, 회전수의 상승에 따르는 모터 단자 전압이 인버터의 최대 출력전압을 넘어서도록 하면, 모터의 전류제어가 불능이 되어 정상적으로 운전할 수 없게 된다. 정상 상태에서의 모터 단자 전압은

$$v = ri + J\omega_m\phi \tag{6.46}$$

로 주어진다. 최대 토크제어의 경우와 같이, 모터 전류를 규격화한다.

$$\overline{i} = -\frac{L_1}{\phi_{mag}}i \tag{6.47}$$

또한 모터 단자전압은 무부하 유도기전력 $\omega_m\phi_{mag}$로 규격화한다.

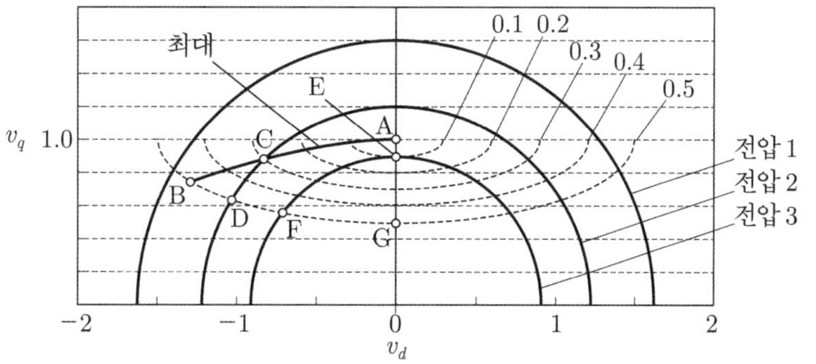

그림 6.25 내부 영구자석 동기모터의 단자전압 궤적

$$\bar{v} = \frac{1}{\omega_m \phi_{mag}} v \tag{6.48}$$

이와 같이 전압·전류를 규격화함으로써 정상 상태의 모터 단자전압은,

$$\bar{v} = \bar{r}\,\bar{i} + J(\bar{L} + 1) \tag{6.49}$$

와 같이 간략화할 수 있다. 여기에서 $\bar{r}$와 $\bar{L}$은

$$\bar{r} = -\frac{r}{\omega_m L_1} \tag{6.50}$$

$$\bar{L} = -\frac{L}{L_1} = \begin{bmatrix} \dfrac{2L_d}{L_q - L_d} & 0 \\ 0 & \dfrac{2L_d}{L_q - L_d} \end{bmatrix} \tag{6.51}$$

이고, 어느 쪽도 무차원의 변수이다. $\bar{r}$은 회전수 ω_m에 반비례하는 점에 주의한다.

규격화한 단자 전압벡터의 궤적을 그림 6.25에 나타낸다. 점 A는 무부하 유도기전력을 나타낸다. 전기자 전류를 흘리면, 저항성분과 동기인덕턴스의 전압강하에 의해 모터단자 전압벡터가 변화한다. 그림 안의 타원(점선)은, 규격화된 전류 $\bar{i}$의 진폭을 일정하게 유지하고, 전류의 위상을 변화시킨 경우의 모터 단자전압을 나타내고 있다. d축 인덕턴스에 비하여 q축 인덕턴스가 크기 때문에 횡으로 긴 타원형이 되고 있다. 이 타원의 크기는, 모터 전류의 진폭이 증대함에 따라 커진다. 또한 곡선 AB는 최대 토크제어를 한 경우의 단자 전압벡터 궤적을 나타내고 있다. 한편 원점을 중심으로 하는 원(실선)은, 인버터의 최대 출력전압이 일정치에 있어도, 이 전압원은 회전수에 따라서 크기가 변화한다. 회전수가 높을수록 원의 직경은 작아진다.

회전수가 매우 낮고, 전압원이 큰 경우(전압 1)에는, 최대 토크제어를 하는 모든 전류 범위에서 단자전압 궤적은 전압원의 내측에 존재한다. 이 때문에 인버터의 최대 출력 전압의 제한을 받지 않고 최대 토크제어에 의해서 모터 토크를 제어할 수 있다.

회전수가 높아지면(전압 2), 토크가 커짐에 따라 점 C에서 최대 토크제어 시 모터 단자전압이 인버터의 최대 출력 전압을 넘어서게 된다. 이 때문에 더욱 큰 토크를 출력하려고 하면, 전류제어를 할 수 없게 된다. 이것을 회피하기 위해서는 단자 전압벡터의 궤적이 전압원 위를 따라가도록 전류벡터를 제어하면 좋다. 따라서 이 회전수에서는 토크의 증대에 따라서 단자 전압벡터가 ACD의 궤적을 따라가도록 전류벡터를 제어한다. 여기에서 점 D와 점 B의 전류진폭은 같아도, 최대 토크가 된 B점에 비하여 점 D 토크는 작다.

더욱이 회전수가 높아지면(전압 3), 무부하 유도기전력이 최대 출력 전압보다도 커진다. 이 경우에는 토크가 제로 상태에서도 점 E에 나타낸 것과 같이 음의 방향의 d축 전류를 흘려 단자 전압벡터를 최대 출력 전압으로 유지할 필요가 있다. 토크 증가에 따라서 단자전압이 EF의 궤적을 따라가도록 전류벡터를 제어한다. 점 F 토크는 점 D에서 더욱 저하하고 있다.

마지막으로 전압원의 반경이 점 G와 같아질 때에는, 토크가 제로 상태로 겨우 단자전압을 최대 출력 전압으로 유지할 수 있다. 그러나 이것 이상의 전류를 흘릴 수 없기 때문에 토크를 발생시킬 수 없다. 이 회전수가, 내부 영구자석 동기모터의 약계자에 의한 이론 한계이다.

내부 영구자석 동기모터의 벡터제어시스템을 그림 6.26에 나타낸다. 최대 토크제어와 약계자 제어에 의해 dq축 전류 지령치를 연산하여 내부 영구자석 동기모터를 구동하고 있다. 전류제어에 관해서는 유도모터의 경우와 같다. 저속 영역에서는 최대 토크제어에 의해

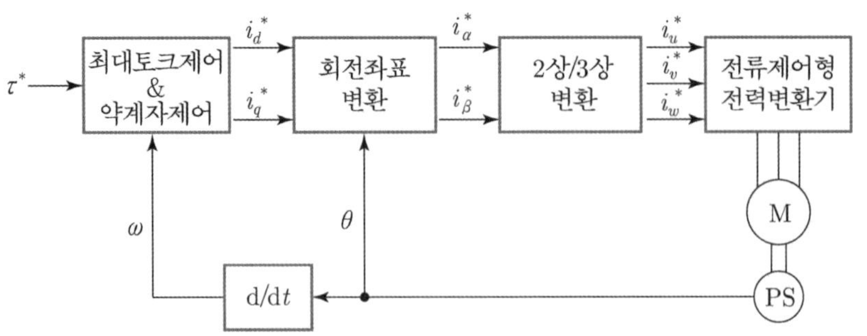

그림 6.26 내부 영구자석 동기모터의 벡터제어시스템

효율이 최대가 되도록 전류 지령을 결정하고, 중고속 영역에서는 약계자 제어에 의해 모터 단자전압이 인버터의 최대 출력전압을 넘어서지 않도록 전류 지령을 결정하고 있다.

6.5 센서리스 제어

전절에서 설명한 교류모터의 고성능 제어에서는 모터의 회전자 위치나 속도 정보는 회전자에 기계적으로 부착된 위치/속도 검출기 등의 센서를 이용하여 계측되고 있다. 그러나 이러한 센서는 정밀한 전자기계이기 때문에 고온이나 특수한 분위기 등에 대한 내환경성, 고장이나 신호선의 단선 등에 따르는 신뢰성, 센서를 부착하기 위한 공간과 비용 등의 문제가 있다. 이들 문제를 해결하기 위하여, 위치나 속도 센서를 이용하지 않고 교류모터의 고성능 제어를 실현하는 센서리스 드라이브가 연구 개발되고 있다. 이것은 모터의 전압 전류 정보로부터 모터의 수학적 모델에 기초하여 위치나 속도를 추정하여 교류모터의 제어를 수행하는 것이다. 아래에서는 영구자석 동기모터를 예로, 센서리스 드라이브의 종류와 원리에 대하여 설명한다.

6.5.1 120° 통전 방식

120° 통전 전압형 인버터로 구동되는 영구자석 동기모터의 주 회로 구성을 그림 6.27

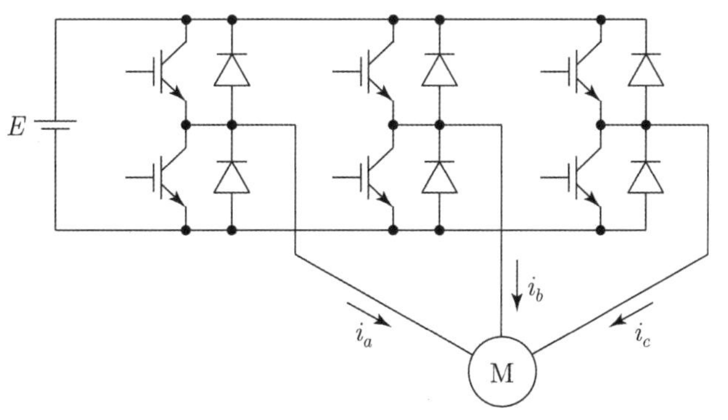

그림 6.27 브러시리스 DC모터(120° 통전)

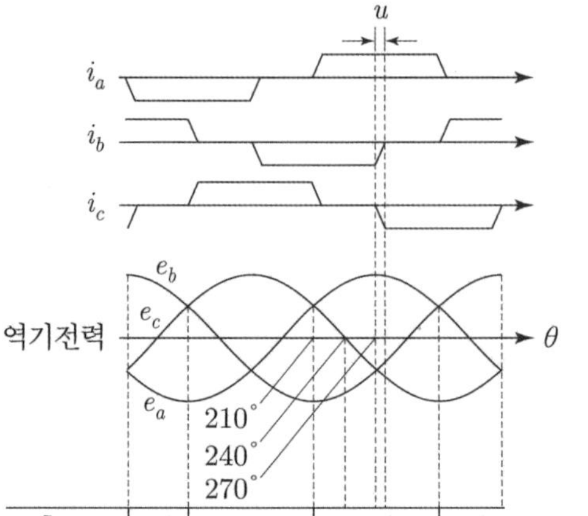

P측	T_b^+	T_c^+		T_a^+		T_b^+
N측	T_a^-		T_b^-		T_c^-	
초퍼	N	P	N	P	N	P
개방상	c	b	a	c	b	a

그림 6.28 역기전력과 전류의 관계

에, 모터의 역기전력과 전류의 관계를 그림 6.28에 나타낸다. 120° 통전 전압형 인버터에서는 역기전력의 최대 상에서 최소 상으로 전류를 흘리고, 남은 상에는 전류를 흘리지 않는다.

따라서 각 상의 전류는 120°의 기간은 정 방향에, 120°의 기간은 음 방향에 전류가 흐르고, 나머지 60°×2의 기간은 전류가 흐르지 않는 개방상이 된다. 이 동작은 정류자 편수가 3인 DC모터와 등가인 것이므로, 120° 통전 전압형 인버터를 이용하는 영구자석 동기모터 구동시스템은 브러시리스 DC모터라 한다.

브러시리스 DC모터에서 센서리스 위치추정을 하기 위해서는 전류가 흐르지 않는 개방상을 이용한다. 즉, 이 개방상의 권선을 센서로서 이용한다. 개방상 권선에는 모터 내의 영구자석의 회전에 의해 역기전력이 발생하고 있기 때문에 역기전력에서 자속의 위치, 즉 회전자의 위치를 직접 추정할 수 있다. 실제로는, 모터의 권선 중성점은 외부로 나와 있지 않는 것이 보통이므로 도통상의 스위칭의 영향을 제거할 필요는 있지만, 비교적 간단하게 회전자 위치가 추정 가능하다. 단, 역기전력의 진폭은 회전수에 비례하기 때문에 역기전력이 작은 모터의 정지시나 저속 회전시에 센서리스구동을 하는 것은 곤란하다.

6.5.2 정현파 구동(180° 통전) 방식

고정자 좌표로 나타낸 영구자석 동기모터의 전압전류방정식은,

$$\begin{bmatrix} v_\alpha \\ v_\beta \end{bmatrix} = r\begin{bmatrix} i_\alpha \\ i_\beta \end{bmatrix} + \frac{d}{dt}\begin{bmatrix} \phi_\alpha \\ \phi_\beta \end{bmatrix} \tag{6.52}$$

$$\begin{bmatrix} \phi_\alpha \\ \phi_\beta \end{bmatrix} = \begin{bmatrix} L_0 + L_1\cos 2\theta & L_1\sin 2\theta \\ L_1\sin 2\theta & L_0 - L_1\cos 2\theta \end{bmatrix}\begin{bmatrix} i_\alpha \\ i_\beta \end{bmatrix} + \begin{bmatrix} \phi_{mag}\cos\theta \\ \phi_{mag}\sin\theta \end{bmatrix} \tag{6.53}$$

로 주어진다. 여기에서,

$$L_0 = \frac{L_d + L_q}{2},\ L_1 = \frac{L_d - L_q}{2} \tag{6.54}$$

이다. 식 (6.52), (6.53)를 순시 공간벡터로 표현하면,

$$v = ri + \frac{d\phi}{dt} \tag{6.55}$$

$$\phi = Li + \phi_{mag} \tag{6.56}$$

이 되고, 더욱이 이들을 정리하면 다음 식을 얻는다.

$$v = ri + L\frac{di}{dt} + \frac{d\theta}{dt}\frac{dL}{d\theta}i + \frac{d\theta}{dt}\frac{d\phi_{mag}}{d\theta} \tag{6.57}$$

이 전압전류방정식에서 회전자 위치 θ를 추정하는 방법으로는 속도기전력에 기반한 것과 돌극성에 기반한 것 2종류가 있다. 전자는 식 (6.57) 우변 제4항에, 후자는 우변 제2항에 기반한 방법이다.

(a) 속도기전력에 기반한 방법

속도기전력에 기반한 방법은 120° 통전 방식의 경우와 같이 영구자석의 자속에 의해 발생하는 속도기전력의 위상에서 회전자의 위치를 추정하는 것이다. 정현파 구동(180° 통전) 방식에서는 단자전압에는 식 (6.57) 우변 제4항에 나타낸 영구자석의 속도기전력뿐만 아니라 다른 성분도 동시에 나타나기 때문에 모터 정수와 전압 전류로부터 연산에 의해 추정해야 한다.

관측기(상태 관측기)를 이용한 속도기전력에 기반한 위치추정법의 블록선도를 그림

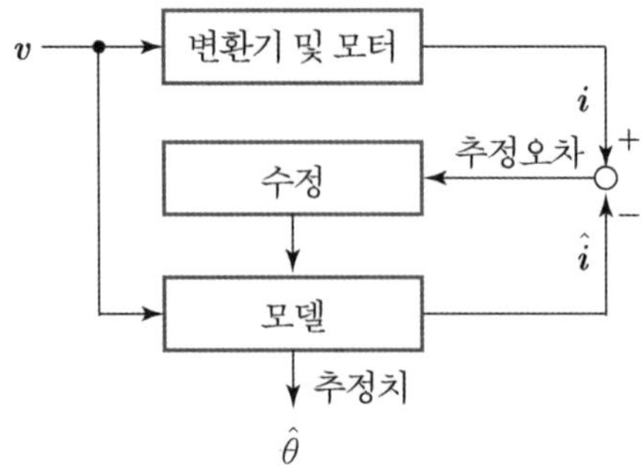

그림 6.29 관측기를 이용하는 방법

6.29에 나타낸다. 그림 안의 변환기 및 모터의 블록이 실제의 PWM 인버터로 구동되는 모터이다. 여기에서는, 전압벡터 v가 입력으로 인가되고, 그 결과 전류벡터 i를 출력으로 얻고 있다. 제어회로 내에서는 실제 [변환기와 모터]와 같은 구조의 [모델]을 구축하고 같은 전압벡터 v를 [모델]에 주어 전류벡터의 추정치 $\hat{i}$를 출력으로 얻는다. [모델] 내에서는 추정위치 $\hat{\theta}$의 정보를 이용하여 추정전류벡터 $\hat{i}$를 연산하고 있다. 이 때문에 실제 전류벡터 $\hat{i}$와 추정전류벡터 $\hat{i}$와의 사이에 오차가 생기는 경우에는 그 원인은 추정위치 $\hat{\theta}$가 다르기 때문이라고 생각될 수 있으므로 오차가 감소하도록 추정위치 $\hat{\theta}$를 수정한다. 이와 같은 동작이 반복되어 항상 전류벡터 i와 추정 전류벡터 $\hat{i}$가 일치한다면 추정 위치 $\hat{\theta}$와 실제 위치 θ와는 일치한다.

여기에서 사용하는 모델은 식 (6.57)에 기반하여 구축되기 때문에 위치추정의 주요 정보원은 역기전력이다. 이 때문에 정지시나 저속시에는 위치추정을 수행하는 것이 곤란하다.

(b) 돌극성에 기반한 방법

정지시나 저속시에도 위치추정을 할 수 있도록, 내부 영구자석 동기모터의 돌극성에 기반한 위치추정법이 고안되고 있다. 일반적으로 내부 영구자석 동기모터는 d축 인덕턴스가 q축 인덕턴스보다 작은 역돌극성을 가지고 있으므로 인덕턴스가 가장 큰 방향, 또는 가장 작은 방향을 추정하면, 회전자 위치가 추정가능하다. 인덕턴스와 전압 전류 관계는 식 (6.57)의 우변 제2항에 해당한다. 그러나 전압 전류의 기본파 성분에 대해서는 식 (6.57)의 다른 항의 기본파 성분과 구별할 수 없기 때문에 인덕턴스의 최대/최소 방향을 추정하기 위해서 기본파와는 다른 주파수를 갖는 추정용 신호를 인가할 필요가 있다.

돌극성에 기반한 위치추정법의 블록선도를 그림 6.30에 나타낸다. 그림에서는 추정용

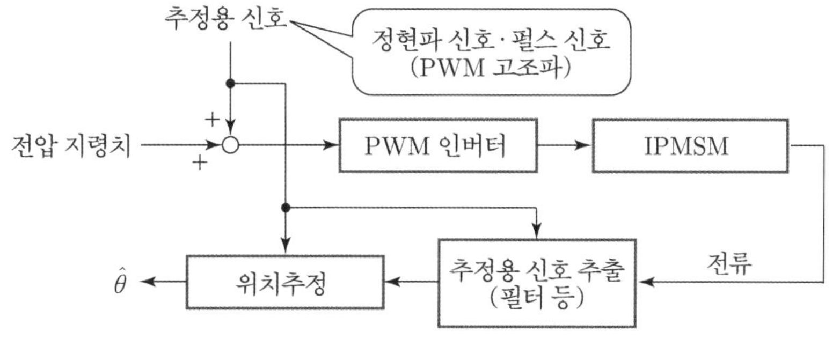

그림 6.30 돌극성에 기반한 방법

신호로, 고주파의 정현파 신호 또는 펄스파 신호가 전압 지령에 사용되고 있다. PWM의 고조파를 추정용 신호로 사용하는 방법도 있다. 이 추정용 전압 신호에 의해 전류의 변화가 나타나기 때문에 필터 등을 이용하여 추정용 신호의 성분만을 추출한다. 이 추출된 신호는 주로 식 (6.57)의 우변 제2항에 의해 발생하기 때문에 이 신호를 이용하여 위치를 추정할 수 있다.

돌극성에 기반한 방법에서는 인덕턴스가 최대·최소가 되는 방향은 추정할 수 있지만, 그 방향이 자석의 N극의 방향인지 S극의 방향인지는 구별할 수 없다. 이 극성이 틀릴 경우에는 토크가 역전하여 정귀한되고, 구동시스템이 폭주할 염려가 있다. 이 때문에 돌극성에 기반한 방법에서는 시동시에 적절한 방법으로 자석의 극성 판별을 할 필요가 있다.

6.6 모터의 구동회로

이동체에서 배터리에 축적된 직류전력을 이용하여 교류모터를 구동하려면 전력변환기인 인버터가 필요하다. 그래서 본절에서는 초퍼회로에서 인버터까지 전력변환기의 기초에 대해서 설명한다.

6.6.1 초퍼회로와 PWM 제어

강압초퍼의 주 회로 구성을 그림 6.31에 나타낸다. 스위칭 디바이스가 ON 상태인 경우

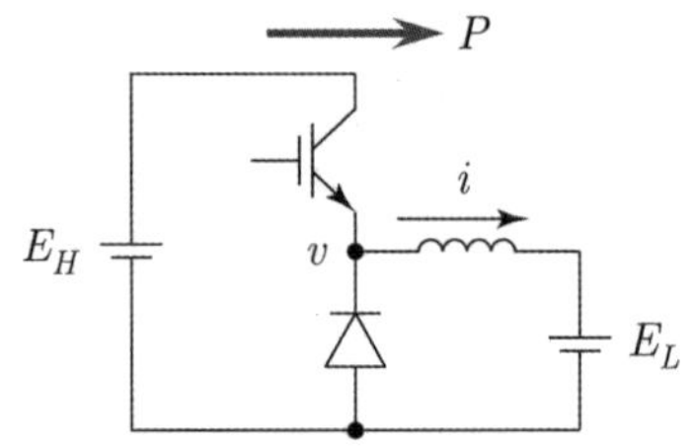

그림 6.31 강압초퍼

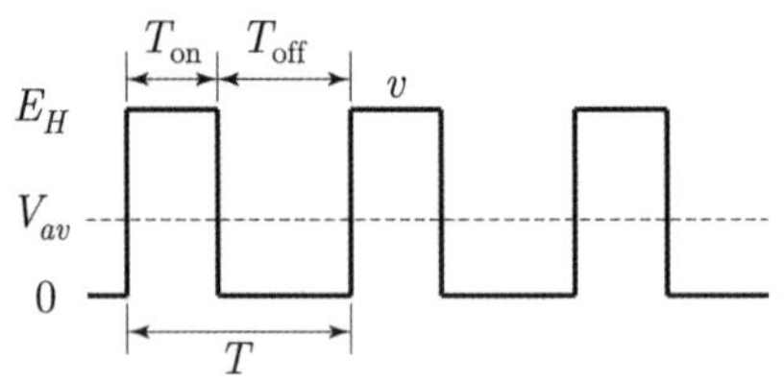

그림 6.32 펄스폭 변조(PWM)

에는 고압측 전압원에서 저압측으로 향하여 리액터를 통해서 전류가 흐른다. 이때 초퍼의 출력 전압는 E_H가 된다. 스위칭 디바이스가 OFF 상태인 경우에는, 이제까지 리액터에 흐르고 있던 전류는 환류 다이오드를 통하여 순환한다. 이때 출력 전압은 다이오드가 ON하고 있기 때문에 제로이다. 이 ON/OFF를 고속으로 반복함으로써 고압측 전압원에서 저압측으로 전력을 전달한다.

이 전력을 제어하기 위해서 그림 6.32의 PWM이 이용된다. 스위칭 디바이스가 ON 일 때 출력 전압 v는 E_H, OFF일 때 제로가 되기 때문에 그 평균 출력 전압 v_{av}는

$$V_{av} = \frac{T_{on}}{T} E_H = DE_H \tag{6.58}$$

로 주어진다. 이에 의해, 평균 전압은 스위칭 주기 T에 대한 스위칭 디바이스의 ON 시간 T_{on}의 비율과 고압측 전압 E_H의 곱에 비례한다. 이 시간 비율 D를 **듀티율**이라 하고, 이 시간 비율을 변화함으로써 평균출력 전압 V_{av}를 제로에서 E_H의 범위로 자유롭게 조정할 수 있다.

삼각파 비교 방식의 PWM 신호의 발생법을 그림 6.33에 나타낸다. 삼각파와 전압 지령 v^*를 비교하여 전압 지령 v^*쪽이 큰 경우에는 ON으로, 삼각파 쪽이 큰 경우에는 OFF로 함으로써, 간단하게 PWM신호를 발생시킬 수 있다. 그림 6.33에서는, 전압 지령 v^*를 스위칭 주기에 대하여 점차적으로 증가시킴에 따라 펄스폭을 변화시키고 있는 모습을 나타

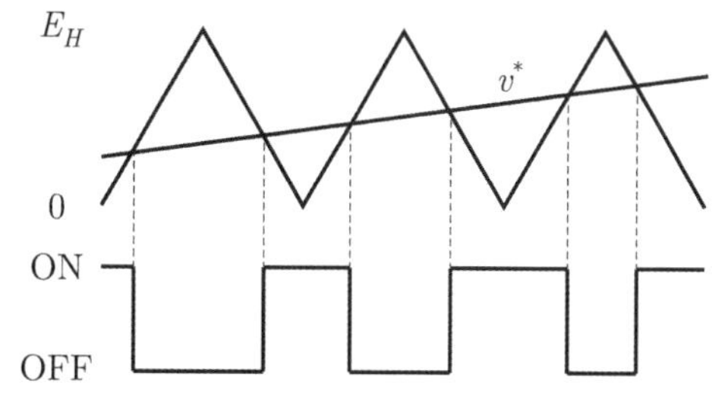

그림 6.33 PWM 신호의 발생

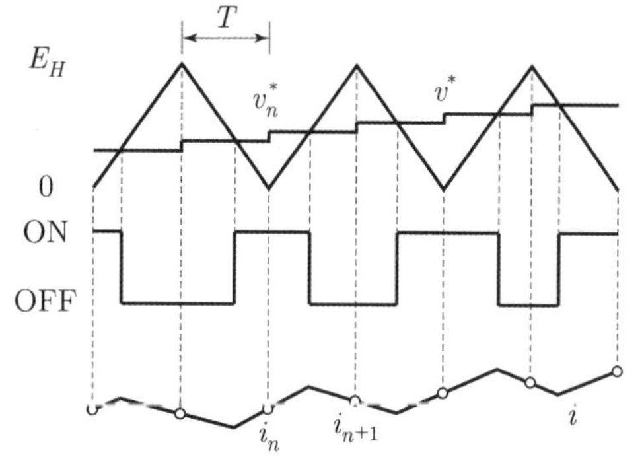

그림 6.34 PWM 제어와 동기 샘플링

내고 있다. 이것에 의해 평균 출력 전압을 임의의 파형으로 제어할 수 있다. 전압 지령 v^*이 E_H가 되어, 삼각파의 진폭과 같아지면 듀티율 D는 1(=100%)이 되는 것에서, 삼각파의 진폭을 1이라 하면, 전압 지령을 듀티율 지령이라고도 볼 수 있다.

디지털 제어를 상정한 PWM 신호의 발생을 그림 6.34에 나타낸다. 그것은 삼각파의 반주기를 샘플링 주기 T로 하여 삼각파의 정점의 시각을 샘플링 시각으로 하는 이산시간계로 구성되어 있다. 실제 출력 전압은 방형파 형상이기 때문에 출력 전류는 그림에 나타낸 것과 같은 비교적 큰 리플을 포함하고 있다. 그러나 이와 같은 샘플링 시각에 출력 전류를 샘플링하는, 즉 **동기샘플링**을 하면, 필터를 이용하지 않고 리플의 영향을 제거할 수 있다.

6.6.2 스위칭 디바이스 손실

반도체 전력변환기의 스위칭 디바이스가 이상적인 스위치라면, 손실은 제로가 되어야 한다. 그러나 실제 변환기에서는 주로 **도통 손실**과 **스위칭 손실**이 발생한다.

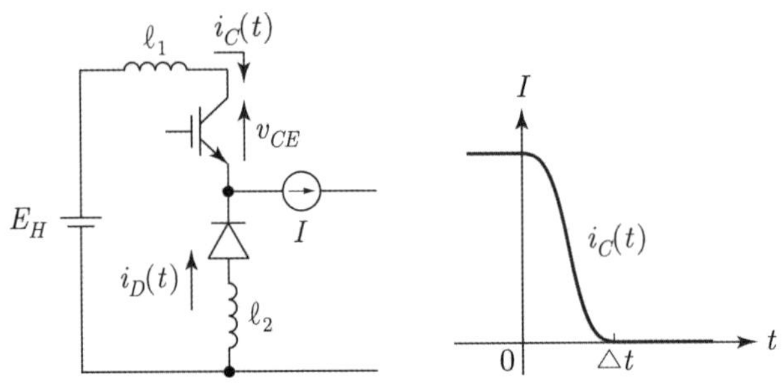

(a) 주 회로 (b) 전류파형

그림 6.35 강압초퍼의 턴 오프 손실

도통 손실은 스위칭 디바이스가 ON 상태일 때, 디바이스에 흐르는 전류와 그 단자간에 나타나는 ON 전압의 곱의 형태로 나타난다. 그림 6.31의 강압초퍼의 경우, IGBT의 ON 전압을 V_{CE}, 다이오드의 순방향 전압을 V_F, 듀티율을 D, 출력 전류를 I라 하면, IGBT에는 $V_{CE}ID$[W], 다이오드에는 $V_F I(1-D)$[W]의 도통 손실이 발생한다. 이 도통 손실을 저감하기 위해서는 가능한 한 ON 전압이 작은 스위칭 디바이스가 바람직하다.

스위칭 손실은 스위칭할 때마다 발생하는 손실이므로, ON에서 OFF로 변할 때의 손실을 턴 오프 손실, OFF에서 ON으로 변할 때의 손실을 턴 온 손실이라 한다. 이 스위칭 손실은 스위칭 주파수에 비례한다. 그림 6.35에 강압초퍼의 턴 오프에 있어서 (a) 주회로 (b) 전류파형을 나타낸다. 주회로에서는 부유 배선 인덕턴스 l_1, l_2를 고려하고 있다. 부하측에 전류 I가 흐르고 있는 순간($t=0$)에 턴 오프가 개시되어, IGBT에 흐르는 전류가 그림 6.35 (b)와 같이 사라져 시각 Δt에서 턴 오프가 완료된다고 가정한다. 일반적으로 부하측은 유도성이므로 여기에는 전류원으로서 표현하고 있다. 이 회로의 폐로방정식은,

$$E_H = l_1 \frac{di_C}{dt} + v_{CE} - l_2 \frac{di_D}{dt} \tag{6.59}$$

으로 주어진다. IGBT의 콜렉터 전류 i_C와 다이오드를 흐르는 전류 i_D에는, $I = i_C + i_D$의 관계가 있는 것을 고려하여, IGBT의 콜렉터/에미터 사이의 전압 v_{CE}를 구하면,

$$v_{CE} = E_H - (l_1 + l_2)\frac{di_C}{dt} = E_H - l\frac{di_C}{dt} \tag{6.60}$$

이 얻어진다. IGBT에서 소비되는 순시전력 p_C[W]는

$$p_C = v_{CE} i_C = E_H i_C - l i_C \frac{di_C}{dt} = E_H i_C - \frac{d}{dt}\left(\frac{1}{2} l i_C^2\right) \tag{6.61}$$

이므로, 1회의 턴 오프로 소비되는 에너지 w_C[J]는

$$w_C = \int_0^{\Delta t} p_C \, dt = E_H \int_0^{\Delta t} i_C dt + \frac{1}{2} l I^2 \tag{6.62}$$

이 된다. 이 우변 제1항은 스위칭을 고속화하여 Δt를 작게 하면 스위칭 디바이스의 턴 오프 손실은 작아지는 것을 나타내고 있다. 또한 제2항은 전력 변환기의 실장기술이 스위칭 손실에 영향을 주는 것을 나타내고 있다.

실제 변환기의 턴 오프 손실 P_{off}[W]는, w_C과 스위칭 주파수 f_{sw}를 곱한다. 여기에서는 배선 인덕턴스만을 고려하여 설명하였지만, 디바이스의 출력용량 등의 부유용량도 고려하는 것에서 보다 실제적인 스위칭 해석이 가능하다. 턴 온 손실에 대해서도 같은 해석이 가능하다. 이동체에 사용하는 전력변환기는 소형 경량화를 간절히 바라기 때문에 변환기의 손실을 최소화하는 것과 효과적으로 방열하는 것이 매우 중요하다.

6.6.3 강압초퍼와 승압초퍼

DC/DC 컨버터의 주회로 구성을 그림 6.36에 나타낸다. (a)는 그림 6.31에 나타낸 강압초퍼이고, (b)는 승압초퍼이다.

승압초퍼에서 스위칭 디바이스가 ON일 때 리액터 전류는 증가하고, OFF일 때 리액터 전류는 다이오드를 통해서 고전압측 전원으로 흐른다. 이렇게 하여 승압초퍼는 저압측에서 고압측으로 전력변환할 수 있다.

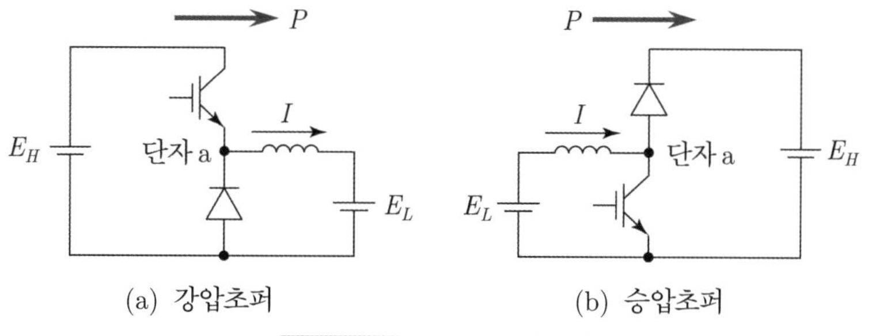

그림 6.36 DC/DC 컨버터

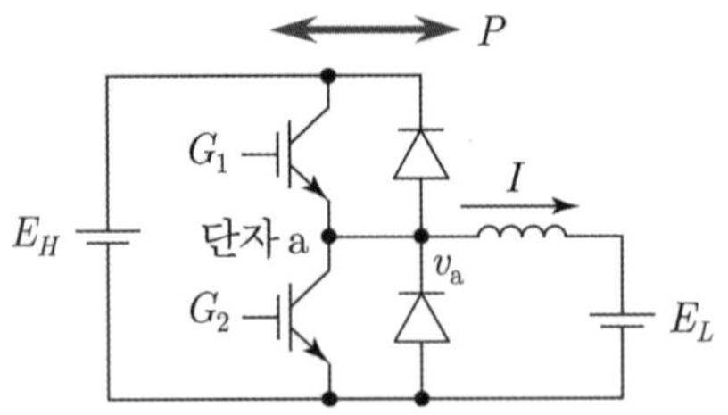

그림 6.37 가역초퍼

강압초퍼의 전력은 고압측에서 저압측으로 변환되는 것에 반해, 승압초퍼는 저압측에서 고압측으로 변환한다는 점이 다르다. 그러나 하측의 디바이스(강압초퍼에서는 다이오드, 승압초퍼에서는 IGBT)가 ON의 경우에는, 단자 a의 전위는 어느 쪽도 제로가 되고, 상측의 디바이스가 ON의 경우에는 E_H가 되기 때문에, 양자의 회로 동작은 같다.

전력을 고압측에서 저압측으로, 또는 저압측에서 고압측으로 어느 쪽으로도 변환 가능한 가역초퍼를 그림 6.37에 나타낸다. 이 회로는 그림 6.36 (b)의 승압초퍼회로를 좌우로 뒤집어서 (a)의 강압초퍼회로와 중첩시킨 것이다. 즉 각각의 상측의 IGBT와 하측의 다이오드가 강압초퍼를 구성하고, 하측의 IGBT와 상측의 다이오드가 승압초퍼를 구성하고 있다. 따라서 리액터 전류가 양일 경우에는 상측의 IGBT를 스위칭시켜 강압초퍼로 작동시킬 수 있고, 리액터 전류가 음일 경우에는 하측의 IGBT를 스위칭시켜 승압초퍼로 작동시킬 수 있다.

상하의 IGBT를 상보적으로 스위칭하면, 전류의 극성에 관계없이 전력변환하는 것이 가능해진다. 즉, 상측의 IGBT를 ON으로 하고 하측을 OFF로 하면 전류극성에 관계없이 단자 a의 전위는 E_H가 되고, 반대로 하측을 ON으로 하고 상측을 OFF로 하면 단자 a의 전위는 전류 극성에 관계없이 제로가 된다. 그러나 2개의 디바이스에 동시에 스위칭 신호를 주는 경우에는, 스위칭 시간 내에서 디바이스는 ON과 OFF의 과도적인 상태이므로 2개의 디바이스를 동시에 ON시켜 고압측 전원을 단락시켜 디바이스가 파손될 염려가 있다. 이것을 방지하기 위해서는 디바이스 스위칭 시간 정도의 기간에는 양쪽의 디바이스에 OFF 신호를 주는 불감시간(dead time)을 삽입한다.

불감시간을 삽입한 경우의 게이트 신호와 출력전압파형을 그림 6.38에 나타낸다. 가장 위에 있는 파형이 출력하고 싶은 듀티율의 PWM 신호이다. 이 PWM 신호에 대하여 위아래 IGBT의 게이트 신호 G_1, G_2는, 불감시간 t_d만큼 OFF에서 ON되는 것을 지연시켜 직류단락을 방지하고 있다. 그러나 출력 전류 I가 양일 경우에는 상측의 IGBT와 하측의 다이오드로 구성된 강압초퍼로서 동작하기 때문에 출력전압 v_a의 첫 동작이 불감시간만

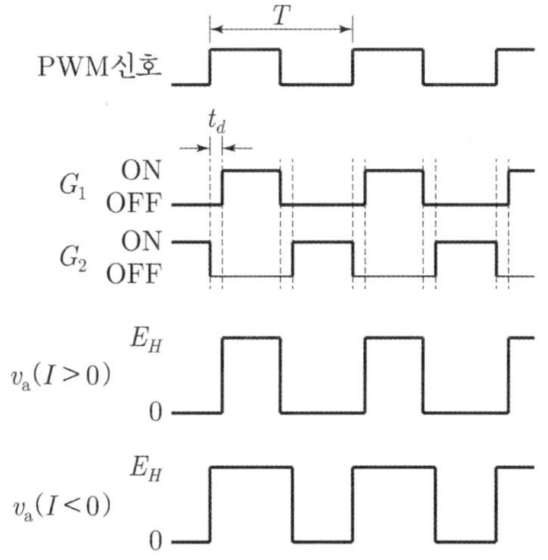

그림 6.38 불감시간

큼 지연되어 평균출력전압은 저하한다. 마찬가지로 출력 전류 I가 음인 경우에는 승압초퍼로 동작하기 때문에 출력전압 v_a의 끝 동작이 불감시간만큼 지연되어 평균출력전압은 상승한다. 이 때문에 스위칭 주기 T에 대하여 불감시간 t_d를 무시할 수 없는 경우에는 출력전압의 적절한 보상을 할 필요가 있다.

6.6.4 3상 전압형 PWM 인버터

3상 전압형 PWM 인버터의 주회로 구성을 그림 6.39에 나타낸다. 각 상의 주회로는 그림 6.37의 가역초퍼회로와 동일한 구성이고, 그 PWM 제어에 있어서도 가역초퍼의 경우

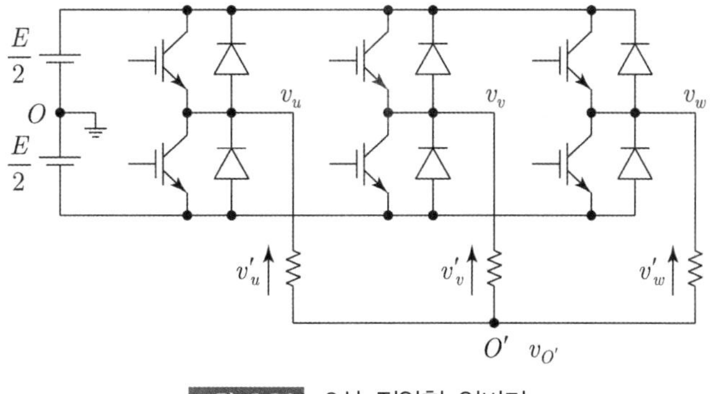

그림 6.39 3상 전압형 인버터

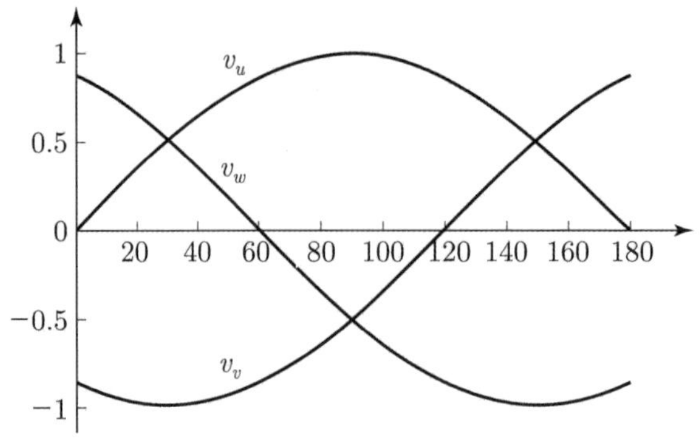

그림 6.40 3상 교류 전압

와 동일하게 적용할 수 있다. 그러나 가역초퍼에서는 저압측의 마이너스측이 고압측의 마이너스측과 공통으로 되어 있는 것에 대하여 3상 전압형 인버터의 중성점은 직류전원측과는 접속되어 있지 않고 플로팅되어 있다. 따라서 인버터의 어떤 1상에서 유출된 전류는 다른 2상으로 흘러 다시 인버터에 되돌아오고, 또한 부하전압이 선간전압, 즉 2상의 차전압으로서 공급되기 때문에 선간에는 정부 양극성의 전압을 출력하는 것이 가능하다.

그림 6.39에서 기준전위를 직류전압의 중점 O에 놓고 있기 때문에, 각 상에 있어서 PWM 제어 주기당 평균출력전압 v_u, v_v, v_w는 $\pm E/2$ 범위의 임의의 전압을 출력가능하다. 즉, 상전압은 듀티율이 1인 경우에 $+E/2$이고, 0인 경우에는 $-E/2$가 된다. 인버터의 출력단자에 3상 교류전압을 발생시키는 것은 각 상의 평균출력전압을 그림 6.40에 표시한 것과 같이 120°의 위상이 다른 정현파상으로 제어하는 것이 가장 간단하다.

실제로는 그림 6.33 또는 그림 6.34에 나타낸 것과 같이 이와 같은 3상 정현파와 삼각파를 비교하여 각 상의 PWM 신호를 발생시킨다. 이와 같은 PWM 제어 방식을 **정현파 삼각파 비교** 방식이라 부른다. 이 방법으로 최대전압을 출력하고 있는 경우를 그림 6.40에 나타낸다. 그림에서는 정현파의 진폭이 $E/2$이고, 최대점에서는 듀티율이 1이고 최소점에서는 듀티율이 0이 되고 있다. 이 경우 선간최대전압은 $\sqrt{3}E/2$이지만 이론적으로는 선간최대전압은 E까지 출력할 수 있기 때문에 그림 6.40의 파형에서는 인버터의 능력을 충분히 이용하고 있지 않다.

그림 6.40의 파형에서는, 기준전위 O에 대한 3상 중성점 전위 $v_{0'}$는 항상 제로로 유지되고 있다. 중성점 전위 $v_{0'}$가 변동하여도 부하의 상전압 v_u', v_v', v_w'을 정현파로 할 수 있다면 정확한 정현파 전압을 부하에 공급할 수 있다. 이 경우에는 각 상전압 v_u, v_v, v_w는 정현파가 되지 않는다.

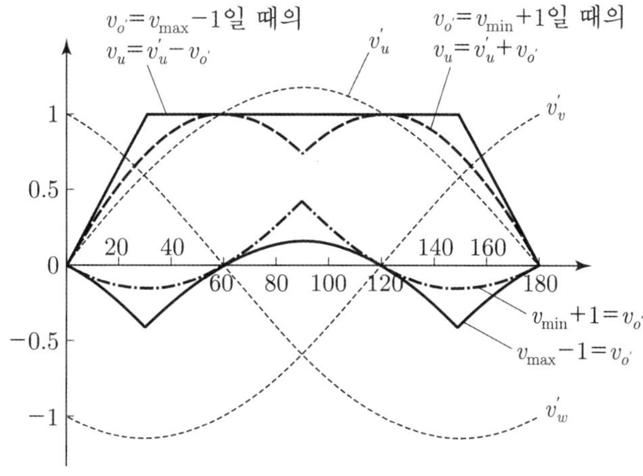

그림 6.41 전압 이용률의 개선

전압 이용률을 개선하여 이론 최대전압의 출력을 가능하게 한 전압파형을 그림 6.41에 나타낸다. 여기에서 v'_u, v'_v, v'_w은 지금 부하의 상전압으로 주고 싶은 정현파 전압이다. 이 경우에는 진폭이 1을 넘어서고 있기 때문에 그림 6.40의 인버터 상전압을 정현파로 하는 방법에서는 전압 포화하는 상태이다. $v_{max}-1$의 파형은 부하 상전압의 최대치에서 1을 뺀 파형이다. $v_{o'}=v_{max}-1$이 되도록 제어하면 각 상의 인버터 출력 상전압은 $v_x=v_{x'}-v_{o'}$ $(x=u,\ v,\ w)$이기 때문에 인버터 출력 상전압이 전압의 상한을 넘어서지 않는다. 한편 부하 상전압의 최소치에 1을 더한 파형 $v_{min}+1$을 중성점 전위 $v_{0'}$로 하면 인버터 출력 상전압이 전압의 하한을 넘어서지 않는다. 따라서 $v_{min}+1>v_{o'}>v_{max}-1$을 만족하는 $v_{0'}$가 모든 위상에서 존재한다면, 이 범위 내의 임의 파형 $v_{0'}$를 이용하여 인버터 제어가 가능하다.

이 $v_{0'}$의 선택 방법에 의해 다양한 PWM 제어법을 분류할 수 있다. 그림 6.41를 보면, $v_{max}-1$과 $v_{min}+1$의 파형은 기본파의 3배 주파수로 변동하고 있다. $v_{0'}$로써 $v_{max}-1$과 $v_{min}+1$의 사이에 존재하는 제3 고조파를 선택한 제어법은 **3차 고조파 주입 방식**에 상당한다. $v_{0'}$로써 $v_{max}-1$ 또는 $v_{min}+1$의 어느 하나를 보통 선택한 경우에는 3상 중의 어느 1상의 듀티율은 0 또는 1이 되어, 스위칭을 할 필요가 없다. 결과적으로 2상만으로 PWM 제어를 하는 것이 되기 때문에 이와 같은 PWM 제어법을 **2상 변조**라 부르고 있다. $v_{0'}$로써 $v_{max}-1$과 $v_{min}+1$의 평균값을 이용하는 방법은 **공간벡터변조**에 상당한다. 2개의 제로벡터의 시간비율을 균등히 하는 것은 평균값을 두는 것에 상당한다. 공간벡터변조는 디지털제어와의 호환성이 좋고, 전압이용률도 높기 때문에 자주 이용되고 있다.

Point 6.2 공간벡터 전압변조방식(Space Vector PWM)

3상 전압지령을 복소수 공간에서 하나의 공간벡터(Space Vector)로 표현하여 변조하는 것으로서 각 상의 전압지령을 개별적으로 변조하는 SPMW보다 15.5% 더 큰 기본파 전압을 선형적으로 생성할 수 있으며 전류와 토크에 포함된 고조파가 다른 기법보다 적다.

공간벡터 PWM의 원리는 어느 순간 지령 상전압을 하나의 공간벡터 V^*로 표현하고 인버터의 스위칭에 의한 출력가능한 상전압 $V_n(n=0,\ 1,\ 2,\ \cdots 7)$ 역시 공간벡터로 표현하여, 일정변조 주기 T_s동안 V^*와 평균적으로 동일한 전압을 만드는 것으로 이때, 어느 순간의 지령벡터 V^*는 인접한 2개의 벡터 V_n, $V_{n+1}(n=1,\ 2,\ \cdots 5)$와 영전압 벡터($V_0$, V_7)를 이용해 만들어진다.

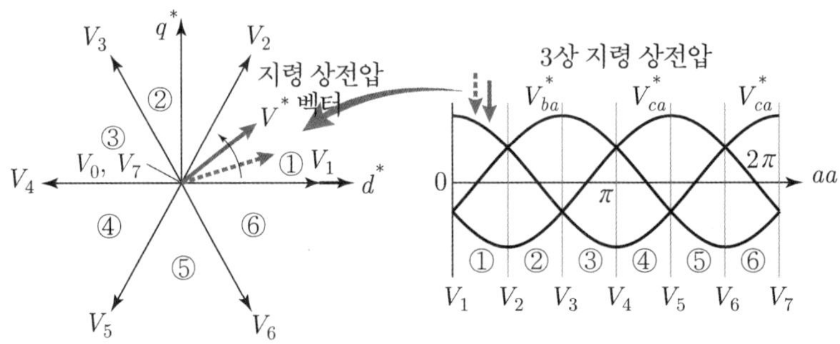

예를 들어, V^*가 $0<\theta<60$에 위치한 경우 V_1에 해당하는 인버터 스위칭을 T_1의 듀티시간 동안 인가하고 V_2에 해당하는 인버터 스위칭을 T_2의 듀티시간 동안 인가한 후 나머지 시간동안 $T_0=T_S-(T_1+T_2)$ 영전압 V_0, V_7 스위칭을 인가한다.

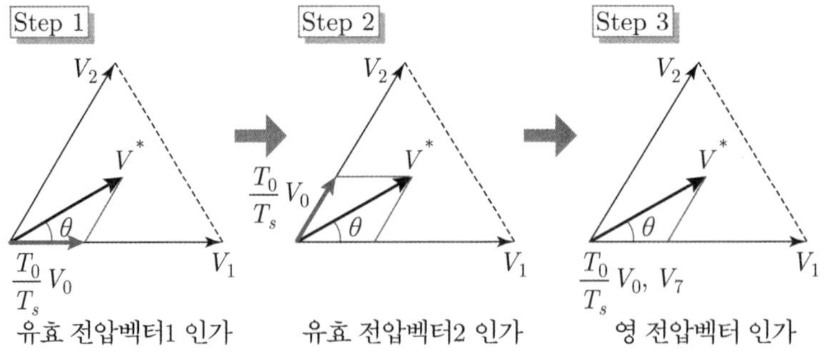

표 6.3 캐리어 베이스 변조 방식의 비교

방식	$v_{o'}$	선간전압 최대치	변조상수
정현파 삼각파 비교	0	$\sqrt{3}\,V_{DC}/2$	3상
3차 고조파 주입 방식	3배 주파수의 정현파	V_{DC}	3상
2상 변조	$v_{\max}-1$ 또는 $v_{\min}+1$	V_{DC}	2상
공간벡터 변조	$v_{\max}-1$과 $v_{\min}+1$의 평균치	V_{DC}	3상

앞에서 설명한 PWM 변조 방식의 비교를 표 6.3에 나타낸다. 이들의 변조 방식은 삼각파 등의 캐리어 신호와 비교하여 변조 출력을 발생시키기 때문에 캐리어 베이스 방식이라고도 불린다. 여기에서 소개된 모든 변조 방식은 선간에 캐리어 주파수 부근 이하의 저차 고조파를 포함하지 않는 정현파 전압을 출력할 수 있다.

표 6.2의 이론한계 보다도 큰 전압지령을 주는 경우에는, 이제 정현파 전압을 출력할 수 없고, 전압 포화에 따른 왜곡된 저차 고조파를 발생하는 것이 된다. 그러나, 이와 같은 경우에 있어서도 출력전압의 기본파 성분은 이론한계의 기본파 출력 전압보다도 크기 때문에 파형왜곡에 관계없이 높은 출력 전압이 필요한 경우에는 이와 같은 영역도 사용되는 경우가 있다. 이와 같은 영역의 것을 **과변조 영역**이라고 부르고 있다.

게다가, 전압지령을 무한히 크게 한다면, 각 상전압은 180°의 방형파 전압이 되고, 선간전압은 120°의 방형파가 된다. 이 경우의 기본파 선간 전압의 최대치는 직류 링크 전압의 $2\sqrt{3}/\pi$배($\fallingdotseq 1.10\,V_{DC}$)이다. 이와 같은 운전을 **방형파 운전** 또는 **원 펄스 운전**이라고 부른다.

한편, 캐리어 신호를 이용하지 않고 전류를 제어하는 순시값 비교형 PWM도 이용되는 것도 있다. 그 대표적인 방법이 **히스테리시스 컴퍼레이터** 방식이다. 이것은, 각상의 전류 지령치와 실제의 전류를 히스테리시스 컴퍼레이터로 비교하여, 게이트 신호를 그 대소 관계로부터 직접 결정하는 방법이다. 이 방법은 전류응답이 빠른 반면, 리플 전류가 크고, 스위칭 주파수가 변동하는 등의 단점이 있다.

또한, 인버터의 스위칭 주파수를 출력 기본파 주파수에 비하여 충분히 높게 할 수 없는 경우에는 기본파 주파수와 스위칭 주파수의 간섭에 따른 맥놀이 현상이 발생하는 경우가 있다. 이것을 방지하기 위하여, 미리 계산된 스위칭 패턴을 기본파 주파수와 동기하여 발생시킨 동기 PWM 방식이 이용된다. 이 방식은 전차 등에서 잘 사용되고 있다.

참고문헌

1장

[1] 廣田幸嗣: チュートリアル:モービル・パワー・エレクトロニクス入門 第1回 — 電気自動車から2足歩行ロボットまで, 移動体型製品は多様な技術の複合体, 日経エレクトロニクス, 2007年5月21日号, 日経BP.

[2] K. B. Clark and T. Fujimoto: *Product development performance — strategy, organization, and management in the world auto industry,* Harvard Business School Press, 1991.

[3] 藤本隆弘: 人工物の複雑化とものづくり企業の対応 — 制御系の設計とメカ・エレキ・ソフト統合, *MRRC Discussion Paper No.187*, 東京大学ものづくり経営研究センター, 2007年12月.

[4] M. Ciappa: Selected failure mechanisms of modern power modules, Micro-electronics Reliability, Vol.42, pp.653-667, 2002.

[5] 小笠原悟司: パワーエレクトロニクスにおけるEMI/EMCのモデリングとシミュレーション, 電気学会誌, Vol.126, No.6, pp.352-355, 2006.

2장

[1] 足立, 廣田: モービル・パワー・エレクトロニクス入門(最終回) — 多様な専門技術を結集する全体設計モデリング手法の活用がカギ, 日経エレクトロニクス, 2007年12月3日号, pp.164-172, 日経BP.

[2] 足立修一: システム同定の基礎, 東京電機大学出版局, 2009.

[3] 特集フレッシュマンのため制御講座, 計測と制御, Vol.42, No.4, pp.238-350, 2003.

[4] 足立修一: MATLABによる制御工学, 東京電機大学出版局, 1999.

3장

[1] 足立修一: MATLABによる制御工学, 東京電機大学出版局, 1999.

[2] 小郷, 美多: システム制御理論入門, 実教出版, 1979.

[3] T. Glad and L. Ljung: *Control Theory: Multivariable and Nonlinear Methods*, chapter 7, Taylor & Francis, 2000.

[4] Katsuhiko Ogata: *MATLAB for Control Engineers*, Pearson Prentice Hall, 2008.

[5] 片山 徹: 新版 応用カルマンフィルタ, 朝倉書店, 2000.

4장

[1] 電気自動車ハンドブック編集委員会: 電気自動車ハンドブック, 丸善, 2001.

[2] 清水健一: ハイブリッド制御技術の変遷と最新技術動向, 自動車技術, Vol.56, No.9, pp.70-75, 2002.

[3] 出口ほか: カーナビゲーション情報を用いたハイブリッド電気自動車の充放電制御システム, 自動車技術会 学術講演会前刷集, No.29-03, pp.1-4, 2003.

[4] 出口ほか: ハイブリッド乗用車の統合制御ソフト開発, 自動車技術会 学術講演会前刷集, No.99-99, pp.5-8, 1999.

[5] General Motors Asia Pacific 広報資料 — http://www.gmjapan.co.jp/info/fuelcell/potential.html

[6] 日産自動車広報資料 — http://www.nissan-global.com/JP/PIVO2/index.html

[7] 堀 洋一: 電気と制御で走る近未來車両に関する研究, FEDレビュー, Vol.3, No.4, pp.1-22, 2004.

[8] 山口ほか: 駆動力再構成による電動車両の挙動安定化に関する一考察, 自動車技術会 学術講演会前刷集, No.104-06, pp.11-14, 2006.

[9] 自動車技術基礎講座 (第3章: 制動力学と制御機構, 第4章: 運動性能), 自動車技術会会誌連載, 自動車技術会, 2000.

[10] H. B. Pacejka: Tyre And Vehicle Dynamics, Butterworth-Heinemann, 2006.

[11] 安部正人: 自動車の運動と制御, 東京電機大学出版局, 2008.

[12] 自動車技術ハンドブック (2: 環境·安全編), 自動車技術会, 2005.

5장

[1] 渡辺 正ほか: 電気化学, 丸善, 2001.

[2] 美浦 隆ほか: 電気化学の基礎と応用, 朝倉書店, 2004.

[3] 石原顕光, 太田健太郎: 原理から捉える電気化学, 裳華房, 2006.

[4] 小久見善八ほか: リチウム二次電池, オーム社, 2008.

[5] V. Pop, H. J. Bergveld, P. H. L. Notten and P. P. L. Regtien: State-of-the-art of battery state-of-charge determination, *Measurement Science and Technology*, Vol.16, pp.93-110, 2005.

[6] G. L. Plett: Extended Kalman filtering for battery management systems of LiPB-based HEV battery packs — Part 2: Modeling and identification, *Journal of Power Sources*, Vol.134, pp.262-276, 2004.

[7] Mark W. Verbrugge: Adaptive, multi-parameter battery state estimator with optimized time-weighting factors, *Journal of Applied Electrochemistry*, Vol.37, No.5, pp.605-616, 2007.

6장

[1] 小笠原悟司: 小型·高出力, 高効率が求められる移動体向けモータとその制御技術, 日経エレクトロニクス, 2007年7月4日号, 日経BP.

[2] 特定用途指向型リラクタンストルク応用電動機の高性能化調査専門委員会編: 特定用途指向型リラクタンストルク応用電動機の高性能化, 電気学会技術報告,第920号, 2003.

[3] インバータドライブハンドブック編集委員会編: インバータドライブハンドブック (第1編 第7章: 交流電動機の解析法と制御法), 日刊工業, 1995.

[4] 応用面から見たリラクタンストルク応用電動機の開発動向調査専門委員会編: 応用面から見たリラクタンストルク応用電動機の開発動向, 電気学会技術報告, 第833号, 2001.
[5] 電気学会半導体電力変換システム調査専門委員会編: パワーエレクトロニクス回路, オーム社, 2000.

찾아보기

영숫자

최신 전기자동차의 제어시스템 개정판

엮은이 히로타 유키츠쿠 · 아다치 슈이치
지은이 데구치 요시타카 · 오가사와라 사토시
옮긴이 김영렬
펴낸이 조경희
펴낸곳 경문사
펴낸날 2015년 3월 5일 1판 1쇄
2023년 3월 2일 개정판 1쇄
등 록 1979년 11월 9일 제1979-000023호
주 소 04057, 서울특별시 마포구 와우산로 174
전 화 (02)332-2004 팩스 (02)336-5193
이메일 kyungmoon@kyungmoon.com

값 17,000원

ISBN 979-11-6073-620-5